"十四五"普通高等教育本科部委级规划教材
国家一流本科专业建设精品课程系列教材
教育部"产品设计人才培养模式改革"虚拟教研室试点建设系列教材
2021年中央支持地方高校发展专项资金支持

人机工程学

潘鲁生　主编
王　艳　编著

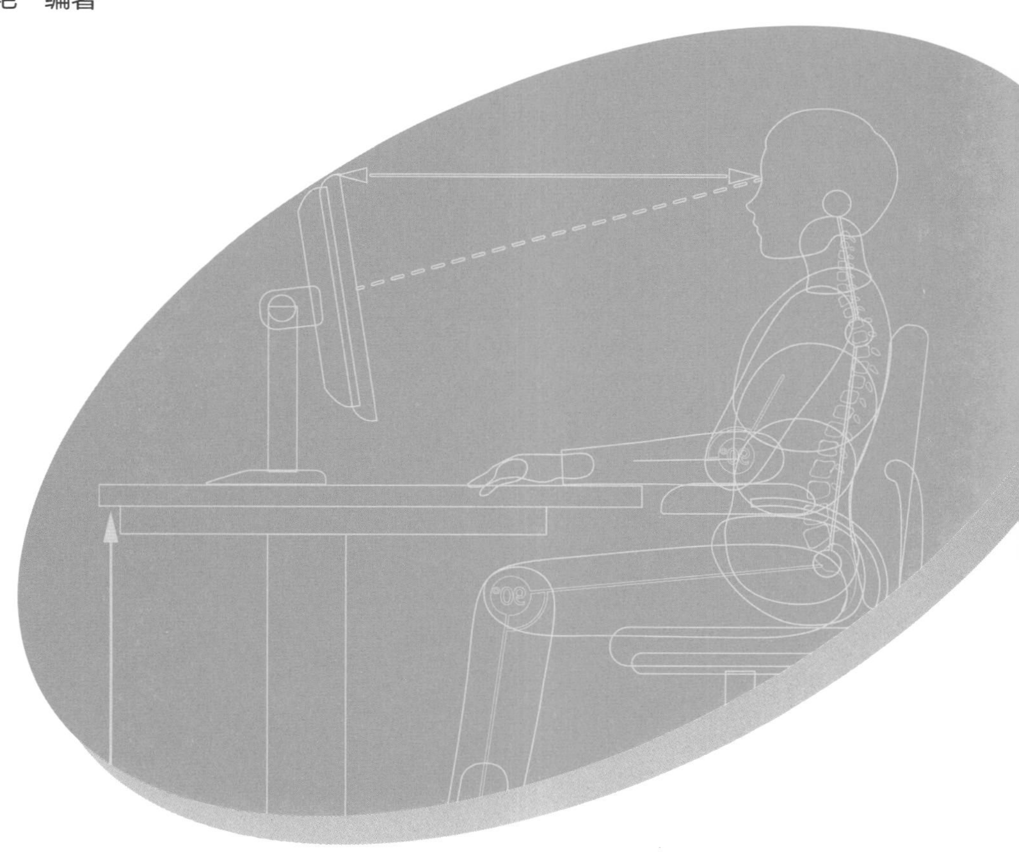

中国纺织出版社有限公司

内 容 提 要

《人机工程学》作为一门理论联系实践的课程，其教学目标的着眼点在于如何构筑学生扎实的理论修养，如何培养学生“学以致用”的能力，使学生从设计思维和设计意识上得到同步的提升。本书以基础知识、以人为本、案例赏析为线索，概述了人机工程学的起源与发展、生理特征与设计的关系；从环境、人机界面、产品可用性与共用性设计、人与机的情感交流以及设计中的人机问题等方面进行叙述；案例赏析部分选取了坐具与握具两个典型的人机产品类别进行分析，并针对握具进行设计和改造。书中穿插了大量实际案例，力求以案例解读理论知识点，体现教学内容的丰富与专业特色，从而使学生更加直观地对相关知识点进行理解和吸收。

本书可作为设计类专业学生学习人机工程学课程的教材或教辅，也可供设计人员进行相关设计时做参考。

图书在版编目（CIP）数据

人机工程学 / 潘鲁生主编；王艳编著. -- 北京：中国纺织出版社有限公司，2022.6（2024.10重印）
“十四五”普通高等教育本科部委级规划教材
ISBN 978-7-5180-9422-6

Ⅰ. ①人… Ⅱ. ①潘… ②王… Ⅲ. ①工效学—高等学校—教材 Ⅳ. ①TB18

中国版本图书馆CIP数据核字（2022）第044730号

责任编辑：余莉花　　特约编辑：王晓敏
责任校对：王蕙莹　　责任印制：王艳丽

中国纺织出版社有限公司出版发行
地址：北京市朝阳区百子湾东里 A407 号楼　邮政编码：100124
销售电话：010—67004422　传真：010—87155801
http: //www.c-textilep.com
中国纺织出版社天猫旗舰店
官方微博 http: //weibo.com/2119887771
天津千鹤文化传播有限公司印刷　各地新华书店经销
2022 年 6 月第 1 版　　2024 年 10 月第 3 次印刷
开本：787 × 1092　1/16　印张：17.5
字数：259 千字　定价：78.00 元

序

目前，我国本科高校数量1270所，高职（专科）院校1468所，在这些高校中，70%左右的高校开设了设计学类专业，设计类专业在校学生总人数已逾百万，培养规模居世界之首。深刻领会党的二十大精神，在全面建成社会主义现代化强国、实现第二个百年奋斗目标，以中国式现代化全面推进中华民族伟大复兴的新征程中，设计人才已成为推动产业升级和提高文化自信的助力器，是加快建设美丽中国、全面推进乡村振兴的重要力量。

2019年，教育部正式启动了"一流本科专业建设点"评定工作，计划在三年内，建设10000个国家级一流本科专业，其中设计学类一流专业规划有474个。与之相匹配，教育部同步实施10000门左右的国家级"一流课程"的建设工作。截至2021年底，在山东工艺美术学院本科专业中有10个专业获评国家级一流专业建设点，11个专业获评山东省级一流专业建设点，国家级、省级一流专业占学校本科专业设置总数的71%，已形成以设计类专业为主导，工科、文科两翼发展的"国家级""省级"一流专业阵容。工业设计学院立足"新工科""新文科"学科专业交叉融合发展理念，产品设计、工业设计、艺术与科技3个专业均获评国家级一流专业建设点。

工业设计是一个交叉型、综合型学科，它的发展是在技术和艺术、科技和人文等多学科相互融合的过程中实现的，是与企业产品的设计开发、生产制造紧密相连的知识综合、多元交叉型学科，其专业特质具有鲜明的为人民生活服务的社会属性。当前，工业设计创新已经成为推动新一轮产业革命的重要引擎。因此，今天的“工业设计”更加强调和注重以产业需求为导向的前瞻性、以学科交叉为主体的融合性、以实践创新为前提的全面性。这一点同国家教材委员会的指导思想、部署原则是非常契合的。2021年10月，国家教材委员会发布了《国家教材委员会关于首届全国教材建设奖奖励的决定》，许多优秀教材及编撰者脱颖而出，受到了荣誉表彰。这体现了党中央、国务院对教材编撰工作的高度重视，寄望深远，也体现了新时代推进教材建设高质量发展的迫切需要。统揽这些获奖教材，政治性、思想性、创新性、时代性强，充分彰显中国特色，社会影响力大，示范引领作用好是其显著特点。本系列教材在编写过程中突出强调以下4个宗旨。

第一，进一步提升课程教材铸魂育人价值，培养全面发展的社会主义建设者。在强化专业讲授的基础上，高等院校教材应凸显能力内化与信念养成。设计类教材内容与文化输出和表现、传统继承与创新是息息相关、水乳交融的，必须在坚持“思政+设计”的育人导向基础上形成专业特色，必须在明确中国站位、加入中国案例、体现中国智慧、展示中国力量、叙述中国成就等方面下功夫，进而系统准确地将新时代中国特色社会主义思想融入课程教材体系之中。当代中国设计类教材应呈现以下功用：充分发挥教材作为“课程思政”的主战场、主阵地、主渠道作用；树立设计服务民生、设计服务区域经济发展、设计服务国家重大战略的立足点和价值观；激发学生的专业自信心与民族自豪感，使他们自觉把个人理想融入国家发展战略之中；培养“知中国、爱中国、堪当民族复兴大任”的新时代设计专门人才。

第二，以教材建设固化“一流课程”教学改革成果，夯实“双万计划”建设基础。毋庸置疑，学科建设的基础在于专业培育，而专业建设的基础和核心是课程，课程建设是整个学科发展的“基石”。因此，缺少精品教材支撑的课程，很难成为“一流课程”；不以构建“一流课程”为目标的教材，也很难成为精品教材。教材建设是一个长期积累、厚积薄发、小步快跑、不断完善的过程。作为课程建设的重要组成部分，教材建设具有引领教学理念、搭建教学团队、固化教改成果、丰富教学资源的重要作用。普通高校设计专业教材建设工程要从国家规划教材和一流课程、专业抓起。因此，本系列教材的编写工作应对标“一流课程”，支撑“一流专业”，构建一流师资团队，形成一流教学资源，争创一流教材成果。

第三，立足多学科融合发展新要求，持续回应时代对设计专业人才培养新需要。设计专业依托科学技术，服务国计民生，推动经济发展，优化人民生活，呼应时代需要，具有鲜明的时代特征。这与时下“新工科”“新文科”所强调和呼吁的实用性、交叉性、综合性不谋而合。众所周知，工业设计创新已经成为推动新一轮产业革命的重要引擎。在此语境下，工业设计的发展应始终与国家重大战略布局密切相关，在大众创业、万众创新中，在智能制造中，在乡村振兴中，在积极应对人口老龄化问题中，在可持续发展战略中，工业设计都发挥着不可或缺的、积极有效的促进作用。在国家大力倡导“新工科”发展的背景下，工业设计学科更应强化交叉学科的特点，其知识体系须将科学技术与艺术审美更加紧密地联系起来，形成包容性、综合性、交叉性极强的学科面貌。因此，本系列教材的编撰思想应始终聚焦“新时代”设计专业发展的新需要，进一步打破学科专业壁垒，推动设计专业之间深度融通、设计学科与其他学科的交叉融合，真正使教材建设成为持续服务时代需要，推动“新工科”“新文科”建设，深度服务国家行业、产业转型升级的重要抓手。

第四，立足文化自信，以教材建设传承与弘扬中华传统造物与审美观。文化自信是实现中华民族伟大复兴的精神力量，大力推动中华优秀传统文化创造性转化和创新性发展，则为文化自信注入强大的精神力量。设计引领生活，设计学科是国家软实力的重要组成部分，其发展水平反映着一个民族的思维能力、精神品格和生活方式，关系到社会的繁荣发展与稳定和谐。2017年，中共中央办公厅、国务院办公厅印发《关于实施中华优秀传统文化传承发展工程的意见》，综合领会文件精神，可以发现设计学科承担着“推动中华优秀传统文化的创造性转化和创新性发展”的重要责任。此类教材的编撰，应以“中华传统造物系统的传承与转化”为中心，站在中国工业设计理论体系构建的高度开展：从历史学维度系统性梳理中国工业设计发展的历史；从经济学维度学理性总结工业化过程中国工业设计理论问题；从现实维度前瞻性探索当前工业设计必须面临的现实问题；从未来维度科学性研判工业生产方式转变与人工智能发展趋势。在教材设计与案例选择上，应充分展现中华传统造型（造物）体系的文化魅力，让学生在教材中感知中华造物之美，体会传统生活方式，汲取传统造物智慧，加速推进中国传统生活方式的现代化融合、转变。只有如此，才有可能形成一个具有中国特色的，全面、系统、合理、多维度构建的，符合时代发展需求的高水平教材。

本系列教材涵括产品设计、工业设计、艺术与科技专业主干课程，其中《设计概论》《人机工程学》《设计程序与方法》为基础课程教材；《信息产品设计概论》《产品风格化设计》《文化创意产品设计开发》《公共设施系统设计》《产教融合项目实践》为专业实践课程教材；《博物馆展示设计》《展示材料与工程》《商业展示设计》为艺术与科技专业主干课程教材。本系列教材强调学思结合，关注和阐述理论与现实、宏观与微观、显性与隐性的关系，努力做到科学编排、有机融入、系统展开，在配备内涵丰富的线上教学资源基础上，强化教学互动，启迪学生的创新思维，体现了目标新、选题新、立意新、结构新、内容新的编写特色。相信本系列教材的顺利出版，将对设计领域的学习者、从业者构建专业知识、确立发展方向、提升专业技能、树立价值观念大有裨益，希望本系列教材为当代中国培养有理想、有本领、有担当的设计新人贡献新的力量。

董占军

壬寅季春于泉城

前言

希腊哲学家普罗泰戈拉曾说："人是万物的尺度。"尽管这带有主观唯心主义的色彩，但我们可以将之理解为人是衡量世间万事万物的标准，以是否符合人的利益为准。应该说，在造物过程中，从最开始的以器物为中心到后来以人为中心的思想转变，标志着人们对于人性化设计的不断需求与深入思考。当人类产品的生产和设计发展到20世纪时，以人为主体的设计思想的确立，促使人们展开了对自身复杂的系统结构及人与物关系的研究。

现代设计教育的奠基人沃尔特·格罗皮乌斯曾说："设计的目的是人，而不是产品。"由此可见，设计是为人的设计，产品是为人服务的，产品设计的中心是人而不是物。工业设计是为环境中的人设计符合需要的器物，而新兴的跨学科边缘的人机工程学的建立，从科学的角度为设计中实现人、机、环境的最佳匹配提供科学的依据，并使"为人的设计"落实到科学的实际的设计中，而不仅是停留在口头上或理想中。人体工程学关注的核心问题是"人、机、环境的和谐共存"，但人、机关系在很大程度上也取决于心理因素、文化因素等内容，设计要考虑功能、技术、机械、构造和经济等要素，又要超乎其上，关注使用者舒适宜人、赏心悦目的要求，这样的设计理念、主张和趋向，在现代设计发展过程中逐渐变得明确和更加自觉，因此设计的发展对人机工程学提出了超越自然尺度的、更高的、艺术尺度的要求。可见，这两者在本质上是具有一致性的，即都是“以人为本”。工业设计从人的因素出发的本质也突显了人机工程学在工业设计中应用的必然性和重要性。人机工程学通过将人、机、环境三要素作为研究对象，寻求最佳的匹配关系，促进人机之间的和谐互动，创造出安全舒适的工作环境。

对于设计而言，人机工程学是必备的条件之一。来自人的生理学、心理学的相关数据是设计必须遵循的主要数据。这些数据在产品设计的过程中被分析综合化的阶段是必须考虑的事情，即用一定的仪器设备和方法测量产品时所需要的人体参量，并将这种参量合理地运用到设计中，其目的是在人、机、环境系统中取得最佳的匹配。

人机工程学是在理解和把握人体自然尺度的基础上，充分了解人类的工作能力及其限度，使之合乎人体解剖学、生理学、心理学特征的一门科学。人是自然之子，自然尺度即人作为自然的人其生物体的尺度。

人的自然尺度仅是人生理或心理尺度的一种综合反映，对于设计而言，人的自然尺度实际上规定或决定了一定的造物尺度和审美尺度，人是以自然尺度为基准去观看、去衡量、去设计和去创造的。

从本质上来讲，人机工程学学科是人体科学与环境科学向工程科学的有效渗透与交融。其中，人机工程学的研究内容及其应用于工业设计中的重要作用集中表现在以下三个方面。

1.工业设计使用对象能够获取必要的人体尺度参数

人机工程学是将工业设计与人有关的诸多因素统一、协调地考虑，在人的正常能力限度之内，力求人操作使用时的方便、舒适，让机器和环境宜人，让人适应机器和环境。人机工程学可以提供人体的结构、生理与心理尺度等方面的数据信息，进而在工业设计中科学合理地运用。

2.确保工业设计产品功能更为科学合理

一件好产品的设计，能够将产品使用者的体验和感受（包括健康、效率、合理等）或者产品使用者的利益，在规范化使用状态下，充分地体现出来，并在很大程度上能避免一些不必要的伤害及其损失。这正是设计师所需要考虑的问题。产品设计人性化，实现产品的功能安全，提升产品价值，体现了设计师对使用者的最基本的人文关怀，现已经成为产品设计是否科学、合理的最根本的评论标准。

3. 工业设计环境因素具备设计准则依据

明确人体处于生产与生活活动环境之下的安全范围，能够确保人体始终健康与安全，能够为工业设计过程中的环境因素提供有价值的设计方法与准则依据。从“以人为本”的设计观念看，由于设计多样化和多元化的发展，个体设计观念不断增强，人机工程学环境因素的具体研究内容，诸如物理环境、化学环境、生物环境，甚至自然环境、社会环境都给工业设计带来了合理有效的设计准则，加强了产品与使用者之间的联系，提高了产品的可用性和耐久性。

本书依托国家立项一流本科专业建设和省级线上线下混合式教学精品课程的建设，紧密结合教学要求；从结构上，知识的架构和理论难度的安排由浅入深，理论知识结合案例解读，通俗易懂，并紧跟当前专业发展与社会需求的趋势；从角度上，在传统人机工程学的基础上，更注重从“以人为本”的角度进行叙述。同时，以一流本科专业建设和山东省教育服务新旧动能转换专产对接等项目为依托，对带动课程教学改革、整合教学资源、提升教学质量，进行系统性的全面优化，为全力打造一门山东工艺美术学院产品设计专业的一流课程发挥了重要的作用。

王艳
2021年12月30日

目录

第一章
人机工程学的概述

人机工程学是一门关于人、机、环境协调关系的科学，是近代人们在研究人与机之间关系时所提出的思考。在人、机、环境的协调关系中，如何能让三者，特别是人、机和谐共存是人机工程学关注的核心问题。因为，从根本目的上，设计是为了人，而不是为了物，也不是为了机械、技术等，让机器更好地服务于人，包括人的生理和心理都得到不同程度的满足是人机工程学的终极目标。

人机工程学注重人、机、环境之间结合的舒适高效，因此，这个学科领域由三个重要的因素组成，即人的因素、机器的因素和环境的因素。学习人机工程学就必须了解设计的主体人、设计的对象——器物以及设计所在的环境。随着时间的推移，“机”所包含的内容在不断发生着改变，但无论怎么变，它都是人造的物，所以我们也可以将“机”理解为一切人造物、器物的总和。

第一节

人机工程学的命名与定义

一、人机工程学的命名

“人机工程学”从提出至今，一直被多个学科借鉴应用，各个学科都试图从自身领域的角度去解释人与机的关系，因此对于本学科的命名与定义，随着国家的不同、研究领域的不同而有所不同。在美国，该学科被称为“Human Engineering”（人类工程学）、“Human Factors Engineering”（人的因素工程学），也有称为“人类工程学”“人机工程学”的，大多数西欧国家称为“Ergonomics”（人类工效学），其他国家大多引用西欧的名称。

“Ergonomics”一词是由希腊词根“ergon”（即工作、劳动）和“nomos”（即规律、规则）复合而成，其本义为人的劳动规律。由于该词能够较全面地反映本学科的本质，词义能保持中立性，不显露它对各组成学科的亲密和间疏，同时，词语本身又源自希腊文，为便于各国语言翻译上的统一，因此，目前较多的国家采用“Ergonomics”一词作为该学科的命名。

人机工程学是20世纪70年代末才开始在我国兴起的，为了同国际接轨，该学科采用“人类工效学”这一名称进行对外交流为多。由于该学科在国内主要被用于协调产品与人之间的关系，因而，普遍采用人机工程学这一名称。此外，常见的名称还有人体工程学、人类工效学、人类工程学、工程心理学、宜人学、人的因素等。不同的名称，其研究重点略有差别。

二、人机工程学的定义

美国人机工程学专家查尔斯·C.伍德对人机工程学所下的定义为：设备设计必须适合人的各方面因素，以便在操作上付出最小的代价而求得最高的效率。

而美国人机工程学专家W·B.伍德森教授则认为：人机工程学研究的是人与机器相互关系的合理方案，即对人的知觉显示、操作控制、人机系统的设计及其布置和作业系统的组合等进行有效的研究，其目的在于获得最高的效率及作业时使作业者感到安全和舒适。

美国人机工程学及应用心理学家A.查帕尼斯大林说："人机工程学是在机械设计中，考虑如何使人获得操作简便而又准确的一门学科"。

日本的人机工程学专家认为：人机工程学是根据人体解剖学、生理学和心理学等特性，了解并掌握人的作业能力与极限及其工作、环境、起居条件等和人体相适应的科学。

苏联人机工程学专家认为：人机工程学是研究人在生产过程中的可能性，劳动活动方式、劳动的组织安排，从而提高人的工作效率，同时创造舒适和安全的劳动环境，保障劳动人民的健康，使人从生理上和心理上得到全面发展的一门学科。

另外，在不同的研究和应用领域中，带有侧重点和倾向性的定义有以下几种。

（1）研究人和机器之间相互关系的边缘性学科。

（2）利用关于人的行为的知识，提高生产过程与机械的合理性和有效性。

（3）研究能提高劳动生产率、减少差错、减轻疲劳和创造舒适劳动条件的机械设计和制造问题。

（4）在综合各门有关人的科学成果的基础上，研究人的劳动活动规律的科学。

（5）研究人、机、环境系统，力求达到人的可能性和劳动活动的要求之间的平衡。

（6）综合研究人体在劳动过程中的可能性和特点，从而创造最佳的工具、劳动环境和劳动过程。

（7）利用生理解剖学和工艺学的知识，改造生产过程、劳动方法、机械设备、劳动条件，使之符合人体的生理活动和人类行为的基本规律。

（8）研究人和环境之间相互关系的科学。此处的环境是指机器、工具、劳动组织管理以及生产的客观环境。

（9）运用生理学、心理学、管理学和其他有关学科的知识，使人、机器、环境相互适应，创造舒适和安全的工作条件以及休息环境，从而达到提高工效的一门学科。

由此可见，不同的研究和应用领域中，都带有各自的侧重点和倾向性，这里不再赘述。

成立于1959年的国际人机工程学会（International Ergonomics Association，简称IEA）曾定义人机工程学是研究人在某种工作环境中的解剖学、生理学和心理学等方面的各种因素；研究人和机器及环境的相互作用；研究在工作中、家庭生活中和休假时怎样统一考虑工作效率、人的健康、安全和舒适等问题的学科。随着人机工程学科的不断发展，对该学科所下的定义也需与时俱进，为了更准确地反映该学科的新方向与新重点，2000年8月，国际人机工程学会发布了新的人机工程学的定义：人机工程学是研究系统中的人与其他组成部分的交互关系的一门学科，并运用其理论、原理、方法进行设计，以优化系统的工效和人的健康、幸福之间的关系。

从上述对该学科的命名和定义来看，虽然描述的内容丰富多样，但实质上却并不矛盾，在研究对象、研究方法、理论体系等方面并不存在根本的区别。同时更能反映出人机工程学作为一门交叉学科的魅力所在，即它既是独立的学科，又是交叉、融合的学科。

第二节 人机工程学的发展历程

英国是世界上开展人机工程学研究最早的国家，但学科的奠基性工作实际上是在美国完成的。因此，人机工程学有“起源于欧洲，形成于美国”的说法。作为一门独立的学科，其建立和发展仅仅60余年。但人类自觉地采用科学的方法，系统地研究人机关系则有百余年的历史。人机工程学的发展大致经历了以下四个时期。

图 1-1 坦桑尼亚发现的迄今为止最早的石器

一、萌芽期（19 世纪末至第一次世界大战）

早在石器时代，人类就学会了选择石块打磨成可供敲、砸、刮、割的各种工具，从而产生了原始的人机关系。人类在坦桑尼亚发现的迄今为止最早的石制工具，可以证明是人类经过刻意打磨而形成的利于人把握与具有良好操作性的工具（图 1–1）。此后，在漫长的历史岁月中，人类为了扩大自己的工作能力和提高自己的生活水平，便不断地创造发明，研究制造各种工具、用具、机器、设备等。但这时期的人类忽略了对自己制造的生产工具与自身关系的研究，于是导致了低效率，甚至对自身的伤害。

19 世纪末 20 世纪初，机械化大生产技术随着工业革命的到来，被广泛推广应用，但是劳动生产率却没有因此得到相应的提高，这个问题引起了人们的关注。现代管理学先驱——泰勒，在探讨人与工具的关系以及人与操作方法的研究方面，是最具影响力的人物。1898 年为了深入开展研究，他进入美国伯利恒钢铁公司（曾是世界第二大钢铁公司），专门针对铲煤和矿石的工具——铁锹进行了相关的人与工具的关系以及人与操作方法的研究。为了使工人能够更好地使用铁锹并且提高工作效率，他经过多次实验找到了工人每次铲煤和矿石的最适合重量并为此进行了最佳的设计，并且对工人铲煤和矿石的操作过程进行了观察和研究，发现了许多不合理的动作。因此在操作方法上剔除那些多余且不合理的动作之后，泰勒制定出了最省力且高效的操作方法和相应的工时定额，工人的工作效率因此得以大幅提高。

无独有偶，1911 年吉尔布雷斯夫妇以快速拍摄影片记录的方式，详细记录了工人的整个砌砖操作过程，并对工人的操作动作进行分析和研究，简化了工人的砌砖动作，使砌砖速度由原来的 120 块/小时提高到 350 块/小时。现代心理学家闵斯特伯格 1912 年前后出版了《心理学与工作效率》等书，将当时心理技术学的研究成果与泰勒的科学管理学从理论上有机地结合起来，运用心理学的原理和方法，通过选拔与培训，使工人适应于机器。

这一时期，人机关系研究的特点是，以机器为中心进行设计，通过选拔和训练，使人适应于机器。在此期间的研究成果为人机工程学学科的形成打下了良好的基础。

从泰勒的科学管理方法和理论的形成到第二次世界大战之前，这一阶段也被称为经验人机工程学的发展阶段。其中突出的代表是美国哈佛大学的心理学教授闵斯特伯格，在其著作《心理学与工业效率》一书中，他提出了心理学对人在工作中的适应与提高效率的重要性。将闵氏的心理学研究工作与泰勒的科学管理方法联系起来，解决了选择、培训人员与改善工作条件、减轻疲劳等实际问题。由于当时该学科的研究着眼于心理学方面，因而在这一阶段大多称人机工程学为“应用实验心理学”。学科发展的主要特点是机器设计的着眼点在于力学、电学、热力学等工程技术方面的优选上，在人机关系上也是以选择和培训操作者为主，使人适应于机器。

经验人机工程学一直延续到第二次世界大战之前。当时，人们所从事的劳动在复杂程度和负荷上都有了很大的变化。因而改革工具、改善劳动条件和提高劳动效率成为最迫切的问题，从而使研究者对经验人机工程学所提出的问题进行科学的研究，并促使经验人机工程学发展为科学人机工程学。

二、成长期（战争的驱使）

第二次世界大战爆发后，军事工业的飞速发展是战争需要的必然结果，大量现代化装备如飞机、坦克、军用汽车、潜艇、无线电通信等的使用，对人员的素质提出了较高的要求，新武器的性能因战争的需要而不断发展，早期凭借选拔和训练人员以适应机器的做法，费时费力且被动，使人不能很快地适应新武器的性能要求，导致事故大量增加。据统计，在第二次世界大战期间，美国发生的飞机事故中90%是由人为因素造成的。例如，由于战斗机中座舱及仪表位置设计不当，造成飞行员误读仪表和误用操纵器而导致意外事故，或由于操作复杂、不灵活和不符合人的生理尺寸而造成战斗命中率低等现象经常发生。人们在屡屡失败中逐渐认识到，不能片面注重新式武器和装备的功能研究，只有当武器装备符合使用者的生理、心理特性和能力限度时，也就是说要考虑“人的因素”，才能发挥其高效能，避免事故的发生。于是，对人机关系的研究，从“人适机”转入“机宜人”的新阶段。从此，工程技术才真正与生理学、心理学等人体科学结合起来。

三、成熟期（第二次世界大战至20世纪60年代）

第二次世界大战结束后，欧美各国进入了大规模的经济发展时期，这一时期由于科学技术的进步，使人机工程学获得了更多发展的机会，许多用于战争的技术纷纷转向民用。人机关系的研究成果被广泛地应用于工业领域。各国纷纷成立了相应的研究机构，应用新理论、新技术来进行人机系统的研究也应运而生。在研究中发现，生产效率的升降主要取决于职工的工作情绪（士气），这些情绪直接影响着人的生产积极性，而促进人的生产积极性的因素，除了物质利益、工作条件外，还有社会和心理的因素。第二次世界大战期间，由于战争的需要，武器装备大行其道，大批结构复杂、高性能的武器装备被送往战场，但由于武器的设计只注重功能，并没有过多考虑人的使用状态，因此，很多武器的设计不符合人的生理及心理特点，即使是经过严格选拔和训练的人员也难以适应，导致事故频发，从而促使研究人员不断地向人机匹配的方向进行研究，从过去的由人适应机转向使机适合于人。这是人机工程学发展的重要转折点。1949年，在英国学者莫雷尔的倡导下，英国成立了第一个人机工程学科研究组。并于1950年2月16日在英国军部召开的会议上通过了“人机工程学（Ergonomics）”这一名称，正式宣告人机工程学作为一门独立学科的诞生。许多学者出版了有关人机工程学的专著，各国纷纷成立有关人机工程学研究学术团体或学会。1959年，国际人类工程学学会的成立进一步推动了人机工程学的发展。这也标志着人机工程学已逐步发展成为一门成熟的学科。

四、发展期——延伸应用领域（20世纪70年代后）

人机工程学作为一门独立学科诞生之后，研究人员发现其研究的领域越来越宽广，人机工程学已渗透至各个行业以及人类生活的各个领域。人机工程学各个分支学科不断涌现，如航空航天、交通、建筑、农业、林业、服装、VDT等人机工程学。人机工程学的应用，不仅在产品上能满足人类的要求，而且使人类在操作机器设备的过程中也能获得一定的满足，进一步促进人类能较安全、舒适地工作，且能不断地提高工作效率。对人机系统中人的因素的深入研究，不仅给人机工程学带来了新源泉，而且促进了管理工效学、安全工效学的进一步发展。高新技术领域的发展，人机信息交换发展为人—计算机对话的形式，人的作用已由以操纵为主转变为以监控为主，各种专家系统和人工智能技术也逐渐广泛被应用。这些均给人机工程学的发展添加了新的内容和课题。

人机（以及环境）系统的优化，即人与机器应该互相适应、人机之间应该合理分工、人机所处的环境应该有利于人与机器的和谐相处等成为学科发展的主要内容。

五、我国人机工程学研究与发展现状

在中国，人机工程学的研究在20世纪30年代开始即有少量和零星的开展。20世纪60年代初，中国科学院、中国军事科学院等开始了本学科中个别问题的研究，研究范围仅局限于国防和军事领域，为我国人体工学的发展奠定了基础。20世纪70年代末，我国人机工程学研究进入较快的发展时期。1980年4月，国家标准局成立了全国人类工效学标准化技术委员会，统一规划、研究和审议全国有关人类工效学基础标准的制定；1984年，国家国防科学技术工业委员会成立了国家军用人、机、环境系统工程标准化技术委员会；1989年又成立了中国人类工效学学会（CES）；1995年9月创办了学会会刊《人类工效学》；20世纪90年代初，北京航空航天大学首先成立了我国该专业的第一个博士学科点；2009年8月，第17届国际人类工效学学术会议在北京召开。

目前，该学科的研究和应用已扩展到工农业、交通运输、医疗卫生以及教育系统等国民经济的各个部门。由此也促进了本学科与工程技术和相关学科的交叉渗透，使人机工程学成为既有深厚理论基础又有广泛应用领域的边缘学科。

在我国，人体工程技术研究真正兴起并有组织地进行仅数十年的历史。当前，人体标准数据库中三维人体模型以及一些人机设计系统、评估系统已得到广泛应用。

虽然人体工程学在中国已有所进展，但是和发达国家相比还非常落后。事实上，在我国不仅是普通公众，即使是理工科的大学毕业生，也大都不清楚这门学科的意义所在。从中国专利局公布的专利授予可以看出，人类发明创造的很大一部分，都是关于如何使各种器具变得更省力和方便。随着我国科技和经济的发展，人们对工作条件、生活品质的要求也逐步提高，对产品的人体工程特性也日益重视。一些厂商将“以人为本”的人体工学的设计作为产品的卖点，也正是出于对这种新的需求取向的意识。

第三节

人机工程学的研究范畴

无论生活还是工作场所，人与机的关系无时无刻不存在，围绕着他们的环境条件与其构成一个综合体。在这个综合体的相互关系中，人始终是有意识、有目的地操纵机器和控制环境的主体，而机器始终只是人的劳动工具，机器需服从于人，执行人的意志。人与机的关系是否协调，主要看机器本身是否具备适应人的特性。但人不可能完全控制环境，在一定的情况下，环境总是要约束和影响人。人机工程学研究的对象就是这样一个“人、机、环境系统”。其中，人与机器的关系是系统的中心，人机工程学的主要任务是对这一系统建立合理而又可行的方案，以便有效地发挥人的作用，并为系统中的人提供舒适和安全的环境，从而达到提高工效的目的。从工业设计学的角度来看，与本学科相关的研究内容主要有以下几个方面。

一、人与产品关系的设计

在人与产品关系中，作为主体的人，既是自然的人，也是社会的人。自然方面的研究包括人体形态特征参数、人的感知特性、人的反映特性、人在工作和生活中的生理特征和心理特征等。社会方面的研究包括人在工作和生活中的社会行为、价值观念、人文环境等，目的是使机器设备、工具、作业、场所以及各种用具的设计适应人的各方面特征，为使用者创造安全、舒适、健康、高效的工作条件。

二、人机系统的整体设计

人机系统设计的目的就是创造最优的人机关系、最佳的系统效益、最舒适的工作环境，充分发挥人、机各自的特点，取长补短、相互协调、相互配合。如何合理分配人与机在系统功能以及人机间有效传递信息，是系统整体设计的基本问题。

随着信息技术的发展，人们面对的是大量快速传递的信息，要求操作时精度高、快速准确。同时人机界面硬件向软件转移，这时人与机都进入了一个新的阶段。因此，新系统中的人的特性如何体现，人与机的功能如何分配，机器系统如何更宜人等，成为人机系统设计的主要内容。

三、工作场所和信息传递装置的设计

工作场所设计得是否宜人，对人的舒适健康和工作效率产生直接的影响，工作场所设计一般包括作业空间、作业场所的总体布置，工作台或操纵台设计、座椅设计、工具设计等，作业场所设计的研究目的是保证工作场所适合操作者的作业目的，工作环境符合人的特点，使人的健康在工作过程中不会受到损害，能高效又舒适地完成工作。

人、机、环境系统的信息传递，主要是机器和环境向人传递信息，同时，机器也接受人的信息指令，即操作与显示的设计两个方面。人类工程学对它们的研究不是重点解决工程技术上的具体设计问题，而是从人的特性出发，研究信息的传递方式、准确性、可靠性和人的认读速度与精度等，以及研究操作装置的形状、大小、位置和操纵方式与人的生理、心理、生活习惯等相适应等方面的问题。

四、环境控制和安全保护设计

人类工程学研究环境因素包括温度、湿度、照明、噪声、振动、粉尘、有害气体、辐射等对作业过程和健康的影响；研究控制、改良环境条件的措施和方法，为操作者创造安全、健康、舒适的工作空间。

人机系统设计的首要任务应该是保护操作者的人身安全，研究在产品的设计过程中，当产生不安全的因素时，如何采取预防措施。这方面的内容包括防护装置、保险装置、冗余性设计、防止人为失误装置、事故控制方法、求救援助方法、安全保护措施等。

第四节

人机工程学的研究方法

人机工程学的研究广泛采用了人体科学和生物科学等相关学科的研究方法及手段，也采用了系统工程、控制理论、统计学等其他学科的一些研究方法，并建立了一些独特的新方法。综合使用这些方法来

研究以下问题：测量人体各部分静态和动态数据；调查、询问或直接观察人在作业时的行为和反应特征；对时间和动作的分析研究；测量人在作业前后以及作业过程中的心理状态和各种生理指标的动态变化；观察和分析作业过程和工艺流程中存在的问题；分析差错和意外事故的原因；进行模型实验或用电子计算机进行模拟实验；运用数学和统计学的方法找出各变量之间的相互关系，以便从中得出正确的结论或发展成有关理论。

目前常用的研究方法有以下几种。

一、观察法

为了研究系统中人和机器的工作状态，常采用各种各样的观察方法，如工人操作动作的分析、功能分析和工艺流程分析等都属于观察法。观察法也是人机工程学中常用的研究方法，其核心是按观察的目的确定观察的对象、方式和时机。观察时，应随时记录观察对象的语言评价、行为习惯、目光注视度、面部表情、走路姿态等。按照定量研究与定性研究的差别，观察法可以分为结构性观察和非结构性观察。前者中，观察者让被观察对象填写结构式表格，最后用于定量统计分析；后者则应详尽记录对被观察对象的全部观察过程，获取尽可能多的材料。如泰勒针对铲煤和矿石的工具——铁锹进行了相关的人与工具的关系以及人与操作方法的研究，就是运用了观察法。

二、实测法

实测法是一种借助于仪器设备进行实际测量的方法。例如，对人体静态和动态参数的测量，对人体生理参数的测量或者是对系统参数、作业环境参数的测量等。吉尔布雷斯夫妇对砌砖工人的活动以快速拍摄影片记录的方式，详细记录工人的整个砌砖操作过程，就运用了实测法。

三、实验法

这是当运用实测法受到限制时采用的一种研究方法，一般在实验室中进行，也可以在作业现场进行。例如，为了获得人对各种不同的显示仪表的认读速度和差错率的数据，一般在实验室进行试验；为了了解色彩环境对人的心理、生理和工作效率的影响，由于需要进行长时间研究和多人次的观测，才能获得比较真实的数据，通常在作业现场进行实验。

四、模拟和模型实验法

由于机器系统一般比较复杂，因而在进行人机系统研究时常采用模拟的方法。模拟方法包括对各种技术和装置的模拟，如操作训练模拟器、机械模型以及各种人体模型等。通过这类模拟方法可以对某些操作系统进行仿真实验，从实验室研究处得到所需的更符合实际的数据。因为模拟器和模型通常比其模拟的真实系统价格便宜得多，但又可以进行符合实际的研究，所以应用较多。例如，研究人员针对司机在驾驶时收发短信对于事故发生率的影响就运用了模拟实验法进行测试。犹他大学心理学家弗兰克·德鲁斯和戴夫·斯特雷耶带领研究小组进行了模拟实验测试，在模拟路况驾驶条件的实验室中研究一边开车一边使用手机对驾车人产生的影响。研究人员挑选的测试对象都是驾驶经验丰富的驾车人员。测试中，边开车边发短信的驾车人普遍缩短与前面车辆的间距，同时，反应速度减慢。一旦发生追尾等紧急情况，驾车人踩刹车比平时慢半拍。测试表明，发短信和打电话对驾车人的影响并不相同。边开车边打电话时，驾车人在紧急情况下的反应时间比专心开车时延长9%；边开车边发短信时，驾车人反应时间延长30%。模拟实验法就是在人为设计的环境中，测试实验对象的行为或反应。人的行为或反应往往由多种因素决定，如果能控制某些主要因素，就会使我们更好地理解实验对象的行为表现，从而有利于创设出满足人机和谐的环境。

五、计算机数值仿真法

由于人机系统中的操作者是具有主观意志的生命体，用传统的物理模拟和模型方法研究人机系统，往往不能完全反映系统中生命体的特征，其结果与实际必有一定误差。另外，随着现代人机系统越来越复杂，采用物理模拟和模型的方法研究复杂的人机系统，不仅成本高、周期长，而且模拟和模型装置一经定型，就很难做修改变动。为此，一些更为理想和有效的方法逐渐被研究出来，其中的计算机数值仿真法已成为人体工程学研究的一种现代方法。数值仿真是在计算机上利用系统的数学模型进行仿真性实验研究，研究者可对尚处于设计阶段的未来系统进行仿真，并就系统中的人、机、环境三要素的功能特点及其相互间的协调性进行分析，从而预知所设计产品的性能，并改进设计。应用数值仿真法研究，能大幅缩短设计周期，并降低成本。

六、分析法

分析法是在上述各种方法中获得了一定的资料和数据后采用的一种研究方法。目前，人体工程学研究常采用以下几种分析方法。

1. 瞬间操作分析法

生产过程一般是连续的，人和机械之间的信息传递也是连续的。但要分析这种连续传递的信息很困难，因而只能用间歇性的分析测定法，即采用统计学中的随机采样法，对操作者和机械之间在每一间隔时刻的信息进行测定后，再用统计推理的方法加以整理，从而获得人机环境系统的有益资料。

2. 知觉与运动信息分析法

人机之间存在一个反馈系统，即外界给人的信息，首先由感知器官传到神经中枢，经大脑处理后，产生反映信号再传递给肢体对机械进行操作，被操作的机械又将信息反馈给操作者，从而形成一个反馈系统。知觉与运动信息分析法，就是对此反馈系统进行测定分析，然后用信息传递理论来阐述人机间信息传递的数量关系。

3. 动作负荷分析法

在规定操作所必需的最小间隔时间条件下，采用电子计算机技术来分析操作者连续操作的情况，从而推算操作者工作的负荷程度。另外，对操作者在单位时间内工作的负荷进行分析，可以用单位时间的作业负荷率来表示操作者的全部工作负荷。

4. 频率分析法

对人机系统中的机械系统使用频率和操作者的操作动作频率进行测定分析，其结果可以作为调整操作人员负荷参数的依据。

5. 危象分析法

对事故或者近似事故的危象进行分析，特别有助于识别容易诱发错误的情况，同时也能方便地查找出系统中存在的而又需要用较复杂的研究方法才能发现的问题。

6.相关分析法

在分析方法中，常常要研究两种变量，即自变量和因变量。用相关分析法能够确定两个以上的变量之间是否存在统计关系。利用变量之间的统计关系可以对变量进行描述和预测，或者从中找出合乎规律的东西。例如，对人的身高和体重进行相关分析，便可以用身高参数来描述人的体重。统计学的发展和计算机的应用，使相关分析法成为人机工程学研究的一种常用方法。

七、调查研究法

目前，人机工程学专家还采用各种调查方法进行抽样分析操作者或使用者的意见和建议。这种方法包括简单的访问、专门调查、精细的评分、心理和生理学分析判断以及间接意见与建议分析等。

第五节 人机工程学与工业设计的关系

人机工程学研究的是如何将人、器物、环境三者以最优化的方式协调起来，以便达到使用器物的舒适和高效，并为这个目标服务。工业设计研究的是让人能够舒适、高效使用的器物，而这个器物是有环境限制的。因此，这两个研究领域是存在交集的，其目的都是为人服务，“以人为本”是两者的共同话题。“以人为本”已成为现代设计的核心思想之一。在功用、性能、质量、经济等针对产品本身的评价因素之外，人们对产品的要求更多地集中在安全、健康、方便、舒适，乃至审美、情感、价值等针对人而言的因素上。这就要求设计除了应当满足人的需求外，在设计的整个过程中也必须时时考虑到人的因素，使设计出来的产品能够保障人的安全和健康，提高人的工作效率与质量，实现人的舒适与愉悦，乃至有利于人类长远发展的利益。而这一思想又必须通过工程手段才能得以落实，因此人机工程学可以说是现代设计的基础学科。

在设计人本主义的视野下，人机工程学为设计如何“以人为本”提供了各个方面的有力支持。

一、人机工程学为工业设计提供理论依据

（一）为工业设计中考虑“人的因素”提供人体尺度参数

“人的因素”是人机工程学的核心内容，想要为人服务，首先要全面了解人，于是解剖学、生理学、心理学、人体测量学、社会学等和人有关的信息是人机工程学发展的基础。具体体现在：对人体结构特征和机能特征进行研究，提供人体尺度、活动范围、运动特征、作业行为等人体机能特征参数；研究人的视觉、听觉、触觉等感受器官的机能特性以及大脑信息加工与认知过程的机制，提供人的感觉与知觉、判断与决策的规律和特征；探讨人在工作中影响心理状态的因素以及心理因素对工作效率的影响；分析人在各种劳动时的生理变化、能量消耗、疲劳机理以及人对各种劳动负荷的适应能力等。

设计不是随意的、任意的行为，需要遵循一定的规律和原则，超出规律和原则的设计是很难被社会和受众所接受的。人机工程学为产品设计的人因合理性提供依据。产品的信息显示装置、操纵控制装置、人机交互界面，以及作业器具、作业空间的设计，都需要人体工程学提供的参数和要求作为设计依据，如此才能创造出与人的生理、心理机能相协调的产品，使为人所用的产品达到最优化。美国设计师亨利·德雷夫斯的设计信念是设计必须符合人体的基本要求，他认为适应于人的机器才是最有效率的机器。德雷夫斯于1930年开始与贝尔公司合作，提出了“从内到外”（from the inside out）的设计原则。1937年德雷夫斯为贝尔公司设计了集听筒与话筒于一身的、横放话筒的300型电话机（图1–2）设计，因其注重对人体尺度的研究，注重产品对人的舒适性的考虑，成为当时美国家喻户晓的生活产品。此外，1955年以来，德雷夫斯为约翰·迪尔公司开发了一系列农用机械，这些设计围绕建立舒适的、以人机学计算为基础的驾驶工作条件这一中心，其中与人相关的部件设计合乎人体舒适的基本要求。经过多年研究，德雷夫斯总结出有关人体的数据（图1–3、图1–4）以及人体的比例与功能，并于1955年出版了专著《为人的设计》（*Designing for People*），该书收集了大量的人体工程学资料；1961年他又出版了《人体度量》（*The Measure of Man*）一书，从而为工业设计领域奠定了人机工程学这门学科，德雷夫斯成为最早将人机工程学系统运用在设计过程中的设计师。

图1–2　贝尔电话300型

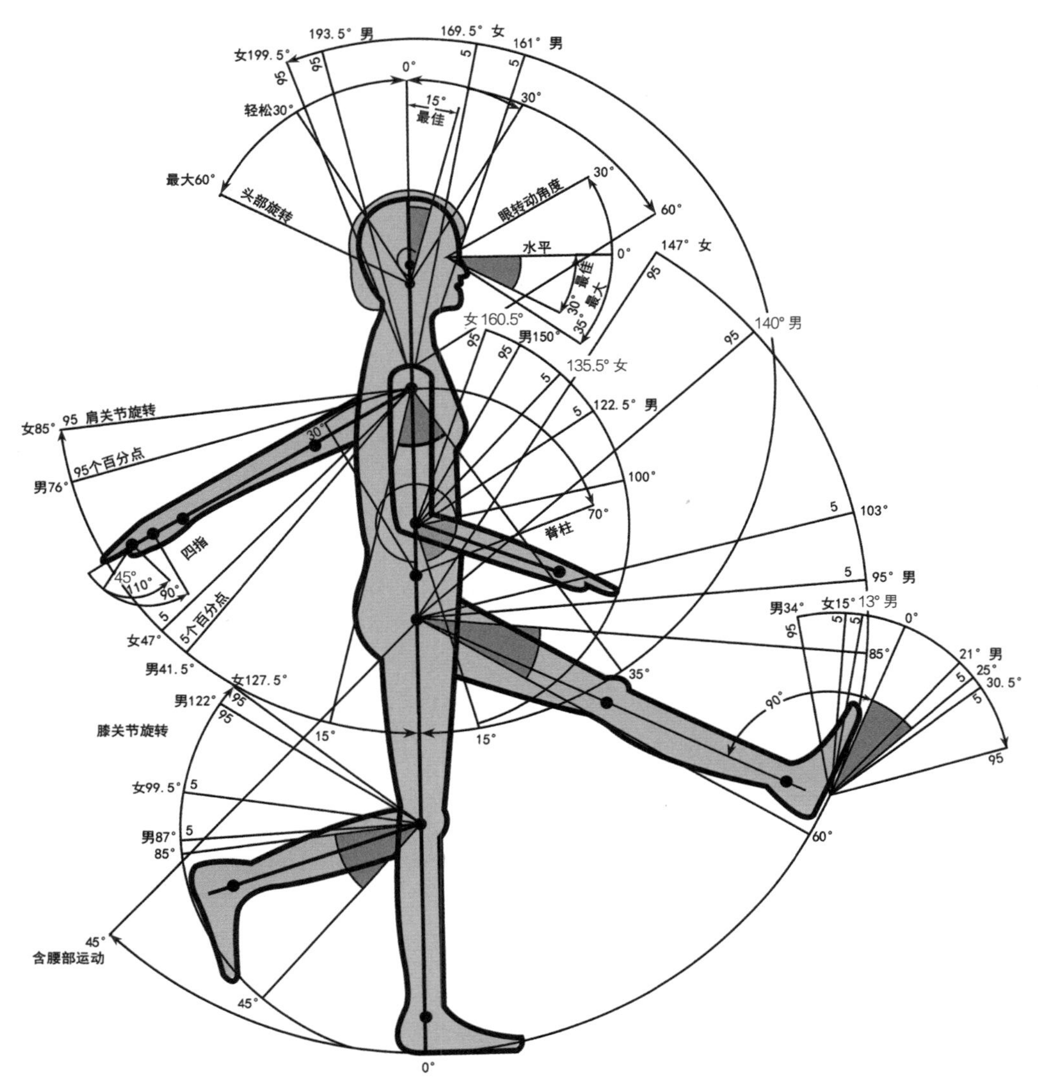

图 1-3 人体数据图（侧视）

（二）为工业设计中“产品”的功能合理性提供科学依据

现代工业设计中，如果只搞纯物质功能的创作活动，不考虑人机工程学的需求，那将是创作活动的失败。因此，如何解决“产品”与人相关的各种功能的最优化，创造出与人的生理和心理机能相协调的“产品”，是当今工业设计中在功能问题上的新课题。人体工程学的原理和规律是设计师在设计前应该考虑的问题。如座椅的设计，必须要遵循客观的人体尺度参数，并且了解人体处于不同状态下（工作或休闲）的生理变化、疲劳程度、能量消耗与劳动负荷适应能力等，才能符合不同类型椅子的基本要求。同样道理，展示空间的设计中，声、光、电的运用也要在人体可以接受的范围尺度内才能达到应有的

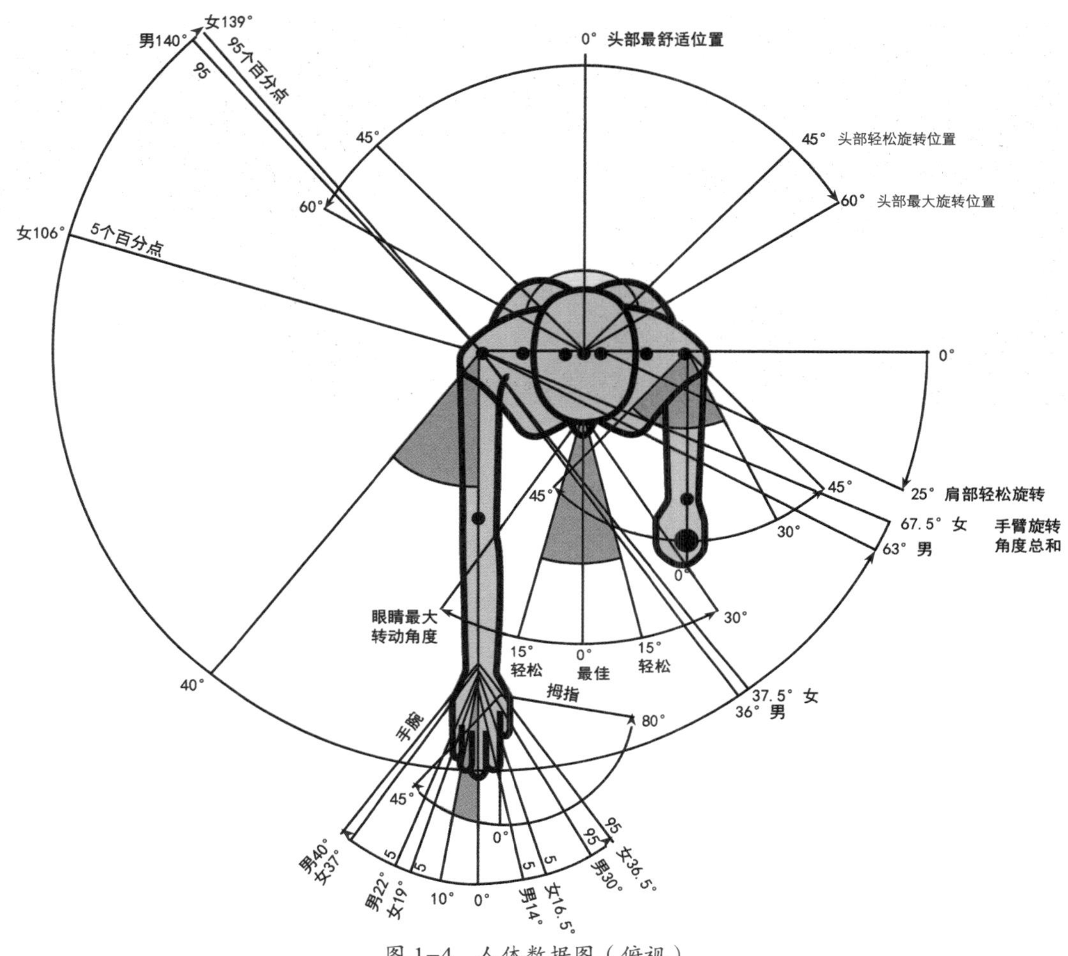

图 1-4　人体数据图（俯视）

效果。

不同的产品对人机工程学的要求各不相同。好的产品设计涵盖了形态和人机因素，产品的造型同样有助于人机工程效用的发挥。产品设计的人性化，能更好地实现产品的功能安全，提升产品价值。设计师通过产品的设计体现对使用者的人文关怀，现已成为产品设计是否科学、合理的最根本的评论标准。运用人机工程学中的人体尺寸、作业姿势，研究产品的作业空间设计，采用计算机虚拟辅助分析手段，优化人机系统，进行人机实验，都将非常有助于人机整合方案的设计处理，以及产品使用效率的提高，这也正是设计师所需要考虑的一些主要问题。

（三）为工业设计中考虑“环境因素”提供设计准则

针对人体对于环境中不同物力因素的反应能力以及适应能力的研究，探讨声音、光、热、尘埃以及振动等环境因素对于人体生理、心

图 1-5 汉宁森设计的 PH 系列灯具

理与工作效率产生影响的原因，明确人体处于生产与生活活动环境之下的安全范围，能够确保人体始终健康与安全。

丹麦设计师保罗·汉宁森毕生致力于灯具设计，是最早强调科学、人性化照明的灯光设计师。他的PH（图1-5）系列灯具设计，科学生动地诠释了“以人为本”的设计思想。其灯罩优美典雅的造型、流畅飘逸的线条、错综而简洁的变化、柔和而丰富的光色，使整个设计洋溢出浓郁的艺术气息，重要的是它充分考虑了照明效果对视觉健康的影响。PH灯的特点是所有光线都必须经过至少一次反射才能到达工作面，从而获得柔和、均匀的照明效果，并避免了清晰的阴影；并且无论从哪个角度看均无法直视到光源本身，从而避免了眩光对眼睛的刺激；对白炽灯光谱进行补偿，以获得适宜的光色；经过灯罩边沿溢出光线来分散光源的亮度，缓解了光线与黑暗背景的过度反差，利于视觉的舒适。

从“以人为本”的设计观念看，由于多样化和多元化的发展，个体设计观念不断增强，人机工程学环境因素的具体研究内容，包括了诸如物理环境、自然环境及社会环境等，前两者的要求是满足客观条件，而社会环境包含了主、客观两部分，相对复杂。人机工程学可以从保证人体的健康、安全、合适和高效出发，加强产品与操作人员之间的联系，提高了产品的可靠性、易用性和耐久性等。人机工程学为工业设计提供了合理有效的设计方法和设计准则。

二、工业设计推动人机工程学更好地发展

必须承认，工业设计使人机工程学的应用范围扩大到前所未有的

程度。在工业设计的设计实践过程中，总是不断地需要应用到一些关于人的生理、心理方面的理论和数据，这就会对人机工程学的研究和发展不断提出新的要求。同时，许多工业设计师为了提高自身的设计水平，也开始对相关设计领域的人机工程学进行深入的研究。

但是，我们不应该把人机工程学作为设计的唯一准则，人的欲求、价值观念和生活习性等不可能完全通过定量分析来获得，那些感性的、直觉的因素虽无法提供具体的参数，但它也是辅助判断的标准之一，也应被纳入心理特征与设计考量的范畴。

研究人机系统的基础是了解“人”的生理特征，人的生理基础是一切设计活动的先决条件。一个适宜人操作使用的器物，一定是符合人的生理特点的。因此，为了让人可以在舒适的状态和适宜的环境中工作，就必须在设计中充分考虑人体的各种尺度、人的感觉与知觉等特性。具备这些基本知识，对于设计师来说是非常有必要的。

汽车内饰的设计中，充满着大大小小符合人的生理特征的设计，这是出于要使驾驶员在有限空间内舒适、方便、快捷地操作所有控制系统，并能使乘车人觉得舒适安全的考虑（图1–6）。

图 1–6 林肯 MKC 内饰

例如，人机系统研究最为直接和频繁的人体部位是手，手也是人体中与机器接触时间和范围最广泛的部位，因此对手的长度、宽度、手指比例、握力、拉力、体力等都有精准的规定。许多产品必须以手的各项参数为基准进行设计，合理确定产品的形状、位置、尺寸，才能让使用者感到方便、自然、舒适、安全，减少疲劳，提高操作的效率和准确性，从而优化人的使用行为，防止潜在的危险和伤害，达到

图 1-7 木星轨迹球鼠标 罗技

图 1-8 博世电钻 德国

图 1-9 保温水杯

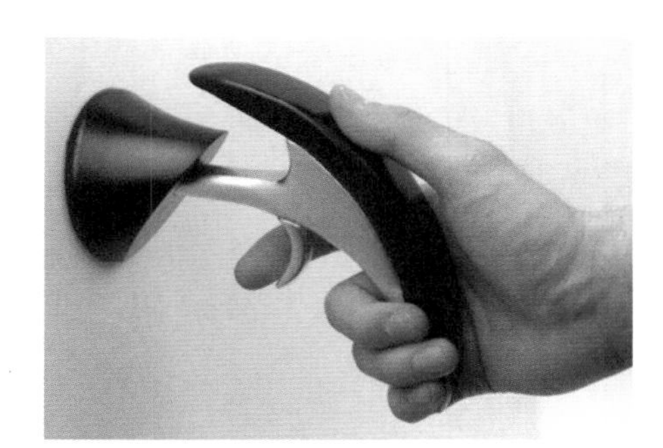

图 1-10 门把手

提高生活质量的目的（图 1-7~图 1-9），如把手的设计对于人的操作是有一定影响的。由于把手的应用很广泛，所以根据把手的具体应用，其设计要考虑的因素有很多。首先，把手直径与长度要与人手的尺寸相适应；其次，把手的设计还应该符合人的一般认知规律，即把手可以给人提示、导向的作用，让人一看就明白是推拉方式还是平移方式；最后，把手如果作为产品的一部分，还需要考虑安装高度，以适合不同身高人群的使用，毕竟手的活动范围和肘的高度共同确定了最佳的手控制区。“以人为本”才能使把手抓握舒适，操作方便，提高效率（图 1-10）。

思考与练习

1. 人机工程学的发展历程大致经历了哪几个阶段？
2. 人机工程学与工业设计的关系。
3. 人机工程学常用的研究方法有哪些？

第二章
生理特征与设计

人机工程学的研究基础是人的生理特征，因此，学习和掌握人体尺寸了解人体尺度的局限与适用范围、人的感觉和知觉对设计有着积极影响。数据及感知觉对人的影响，对于各类产品与人的生理和心理尺度关系将会有更合理的利用。

第一节
人体尺度与设计

在人机工程学的测量问题中，常会出现尺寸与尺度这两个词，两者既有区别又有联系。

人体尺寸是人的生理基础的一个外在空间特征，是指沿某一方向、某一轴向或围径测量的值，即用专用仪器在人体上的特定起点、止点或经过点沿特定测量方向测得的尺寸。

人体尺度是产品体量和空间环境设计的基础依据，合理的设计首先要符合人的形态和尺寸，使人感到方便和舒适。人体尺寸可分为构造尺寸和功能尺寸。构造尺寸是指静态的人体尺寸，是人体处于固定的标准状态下测量的结果。功能尺寸是指动态的人体尺寸，是人在进行某种功能活动时肢体所能达到的空间范围，是在动态的人体状态下测量而得的数据。尺度是基于人体尺寸的一种关于物体大小或空间大小的心理感受，也可以说尺度是一种心理尺寸。其强调的是一种相对的概念，或者说是一种比例上的关系。

因此，尺寸是客观的、具体的，尺度是主观的、抽象的。尺寸是物理层面的人机工程学问题，而尺度是认知和感性等心理层面的人机工程学问题。应该说尺度问题包含了尺寸问题。

一、人体测量学

关于人体自身数据的获取——人体尺寸比例标准，最早是在（约公元前3000年）埃及古城孟菲斯的金字塔的一个墓穴中发现的。公元前1世纪，罗马建筑师维特鲁威又从建筑学的角度对人体尺寸做了较为完整的论述。到文艺复兴时期，达•芬奇又根据维特鲁威的描述创作出了著名的人体比例图（图2-1，也称维特鲁威人），它是用钢笔和墨水绘制的一幅34.4cm × 25.5cm的手稿。手稿中一个裸体的健壮中年男子，两臂微斜上举，两腿叉开，以他的足和手指各为端点，正好外接一个圆形。同时在画中清楚可见叠着另一幅图像：男子两臂平伸站立，以他的头、足和手指各为端点，正好外接一个正方形。这是艺术巨匠对维特鲁威在《建筑十书》中盛赞的人体比例与黄金分割比的完美体现。“维特鲁威人”也是达・芬奇以比例最精准的男性为蓝本创作

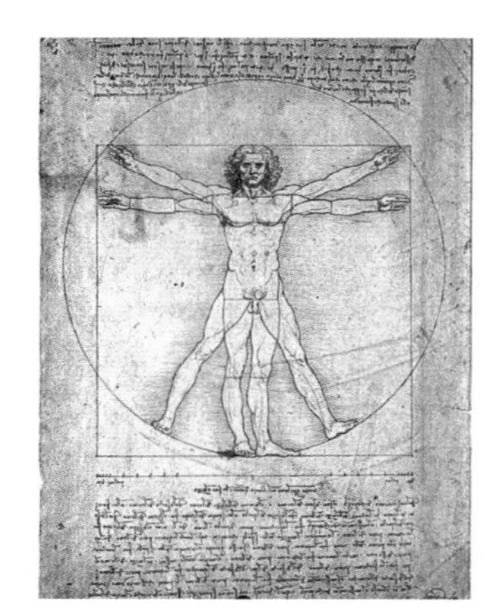

图 2-1　维特鲁威人（人体比例图）　达•芬奇

出的人体比例图，因此后世常以“完美比例”来形容画中的男性。

比利时科学家奎特莱特于1870年出版了《人体测量学》一书，由此创建了人体测量学这一学科。此后，许多科学家、艺术家都对这一领域进行了大量的研究，但大多数都是从美学的角度研究人体比例关系，而不是为设计服务。

真正对人体测量有新的认识，将人体尺寸数据运用到设计中，是20世纪40年代。第二次世界大战的爆发从某种意义上推动了人体尺寸测量在军事工业上的应用，飞机、坦克等内部的设置急切地需要运用人体测量的数据作为参数来进行设计。战争结束后，人体测量的数据从军事工业逐渐转向民用领域；另外，德雷夫斯于1961年出版的《人体度量》一书，也使人体测量学被广泛关注和深入地研究。德雷夫斯的设计生涯中，一直潜心研究有关人体的数据、人体比例及功能，他认为设计首先必须符合人体的基本要求，并提出适应于人的机器才是效率最高的机器，从而帮助设计界奠定了人机工程学这门学科。目前在设计及不同领域中都已取得比较丰富和完善的人体尺寸数据以供使用。

人体测量学是人类学一个重要的分支学科，也是一门新兴的学科。主要是用测量和观察的方法来描述人类的体质特征状况。它通过测量人体各部位尺寸来确定个体之间和群体之间在人体尺寸上的差别，用于研究人的形态特征，从而为各种工业设计和工程设计提供人体测量数据。它的主要任务是通过其测量数据，运用统计学方法，对人体特征进行数量分析。一般以骨骼测量为数据获取方式。骨骼测量提供了人类在系统发育和个体发育的各个阶段的骨骼尺寸。帮助我们了解人类进化过程中不同时期和不同人种的骨骼发展的情况，以及他们的相互关系，同时也可以了解骨骼在生长和衰老过程中的变化等。这对人类进化和人体特征的理论研究有着重要的意义。

但是，与人类学所进行的人体测量不同的是，人机工程学中的人体测量具有极强的功能性与操作性，即测量是根据人的任务和作业进行的，测量的基本目的是为设计提供参数依据。在一些发达国家，定期采集国民的人体数据已经成为经常性的工作，有些国家还制定了相应的标准。这些工作对提高国家整体的工业设计水平起到了不可估量的作用。

二、人体测量所需考虑的因素

（一）人体的差异因素

1. 民族因素

每个民族都有自己的人体数据，不能套用其他民族的测量结果来设计本民族的机具。美国汽车无论从车身长度和宽度以及内饰空间的大小通常都比日本汽车的要大，这是因为美国人的平均人体数据比日本人的要高。例如，按美国男子身高标准设计的飞机，对于联邦德国男子的适应范围降为90%，对于法国人降为80%，对于日本人降为45%，对于泰国人降为25%。

2. 地区因素

一个国家由于地区不同，人体数据也有所差异。中国成年男女身高较高的地区为河北、山东、辽宁、山西、内蒙古、吉林和青海；身高中等的地区为长江三角洲、浙江、江苏、湖北、福建、陕西、甘肃和新疆等；身高介于较高与中等之间的地区为河南、黑龙江；身高较矮的地区为四川、云南、贵州和广西等；身高介于中等和较矮之间的地区为江西、湖南、安徽和广东。从服装销售情况来看，一般南方地区小号的服装销售量更大，反之，在北方大号的服装销售量更大。

3. 性别因素

就平均身高而言，男性比女性高10cm左右。

4. 年龄因素

因人体机能的变化，身高的变化，在22岁之前呈现上升趋势，30岁以后呈现下降趋势。

5. 时代因素

由于食物结构的改变，体育活动的开展，卫生知识的普及，当代年轻人身高普遍比老一辈要高。

6. 社会因素

从劳动科学和社会医学的调查中得知，不同职业、不同社会阶层的居民，在体形和生长方面均有区别，在身体尺寸上也存在差异，如重体力劳动者与轻体力劳动者的体形及尺寸有很大差别。

（二）人体测量的基本要求

根据国标GB/T 5703—1999规定，只有在被测者姿势、测量基准面、测量方向、测点等符合要求的前提下，测量数据才是有效的。

人在工作过程中，主要有立姿、坐姿、跪姿、仰俯姿等几种姿势，常用的静态参考尺寸主要是立姿和坐姿两种。

1.立姿

被测者挺胸直立，头部以眼耳平面定位，眼睛平视前方，肩部放松，上肢自然下垂，手伸直，手掌朝向体侧，手指轻贴大腿侧面，自然伸直膝部，左、右足后跟并拢，前端分开，使两足大致呈45°夹角，体重均匀分布于两足（图2-2）。

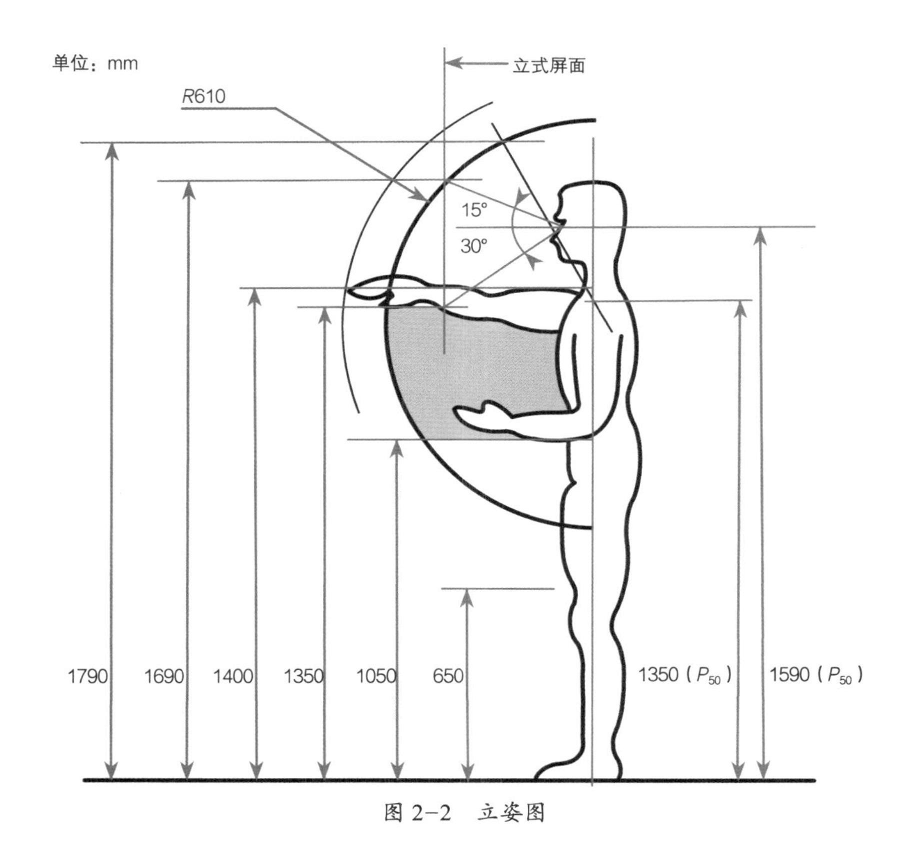

图2-2　立姿图

2.坐姿

被测者挺胸坐在被调节到腓骨头高度的平面上，头部以眼耳平面定位，眼睛平视前方，左、右大腿大致平行，膝弯曲大致成直角，足平放在地面上，手轻放在大腿上（图2-3）。

根据国标GB/T 5703—1999中的要求，人机工程学使用的人体参数的测量方法适用于成年人和青少年的人体参数测量。该标准对测量项目的具体测量方法和各个测量项目所使用的测量仪器做了详细说明。凡需测量的，必须按照该标准规定的测量方法进行，其测量结果方为有效。

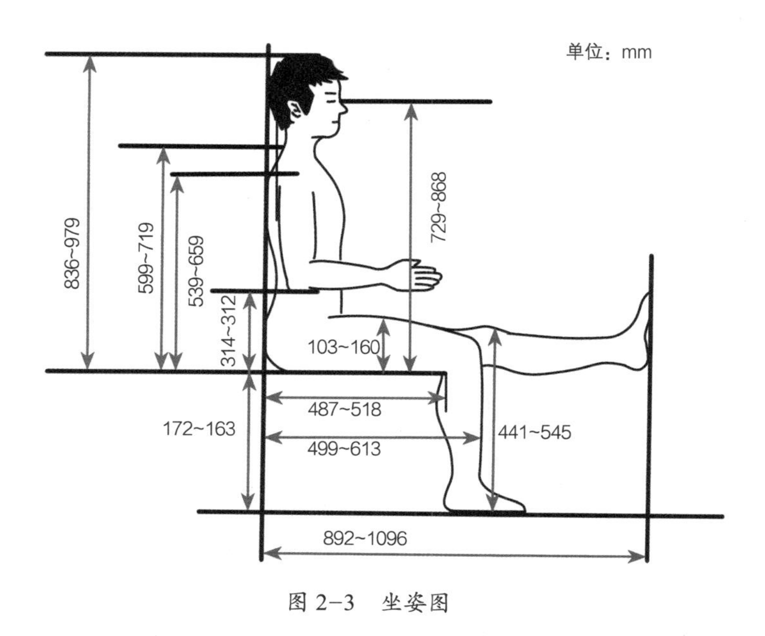

图 2-3　坐姿图

三、常用的人体尺度数据

现存最早的中医学典籍《内经•灵枢》的《骨度》篇中，已有关于人体测量的记载和阐述，说明早在两千多年前，我国就曾经进行过有关人体测量的工作。直到20世纪80年代，我国的人类工效学标准化技术委员会提出并在国家技术监督局的支持下，开始进行科学的人体数据测量及应用通则的制定，为此，在全国范围内开展了抽样测量工作。1988年12月10日，我国正式颁布了《中国成年人人体尺寸》GB 10000—1988，并于1991年6月8日颁布了《在产品设计中应用人体尺寸百分位数的通则》GB/T 12985—91，填补了这方面的空白（表2-1~表2-3）。

表 2-1　人体主要尺寸　　单位：mm

年龄分组 / 百分位数（P） / 测量项目	男（18~60岁）							女（18~55岁）						
	1	4	10	50	90	95	99	1	5	10	50	90	95	99
身高/mm	1543	1583	1604	1678	1754	1775	1817	1449	1484	1503	1570	1640	1659	1697
体重/kg	44	48	50	59	70	75	81	39	42	44	52	63	66	71
上臂长/mm	279	289	294	313	333	334	349	252	262	267	281	303	302	319
直臂长/mm	206	216	220	237	253	258	268	185	193	198	213	229	234	242

续表

测量项目 \ 百分位数（P） \ 年龄分组	男（18~60岁）							女（18~55岁）						
	1	4	10	50	90	95	99	1	5	10	50	90	95	99
大腿长/mm	413	428	436	465	496	505	532	387	402	410	438	467	476	494
小腿长/mm	324	338	344	369	396	403	419	300	313	319	344	370	376	390

表 2-2 坐姿人体尺寸（男） 单位：mm

测量项目 \ 百分位数（P） \ 年龄分组	26~35岁							36~60岁						
	1	5	10	50	90	95	99	1	5	10	50	90	95	99
中指指尖点上举高	1917	1977	2007	2113	2218	2246	2312	1907	1959	1988	2090	2191	2224	2282
双臂功能上举高	1817	1872	1903	2009	2111	2141	2205	1806	1856	1885	1987	2088	2117	2178
两臂展开宽	1534	1587	1610	1698	1781	1806	1851	1522	1572	1599	1683	1767	1794	1873
两臂功能展开宽	1331	1378	1432	1489	1501	1594	1639	1319	1368	1392	1477	1560	1584	1635
两肘展开宽	794	818	830	877	924	937	966	788	812	825	870	915	929	956
立姿腹厚	149	160	166	191	218	230	245	156	171	178	204	238	249	267

表 2-3 人体水平尺寸 单位：mm

测量项目 \ 百分位数（P） \ 年龄分组	男（18~60岁）							女（18~55岁）						
	1	4	10	50	90	95	99	1	5	10	50	90	95	99
胸宽	242	253	259	280	307	315	331	219	233	239	260	259	299	319
胸厚	176	186	191	212	237	245	261	159	170	175	199	230	239	260
肩宽	330	344	351	375	397	403	415	304	320	328	351	371	377	387
最大肩宽	383	398	405	431	460	469	486	347	363	371	397	428	438	458
臀宽	273	282	288	306	327	334	346	275	290	296	317	340	346	360
坐姿臀宽	284	295	300	321	347	355	369	295	310	318	344	374	382	400
坐姿两肘间宽	353	371	381	422	473	489	518	326	348	360	404	460	378	509
胸围	762	791	806	867	944	970	1018	717	745	760	825	919	949	1005
腰围	620	650	665	735	859	895	960	622	659	680	722	904	950	1025
臀围	780	805	820	875	948	970	1009	795	824	840	900	975	1000	1044

四、常用的人体尺度数据在设计中的运用

只有在熟悉人体测量基本知识后，才能选择和应用各种人体数据，否则有的数据可能被误解，如果使用不当，还可能导致严重的设计错误。

（一）产品尺寸设计的程序

产品的尺寸设计是产品的重要组成部分，合理的尺寸设计是设计取得成功的必要条件。获取了人体测量数据后，参考和运用这些数据是进行产品的尺寸设计时首先要了解的问题。一般来说，产品尺寸设计大致需要注意以下问题。

（1）每一件产品的设计都会关系到尺寸问题，这当中的很多尺寸和人体相关，在确定某个设计尺寸之前，首先必须考虑哪个（些）人体尺寸对该设计来说至关重要。便携式的产品其最终的外观尺寸要保证便携式的方便性，产品与人的身体哪个部位接触得最多，参考的尺寸就以哪个部位为主，如头盔的设计首要考虑人头部的尺寸数据，鼠标的设计首先要考虑手部的尺寸数据。

（2）确定使用产品的人群，即设计所考虑的使用者范围。这个产品的使用者是男性为主、女性为主还是儿童为主？是东方人还是西方人？是针对一般的人群使用，还是面向诸如学生、运动员、军人等特定的群体使用？这些人群人体尺寸分布的百分位情况如何？与手部有密切接触的产品，其设计尺寸应以手部测量尺寸作为数据参照，由于成人和儿童的手部尺寸有明显区别，儿童在8岁以下手部的尺寸差异也很明显，因此不同的产品，根据相应的使用人群其产品尺寸也是不同的。成人水杯的直径一般在65mm左右时握感比较合适，但对于6岁以下的儿童，带把手的水杯更利于儿童抓握。

（3）确定设计中人体测量尺寸的使用原则，是采用高百分位数据还是低百分位数据，或者采用平均尺寸？产品需要满足怎样的人群范围？如门的尺寸应满足高百分位数据，开关的位置应满足平均尺寸等。

（4）这个产品是否考虑动态的调节设计？如自行车座位的高低可以在一定范围内调节，电风扇的基座是否可以在高度上调节。

（5）在相应人群的人体测量尺寸表上查到相关值。

（6）为使人们方便、安全和舒适地使用产品，设计中需要在查得的人体尺寸数据的基础上预留一定的余量。例如，由于冬季穿衣等导致的人体尺寸改变，需要对查到的数据按实际情况做一定的调整。

通过对上述问题的了解，产品的设计尺寸也就基本确定了。如果有可能，应该通过试验或模拟来进一步确认设计尺寸的有效性，如让一些典型用户进行试用等。

（二）人体尺寸百分位数的选择

人体测量参数是一切设计的基础。为使各种与人体尺寸有关的设计能符合人的生理特点，使人在使用时处于舒适的状态和适宜的环境之中，设计中必须要充分考虑人体尺寸。但是个体与群体之间在人体尺寸上是有差别的，研究人的形态特征，给出人体测量参数，对工作空间的设计，对机器、设备的设计，对产品的设计都具有重要的意义。

人有高、矮、胖、瘦，在人群中，都以一定的比例存在着。人们最容易想到的就是采用平均数据或者第50百分位的数据，但这种方法在很多场合下都是不适用的。例如，以平均身高来确定门的高度，肯定是不合理的，这种门框会让一半的人有碰头的危险。事实上，在设计中，不能简单地用“平均人”或者“标准人”的概念来作为设计依据。

人体尺寸百分位数是设计中常要参考的数据，要学会在已经提供的人体尺寸百分位数中寻找合适于人体某部位尺寸的数据，就必须清楚它代表的意义。以设计中最常用的P_5、P_{50}、P_{95}三种百分数为例，第5百分位数代表“小”身材，是指有5%的人群身材尺寸小于此值，而有95%的人群身材尺寸均大于此值，如在设计瓶体的直径时，需要的就是这种界值比较小的参数；第50百分位数表示“中”身材，是指大于和小于此人群身材尺寸的各为50%；第95百分位数代表“大”身材，是指有95%的人群身材尺寸均小于此值，而有5%的人群身材尺寸大于此值，如设计门框之类的产品时，需要参考的就是界值比较大的参数。

上述问题关系到如何选择人体尺寸百分位数，要弄清楚这个问题，需要先了解产品尺寸设计的分类及适应域。

1. 产品尺寸设计分类

针对上述问题，中国人类工效学标准化技术委员会专门编制了一个国家标准，即《在产品设计中应用的通则》GB/T 12985—91。这个通则将产品按设置的限值分成下列3类共4种。

（1）Ⅰ型产品尺寸设计（又称“双限值设计”）。这种类型需要两个人体尺寸百分位数作为尺寸上限值和下限值的依据。

产品的尺寸需要进行调节，才能满足不同身材的人使用，属于Ⅰ

型产品尺寸设计。因此需要一个大百分位数的人体尺寸和一个小百分位数的人体尺寸分别作为产品尺寸设计的上、下限值的依据。例如，为了使驾驶员的眼睛位于最佳位置、获得良好的视野以及方便操纵驾驶盘及踩刹车，无论身材高、矮的驾驶员都能舒适地驾驶汽车，座椅的高低和前后必须能够调节。对于座椅的高低调节范围的确定需要取眼高的P_{90}和P_{10}为上、下限值的依据；对于座椅的前后调节范围的确定需要取臀膝距的P_{90}和P_{10}为上、下限值的依据（图2-4）。为了使腕表适用于腕部粗细不同的使用人群，其腕部的可调节尺寸也应取手腕尺寸的P_{90}和P_{10}为上、下限值的依据（图2-5）。

图 2-4　宝马 X5　座椅调节按钮

图 2-5　博朗手表

再如，在订制成年女鞋尺寸时，为了确定应该生产几个鞋号的鞋，应取成年女子足长的P_{95}和P_5为上、下限值的依据，以满足绝大多数成年女子的尺寸。

（2）Ⅱ型产品尺寸设计（又称“单限值设计”）。这种类型只需要一个人体尺寸百分位数作为尺寸上限值或下限值的依据。例如，门框的尺寸范围的确定需要取P_{95}为上限值的依据。这一类产品又可分为以下两种。

①Ⅱ A型产品尺寸设计（又称“大尺寸设计”）。这种类型只需要一个人体尺寸百分位数作为尺寸上限值的依据。该类产品的尺寸只要能适合身材高大者的需要，就肯定也能适合身材矮小者的需要。如在设计门的高度、床的长度和宽度，影剧院、礼堂的固定排椅的间距时，只要满足了身材高的人的需要，身材矮的人在使用时必然不会产生问题，所以应取身高P_{95}上限值为依据。再如，为确定防护可到达危险点的安全距离时，应取相应肢体位的可达距离P_{99}为上限值的依据。另外，包容空间的设计也符合这种特征，所谓包容空间，泛指一切对操作者有围合倾向的设计对象，如车厢、通道、门洞等（图2-6~图2-8）。

图 2-6　车厢

图 2-7　通道

图 2-8　客厅

图 2-9　防盗窗

②Ⅱ B型产品尺寸设计（又称“小尺寸设计”）。这个类型只需要一个人体尺寸百分位数作为尺寸下限值的依据。该类产品的尺寸只要能适合身材矮小者的需要，就肯定能适合身材高大者的需要，比如防护栏的间隙的大小、上层橱柜的把手等（图2-9）。可及范围的设计属于这种类型，可及范围是那些需要操作者伸出四肢方可能及的对象，如一些车顶的扶手、飞机驾驶舱上部的控制开关等。

（3）Ⅲ型产品尺寸设计（又称“平均尺寸设计”）。这种类型只需要第50百分位数的人体尺寸作为产品尺寸设计的依据。

在设计中，有时会遇到这样一类设计任务：对门把手或锁孔离地面的高度、开关距离地面的高度进行设计时，都分别只能确定一个高度供不同身高的人使用，这种情况应取肘高为P_{50}的平均值为产品设计的依据；当工厂由于生产能力有限，对本应采用尺寸系列的产品只能生产其中一个尺寸规格时，也应取相应人体尺寸的P_{50}来作为设计依据。

2. 适应域（也称满足度）

一个设计往往无法满足人体尺寸的所有要求，一般只能按一部分人的人体尺寸进行设计。根据特定的要求所选取的人体尺寸只占整个人体尺寸分布的一个区域，所以称为适应域。

一般而言，产品设计的目标追求的是较大的适应域，否则产品只能适合较少的人群使用，这不符合设计的基本原则。但产品的设计并非适应域越大越好，因为过大的适应域必然带来其他方面的不合理。例如，飞机内舱的设计如果过于强调飞机座位的舒适性，让高、胖的人能得到满足，就必然造成要么需牺牲中间过道的空间尺寸，要么减少内舱的座位数量以保证相同空间下公共活动空间的大小的结果（图2-10）。

图 2-10　飞机内舱

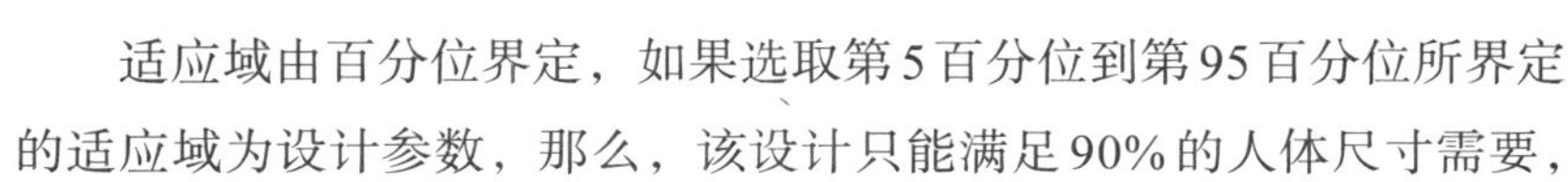

适应域由百分位界定，如果选取第5百分位到第95百分位所界定的适应域为设计参数，那么，该设计只能满足90%的人体尺寸需要，

即适应域为90%，百分位中第5百分位以下和第95百分位以上部分为非选区。

适应域的大小要根据设计的实际情况确定，一般来说，在产品设计中选择人体尺寸百分位数要遵循以下3个原则：

（1）一般产品，大、小百分位数分别选P_{95}和P_5，或酌情选P_{90}和P_{10}.

（2）对于涉及人的健康、安全的产品，大、小百分位数常分别选P_{99}和P_1或酌情选P_{95}和P_5.

（3）对于成年男、女通用的产品尺寸设计，一般可分别根据上述要求，选用男性的高百分位数作为尺寸上限值的依据；选用女性的低百分位数作为尺寸下限值的依据；而Ⅲ型产品则选用男性的P_{50}与女性的P_{50}的平均值作为折中值依据。

五、人体测量尺寸的修正

所有数据都是在非着装或穿单薄内衣的情况下测得的数据，测量时不穿鞋或穿着纸拖鞋，被测者被要求保持挺直站立或正直端坐的标准姿势。而设计中所涉及的人体尺寸应该是在着装、穿鞋甚至戴帽条件下的人体尺寸，而且人通常都会保持一种自然放松的活动状态，这与人体测量的标准是不一致的。因此，我们应该考虑增加适当的着装修正量，即考虑有关人体尺寸时，必须给衣服、鞋、帽留下适当的余量。

设计产品尺寸时，人体的测量尺寸只能作为一个基本值（或参考值），它必须做某些修正后才能成为产品功能尺寸。修正量有功能修正量和心理修正量两种。

1.功能修正量

功能修正量是针对物的修正，是对产品尺寸的修正，以期产品的功能能被人所使用。是为保证产品某项功能的实现而做出的依据人体尺寸的修正量。

功能修正量包括以下3个方面的内容：

（1）穿着修正量。穿着修正量具体包括穿鞋修正量和着衣修正量（图2-11）。

①穿鞋修正量：立姿时的身高、眼高、肩高、肘高、手功能高、会阴高等。一般来说，男子加25mm，女子加20mm。

图 2-11　人的着装状态

②着衣修正量：坐姿时的坐高、眼高、肩高，肘高加6mm，胸厚加18mm，肩宽、臀宽等加13mm。

上述关于尺寸的修正量，适合于工作或劳动时穿平跟鞋、春秋季穿比较单薄衣裤时的“一般情况”。考虑到冬季人们需要穿较厚的衣裤、鞋帽，另外，女性还会穿高跟鞋，所以在进行具体设计时，尺寸的修正量也要结合实际情况做适当的调整，必要时需要通过实际测量来获取数据。

（2）姿势修正量。姿势修正量指人们在正常工作、生活时，由于全身一般呈自然放松的姿势所引起的人体尺寸变化。一般来说，立姿身高、眼高、肩高、肘高等要减10mm；坐姿坐高、眼高、肩高等要减44mm。

（3）操作修正量。人体的一些测量尺寸是生理上的尺寸，但并不是实际的功能尺寸。例如，确定各类操纵器的布置位置时，应以上肢前展为依据，但上肢前展长是后背至中指尖点的距离，实际上中指指尖往往并不能完成操作。因此对按按钮操作减12mm，推或拨动操作减25mm，需要握住手柄的操作尺寸还要相应减少。

2. 心理修正量

心理修正量是针对人的修正，是为消除人的“空间压抑感、高度恐惧感”等心理感受，或者为追求美观、新奇等心理需求，而在产品最小功能尺寸上附加一项增量的修正。心理修正量是通过实验方法而得来的，一般是通过对被试者主观评价表的评分结果进行统计分析，求得被试者心理上的修正量。

例如，在设计护栏高度时，对于高度较低（如1~3m）的工作台，只要栏杆高度略高于人体重心就不会发生因人体重心高而导致的跌落事故。但对于高度较高（如10m）的工作平台，操作者站在普通高度的护栏旁会有恐惧心理，因此只有将栏杆高度进一步加高才能让操作者获得安全感。这项附加的加高量就属于心理修正量。从这个意义上来说，高层住宅阳台的扶手栏杆应该随层数的升高而做相应的增高。心理修正量应根据实际需要和条件许可两个因素来研究确定。

六、产品功能尺寸的确定

人体尺寸百分位数的选择和人体测量尺寸的修正是产品尺寸设计中的两个基本要素。把握好这两个要素，才能合理设定产品的功能尺寸。所谓产品功能尺寸，是指为了确保产品实现某一项功能而规定的产品尺寸。具体可分为产品最小功能尺寸和最佳功能尺寸两类。

最小功能尺寸是为了确保产品实现某一功能所规定的产品最小尺寸。一般来说，根据这个尺寸所设计出来的空间或产品，对使用者来说很可能是不舒适的。

最佳功能尺寸是指为了方便、舒适地实现产品的某项功能而设定的产品尺寸。这个尺寸是在达到基本的人体测量尺寸的基础上，以实现人机工程学最本质的目标（即追求安全、高效、健康和舒适）为宗旨的尺寸。

产品的功能尺寸和人体尺寸百分位数、尺寸修正量之间的关系如下：

产品最小功能尺寸＝人体尺寸百分位数＋功能修正量

产品最佳功能尺寸＝人体尺寸百分位数＋功能修正量＋心理修正量

需要特别说明的是，这里所说的产品功能尺寸有别于产品标注的物理尺寸，例如，沙发座面高度的功能尺寸，是指有人坐在上面、座面被压变形后的高度尺寸，而不是沙发自然状态下的座面高度尺寸，这一点在设计中要特别注意。

另外，在设计中，也要考虑动态的因素。如在考虑人必须执行的操作时，要选用动作范围的最小值，因为这样可以保持高效；在考虑人的自由活动空间时，要选用动作范围的最大值，以保证活动的舒适性及灵活性。例如，轿车驾驶仪表台（图2-12）的按键应选用人体动作范围的最小值，即低百分位数；而驾驶员头顶的自由空间应选用动

图2-12　汽车驾驶仪表台

作范围的最大值，即高百分位数。

现代产品与人之间的互动已不再只是依靠简单的几个按键来进行，用户与产品的交流更多依靠的是信息的互动，而信息的有效传递媒介是多种多样的。如何依靠这些媒介还需要对用户的认知心理特点、规律进行必要的认识和理解；同时，用户的消费心理也被纳入了必须要考虑的范畴，这是保证产品符合消费者需求、获取市场成功的不可或缺的因素。

第二节 感觉与设计

认知心理包括感觉与知觉。感觉是其他一切心理现象的基础，没有感觉就没有其他一切心理现象。感觉虽然是一种极简单的心理过程，可是它在我们的生活实践中具有重要的意义。有了感觉，我们就可以分辨外界各种事物的属性，因此才能分辨颜色、声音、软硬、粗细、重量、温度、气味等；有了感觉，我们才能了解自身各部分的位置、运动、姿势、饥饿、心跳；有了感觉，我们才能进行其他复杂的认识过程。失去感觉，就不能分辨客观事物的属性和自身状态。因此，感觉是各种复杂的心理过程（如知觉、记忆、思维）的基础，从这个意义来说，感觉是人关于世界的一切知识的源泉。

感觉分两大类：第一类是外部感觉，有视觉、听觉、嗅觉、味觉和肤（触）觉五种。这类感觉的感受器位于身体表面，或接近身体表面的地方。第二类感觉是反映机体本身各部分运动或内部器官发生的变化，这类感觉器位于各有关组织的深处（如肌肉）或内部器官的表面（如胃壁、呼吸道）。这类感觉有运动觉、平衡觉和机体觉。

一、视觉与设计

据统计，人类获取的信息80%来自视觉。作为人机感觉的重要组成部分，我们需要了解视觉的生理特征。

视觉是艺术设计最依赖的感觉功能，也是研究最广泛的感觉通道，人眼是视觉的器官。人眼的主要构造包括角膜、瞳孔、虹膜、晶状体、视网膜等。光作用于视觉器官，使其感受细胞兴奋，信息经视觉神经系统加工后便产生视觉。人眼在光学机制上类似于照相机，能够收集和汇集光线，但视觉的产生与底片感光的机制是不同的，光线进入角膜、瞳孔、晶状体，聚焦于视网膜上，并被编码成为神经冲动，产生一系列的电脉冲再传送到大脑中的视觉中枢。

通过视觉，人可以感知外界事物的大小、形状、明暗、颜色、动静。视觉的优势是：可在短时间内获取大量信息；可利用颜色和形状传递性质不同的信息；对信息敏感，反应速度快；感觉范围广，分辨率高；不容易残留以前刺激的影响。但也存在容易发生错觉和容易疲劳等特点。

（一）视觉机能

视觉机能是视觉器官对客观事物识别能力的总称，包括视角、视力、视野、视距、对比感度、颜色辨认等。

1.视角

视角是观察物体时，从物体两端（上、下或左、右）引出的光线在射入眼球时的相交角度。

2.视力

视力也称视敏度，是指分辨细小的或遥远的物体及细微部分的视觉能力。它是对物体细节的一种辨别能力。由于对辨别物体细节的能力要求不一样，对视敏度的要求也就不一样，因此，才有了普通视力“E”字表和飞行员视力“C”字表的不同。图2-13是标准对数视力表，是医学上用来测定视力的视力“E”字表；图2-14是兰氏环形视力表，也就是视力“C”字表，这是专门针对飞行员这一特殊职业在招飞时进行视力测定的视力表。通过对比，我们发现标准对数视力表的变化只有四个方向，而环形视力表则可以产生8个方向的变化，由此可见，兰氏环形视力表在测定人对细微部分观察的视觉能力上要求更高、难度更大，当然这也是对特定人群的特定要求。

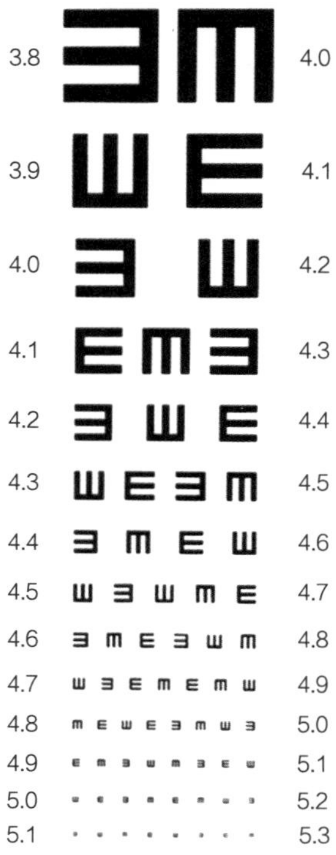

图2-13 标准对数视力表

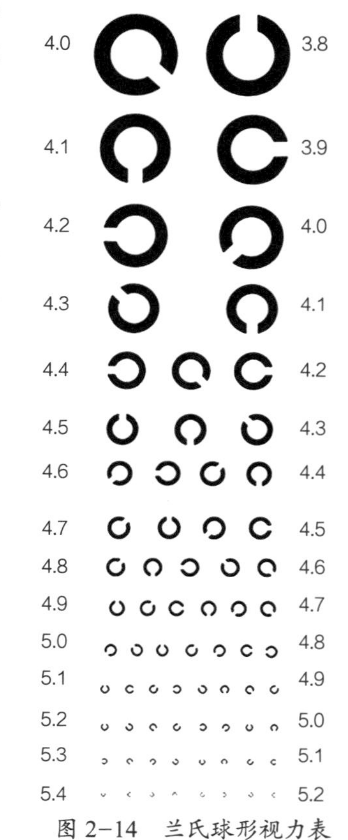

图2-14 兰氏球形视力表

3.视野

视野是眼球向正前方注视时，所能看到的空间范围。视野按眼球的工作状态可分为静视野、注视野和动视野3类，其中，注视野范围最小，动视野范围最大。

（1）静视野指在头部固定、眼球静止不动的状态下自然可见的范围。人机工程设计中，一般以静视野为依据设计视觉显示器等有关部件，以减少人眼的疲劳。不同颜色对眼的刺激能引起感觉的范围也不同，称为颜色视野。白色的视野最大，其次是黄、蓝、红、绿等。

（2）注视野是指在头部固定，而转动眼球注视某一中心点时所见的范围。

（3）动视野是指头部固定而自由转动眼球时的可见范围。动视野又分为水平视野和垂直视野。

①在水平视野中，1.5°~ 3.0°是特优视区（即物象落在黄斑上）；10°以内是最优视区；10°~ 20°是瞬息视区（即能在很短的时间内看清物体），20°~ 30°是有效视区（需要集中注意力去看物体）；其余角度是良好视区。

水平视野在水平面内最大固定双眼视野为180°，扩大的视野为190°，在标准视线左右10°~ 20°视野内可以辨别字。在标准视线左右各5°~ 30°视野内可以辨别字母，在标准视线左右30°~ 60°范围是颜色视野，人最敏锐的视力是在标准视线两侧各10°的视野内（图2–15）。

②在垂直视野中，水平视线上下1.5°是特优视区；水平视线以下10°为最优视区；水平视线以上10°，以下10°~ 30°内为有效视区；其余角度为良好视区。其中，直立的舒适视线是水平视线以下15°；放松立的舒适视线为水平视线以下30°；放松坐的舒适视线为水平视线以下40°。

垂直视野在垂直面内，标准视线为水平视线，最大固定视野为120°，标准视线上方50°，下方70°；扩大的视野为150°；站立时的自然视线低于水平线10°，坐着时自然视线低于水平视线15°；人在很低或松弛的状态中，站着和坐着时的自然视线偏离标准视线分别是30°和38°。因此，人在轻松的时刻观看展览时，展示物的位置在低于标准视线30°的区域里（图2–16）。

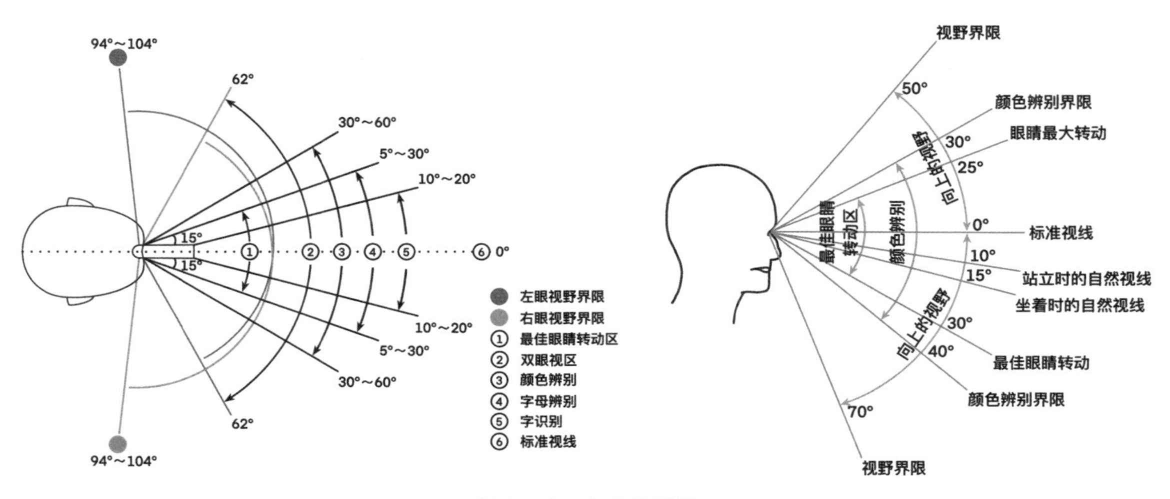

图 2–15　水平视野图

汽车内饰中仪表盘所在的位置，正处于驾驶员最佳眼睛转动区域内，仪表盘的位置及倾斜角度不可远离驾驶员注视视野的范围，即水平视线下30°以内（图2–17、图2–18）。因为驾驶员在驾驶过程中必须一直目视前方，而查看仪表盘只能快速进行，仪表盘位置的设定必须在不影响驾驶员视域情况下尽可能小的操作范围内，这样可以减少视疲劳，降低误读率。

图 2–17　汽车仪表盘

图 2–18　汽车内饰

4.视距

视距是指人眼与被观察物之间的距离。视距的远近直接影响着认知的速度和准确性，适宜一般操作的视距为380~760mm，其中以560mm为佳。如汽车内饰中仪表盘与人的距离，通常人观察仪表的最佳视距是500~600mm，而不同性质的操作对最佳视距的要求也不同（表2–4）。如家用电视的最佳视距，根据国际无线电咨询委员会（CCIR）的定义，当观看距离为屏幕高度的3倍时，高清晰度电视系统（如液晶和等离子电视）显示效果应该等于或接近于一名正常视力者在观看原视景物或演示时的临场感觉，而纯平面CRT电视的最佳观看距离是屏面高度的5倍，即标称屏幅50英寸的16：9宽屏电视，实际屏幕高度约为610mm，其最佳视距应为1830~3050mm。而汽车驾驶员认读车内仪表的视距，根据美国标准的推荐值，轿车最大视距为711mm，最小视距为450mm，最佳视距为550mm；卡车视距为700~880mm。

表 2–4　不同任务视距推荐

任务要求	举例	视距离/cm	固定视野直径/cm	备注
最精细的工作	安装最小部件（表、电子元件）	12~25	20~40	完全坐着，部分依靠视觉辅助手段（小型放大镜、显微镜）
精细的工作	安装收音机、电视机	25~35	40~60	坐着或站着
中等粗活	在印刷机、钻井机床旁工作	50以下	80	坐或站
粗活	包装、粗磨	50~150	30~250	多为站着
远看	黑板、开汽车	150以上	250以上	坐或站

5.对比感度

物体与背景的颜色或亮度之间有一定对比度时，人眼才能分辨其形状。这种对比可以用颜色（背景与物体具有不同的颜色），也可以用亮度（背景与物体在亮度上有一定的差别）表现。人辨别颜色的能力叫色觉，即视网膜对不同波长光的感受特性，只要可见光波长相差3~5nm，人眼即可分辨。亮度对比指当背景亮度由0增加到100cd/m²时，视力呈线性增加，而超过600cd/m²后再增加背景亮度，对视力的影响较小。人眼刚能辨别物体时，背景与物体之间最小的亮度差称为临界亮度差；临界亮度差与背景亮度之比称为临界对比度；临界对比的倒数称为对比感度。对比感度通常因人而异，视力好的人，其对比感度可到达100，能够辨别微小的亮度对比。

6.颜色辨认

人眼对色彩的感觉有色相、明度、色彩度（又称饱和度）三种性质，正常人色觉光谱的范围为400nm（紫色）~760nm（红色），其间大约可以区别出16个色相。在明视条件下，人眼最敏感的波长是555nm（黄色）；在暗视条件下，人眼最敏感的波长是507nm（绿色）。

正因为黄色是明视条件下最敏感的颜色，因此，在需要警示作用的情况下，都会使用黄色。而在暗视条件下，绿色最易被认出，因此，荧光色通常用绿色。且由于红、黄、绿是最容易识别的颜色，因此，生活中许多需要加强提示的地方都会用到它们（图2-19~图2-21）。

7.中央视觉和周围视觉

中央视觉，是明视觉，通过视维细胞来感受，感色能力比较强，能清晰分辨物体。而周围视觉，是暗视觉，通过视杆细胞来感受，它

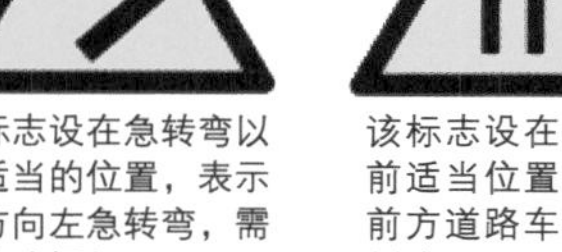

该标志设在急转弯以前适当的位置，表示前方向左急转弯，需要减速慢行

该标志设在窄路以前适当位置，表示前方道路车行道左侧缩窄

该标志设在不易发现前方位信号灯控制的路口前适当位置，表示注意前方有信号灯

该标志设在交通事故易发路段以前适当位置，表示前方为交通事故易发路段

该标志设在有障碍物的路段前适当位置，表示前方有障碍物，请左侧绕行

该标志设在进入T字路口以前的适当位置，表示前方为与标致交叉性状相符的道路

该标志一般设在郊外道路上划有人行横道的前方，表示前方可能有人通过，注意减速慢行

该标志可作为临时标志设在施工路段以前适当位置，表示前方有施工，减速慢行

图2-19 道路标志

图 2-20　交警制服

图 2-21　带荧光锁的自行车
刘鹏彬、范延增

能感受到空间范围和正在运动的物体。当操作者在进行作业时，除了要注视操作对象外，还要求看到周围情况。如果视野很小或缺损，将会对工作效率产生影响，甚至造成工作事故。因此，在选择车、船驾驶员时，必须检查其正常的视野范围。如果各方面的视野都缩小了10°以内者，称为工业盲。

8. 立体视觉

人用单眼视物时，只能看到物体的平面，即高度和宽度。当双眼同时注视物体时，双眼视线交叉于一点（注视点），人两眼之间的距离造成两眼看到的影像略有差异，这两点将信号转入大脑视中枢合成一个物体完整的像，便可以感觉到物体的空间方位，包括距离、深浅、凹凸、前后、高低等相对位置，形成立体视觉，又称双眼深度觉。

（二）视觉特性

（1）人的水平视野比垂直视野要大得多；眼睛沿水平方向运动比沿垂直方向运动快而且不易疲劳；一般先看到水平方向的物体，后看到垂直方向的物体；人眼对水平方向尺寸和比例的估计比对垂直方向尺寸和比例的估计要准确得多。因此，很多仪表、显示器都设计成横长方形。

（2）视线的变化习惯于从左到右、从上到下和顺时针方向运动。所以，仪表的刻度方向设计应遵循这一规律。

（3）当眼睛偏离视中心时，在偏离距离相等的情况下，人眼对左上限的观察最优，其次为右上限、左下限，而右下限最差。这是符合视知觉规律的最佳视域的顺序，视区内的仪表布置应遵循这一规律。

（4）两眼的运动总是协调的、同步的，在正常情况下不可能一只眼睛转动而另一只眼睛不动、一只眼睛视物而另一只眼睛不视物。因此通常都以双眼视野为设计依据。

（5）相对于曲线轮廓，人眼更易于接受直线轮廓。

（6）颜色对比与人眼辨色能力有一定关系。当人从远处辨认前方的多种不同颜色时，根据颜色对眼的刺激所引起的感觉范围来看，其易辨认的顺序是红、绿、黄、白，即红色最先被看到（图2–22）。当两种颜色相配在一起时，则易辨认的顺序是：黄底黑字、黑底白字、蓝底白字、白底黑字等，因此，公路两旁的交通标志常用黄底黑字或蓝底白字图形（图2–23）。

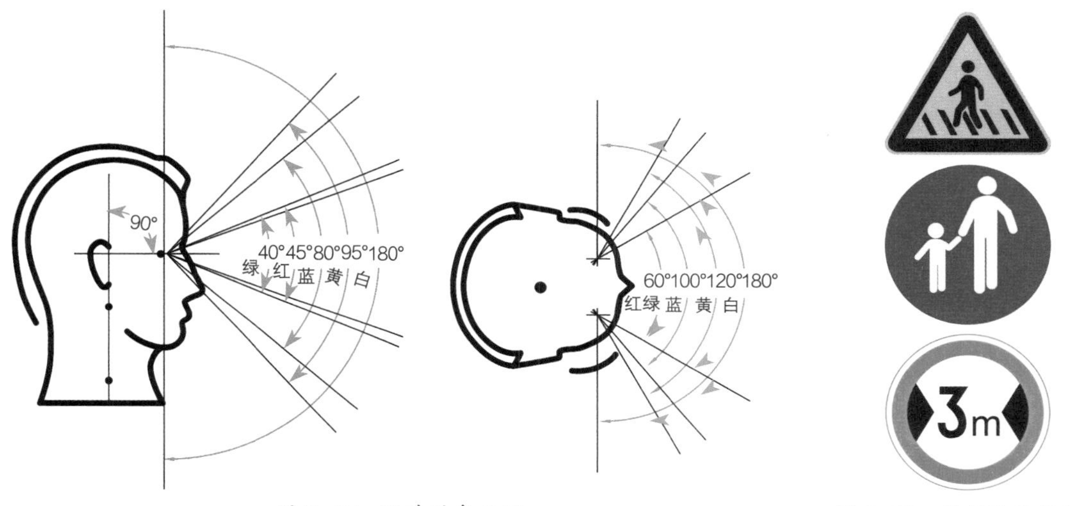

图2–22　眼睛的色视野

图2–23　易辨认的标识

（7）识别细节的信息要靠中央视觉，周围视觉只能识别大致情况。

（8）人眼要看清物体，必须注视，即双眼同时停留在一个目标上，并且焦点也在此目标上。人眼看清一个目标，最少时间为0.07~0.3s，平均0.17s。照明不足时，注视时间要加长。

二、听觉与设计

听觉是人获得外界信息的重要途径，其获得的信息量仅次于视觉。在所有的感觉中，由听觉获得的信息占全部信息的10%。虽然没有视觉产生的那么直接，但其不受环境的空间和亮度的限制，在时间上又是连续的，因此可以弥补和配合其他感官。

听觉是声波作用于听觉器官，使其感受细胞处于兴奋并引起听神经的冲动以至于传入信息，经各级听觉中枢分析后引起的感觉。听觉是仅次于视觉的重要感觉通道。它在人的生活中起着重要的作用。人耳能感受的声波频率范围为20~20000Hz（赫兹），以频率

1000~4000Hz最为敏感。

（一）声音的三要素

人耳对声音的主观感觉有响度、音调和音色三个参数，称为声音三要素，而相应的物理概念是声波的振幅（包括强度与声强）、频率和波形（频谱）。前者是主观的感受（心理量），后者是客观的量度（物理量），两者并不完全一一对应。

1. 声强与响度

声压的强度即声强，是人们测量声音大小、强弱的客观标准。响度也称音量，是人耳对声音强弱和大小的主观感受尺度，但响度受频率的影响，人耳的听觉感受会随频率的变化而变化。同样，声压强度因频率的不同，使人耳感到的响度也不同。如空压机和电锯发出同样声压级的噪声，可是电锯声听起来要比空压机的声音响很多，就是因为空压机辐射的是低频噪声，而电锯声属于高频噪声。

2. 频率和音调

人耳对声音高低的感觉称为音调。音调主要与声音的基音频率有关，但不成正比，而与响度一样，也成对数关系。人耳对高频声比低频声的灵敏性要好。因此，根据人耳对声音灵敏度的测试结果，汽车喇叭声和救火车的警笛声的频率一般都设计在1000~5000Hz。

3. 频谱与音色

音色是听觉上区别具有同样响度和音调的两个声音的主观感觉，也称音频。音色主要由声音的频谱结构决定，即由声音的基频和谐波的数目以及它们之间的相互关系来决定。由于各种发声体的材料和形状结构不同，发声机理也不尽相同，即使它们发出相同音调、相同响度的声音，在基频相同的情况下，谐波的成分和幅度也会有所区别，人耳听到的主观感受就是音色不同。每个人讲话都有自己的音色，各种乐器也都有自己的音色。

（二）听觉特性

人的听觉具有方位感、响度感、音调感等特性。人耳对声音的方位、响度、音调及音色的敏感程度是不同的，存在较大的差异。

1. 方位感

人耳对声音传播方向、距离和定位的辨别能力非常强，无论声音来自哪个方向，都能准确无误地辨别出声源的方位，人耳的这种听觉特性称为方位感。这是由于双耳的时间差效应（如果左耳先听到声音，那么听者就觉得这个声音是从左边来的，反之亦然）和声强差效应（如果左耳听到的声音比右耳的要大，那么听者会觉得声音来自左侧；反之亦然）相互结合时产生的综合作用。人工立体声的工作原理，简单地说就是在双耳效应的基础上建立起来的。

最简单的例子，手机来电时除了显示号码外，一定要具备铃声提示功能。声音的作用就在于提醒使用者能快速定位手机的位置，并接听电话。

2.响度感

微小的声音，只要响度稍有增加人耳即可感觉到，但是当声音响度增大到某一值后，即使再有较大增加，人耳的感觉也无明显变化，人耳对声音响度的这种听觉特性称为“对数式”特性。另外对不同频率的声音，人耳听觉响度也不相同。例如，播放一个从20Hz逐步递增到20000Hz增益相同的正弦交流信号，就会发现虽然各频段增益一样，但我们听觉所感受到的声音响度却不相同。在20~20000Hz整个可听声频率范围内，又可按倍频关系分为3段：低音频段（20~160Hz）、中音频段（160~2500Hz）、高音频段（2500~20000Hz）人耳对中音频段感受到的声音响度较大且较平坦；高音频段受到的声音响度随频率的升高逐渐减弱，为一斜线；低音频段在80Hz以下急剧减弱，斜线陡率较大，低音频段的急剧减弱被称为低频“迟钝”现象。

我们通常将1000Hz曲线作为参考点，对高频和低频而言，人耳的听觉响应在低声强时始终不足，但是人耳对300~6000Hz的频段特别敏感。这恰巧是包含大部分人讲话模式的声音以及婴儿啼哭的音调的频率范围。

3.音调感

人耳在声音响度较小的情况下，对音调的变化不敏感，高、低音小范围的提升或衰减很难感觉到。随着声音响度的增大，人耳对音调的变化才有较大的增强，人耳对音调的这种听觉特性称为指数式特性。

4.音色感

音色感是指人耳对音色所具有的一种特殊的听觉上的综合性感受，是由声场（无论是自由声场还是混响声场）内的纵深感、方向、距离、定位、反射、衍射、扩散、指向性与质感等多种因素综合构成的。即使选用世界上最先进的电子合成器模拟出各种乐器，如小号、钢琴或其他乐器，虽然频谱、音色可以做到完全一样，但对于音乐师或资深的发烧友来说，仍可清晰地分辨出。这说明频谱、音色虽然一样，但复杂的音色感却不相同，以至人耳听到的音乐效果不同，这同时也说明了音色感是人耳特有的一种复杂的听觉上的综合性感受，是无法模拟的。人耳对音色的听觉反应非常灵敏，并具有很强的记忆与辨别能力。

（1）记忆力。当跟熟人谈话时，即使未见到他（她）也会知道是谁在说话，甚至连熟人的走路声都可以辨认出。这说明人耳对经常听到的音色具有很强的记忆力。

（2）分辨力。熟知乐器者只要听到音乐声就能迅速指出是何种乐器演奏的。在众多的乐器中，即使在同一频段内演奏，人仍能分辨出是哪一种乐器演奏的；同样的还有，对于熟知其声音的歌手，只要一听到声音，立刻就能识别出他是哪位歌手。这说明每种乐器，每个人都有其独特的音色，人耳对各种音色的分辨能力非常强。

图 2–24　easypill 智能用药提醒系统

由此看来，在人与产品的交互中，声音的作用是非常重要的，如提示作用、提醒作用等，因为人与产品并不是无时无刻都以视觉来连接的，当人与产品（机器、设备）分离时，视觉的提示与提醒功能会逐渐减弱，而声音的作用就会突显其重要性。例如，提醒老年人吃药的产品，都应具备提示音，因为老年人的视觉感知能力已经处于下降状态，同样的视觉效果对青年人起作用，对老年人未必会起到同样的作用，因此提示铃声功能就显得非常重要了，它可以及时提醒老人吃药的时间以及需要吃何种药等（图2–24）。

无论是传统手机还是智能手机，在按键拨号时，如果是确切地拨对了号码，手机都会发出声响，以确认拨号正确的动作已经执行，并以此来辅助用户判断自己的行为动作是否准确。

在汽车的中控系统设计中，智能化的服务给用户带来更好的交互体验和听觉感受。如当导航与播放音乐功能同时工作时，导航在没有指令时则保持静默，以播放音乐的声音为主，当导航需要播报时，音乐声音淡出弱化，突出导航音量，确保用户能清楚地听到导航的指令。由此可见，智能化的交互体验细致到不同功能的声音切换也要保证听觉的良好感受，不能互相干扰。

三、嗅觉与设计

嗅觉是一种由感官感受的知觉，由两个感觉系统参与，即嗅神经系统和鼻三叉神经系统。嗅觉和味觉会整合和互相作用。

嗅觉是外激素通信实现的前提。人类嗅觉的敏感性很高，能辨别出2000~4000种不同物质的气味，因此嗅觉也具有传递警告信息的能力。嗅觉的适应能力也很强，且个体差异较大，即有的人嗅觉很灵敏，有的人却比较迟顿。因此，利用嗅觉感知信息要特别谨慎。嗅觉是一种远感，它是通过长距离感受化学刺激的感觉。相比之下，味觉则是一种近感。

在人与产品的关系中，尽可能地扩大人的感受范围，使用户在使用产品时能将手、眼、耳、鼻的体验集于一件产品之中，这是对人机关系的全面把握，将嗅觉的因素巧妙地融入设计之中也要视具体产品的使用环境而定。

例如，有花香味的音箱，音箱本身以花盆的形态出现，当音乐开启时，随着徐徐飘来的音乐声还有扑鼻的花香味飘出，使用户在享受音乐的同时，还伴有气味上的体验，让音乐体现得更丰富、更立体，这是听觉与嗅觉的双重满足。

四、味觉与设计

味觉是人体重要的生理感觉之一，味觉的感受器是味蕾，主要分布在舌表面和舌缘，口腔和咽部黏膜的表面也有散在分布。味觉在产品设计中的应用，主要是在包装设计中。气味具有强烈激发情绪的能力，能够在特定的时刻引起人们的回忆和心理情绪的变化。例如，在产品包装中由于其他材料的缘故我们有时会接收到产品的气味信息。再如香水能“嗅”到它的香气，酒能感受到它的品质和韵味，食品可以“尝”到它的味道一样，这就要求设计包装要充分调动起人们的通感。

至于味觉的强弱特征，如松软、坚硬、松脆、顺滑等口感，设计师主要以色彩的强度和明度设计来表现。例如，用深红、大红来表现甜味重的食品，用朱红表现甜味适中的食品，用橙红来表现甜味较淡的食品等。还有一些食品或饮品是直接用人们已经习惯的该产品的颜色来表现其味觉的，如深棕色就成了咖啡、巧克力一类食品的专用色。

除了色彩以外，包装图案对食品味觉信息的传递也是有很大的影响，食品包装上不同外形、不同风格的图片或插图会给消费者以味觉暗示。圆形、半圆、椭圆装饰图案让人有暖、软、湿的感觉；方形、三角形图案则相反，会给人冷、硬、脆、干的感受。另外越来越多的食品实物照片出现在包装上，一方面展示了包装内食品的样子，另一方面利用一些食品“美容”的方法使人们认为包装里的东西做成成品后就能如图片中一般“色、香、味”俱全。

五、肤（触）觉与设计

肤觉即触觉，是生物感受本身特别是体表的机械接触（接触刺激）的感觉，是由压力与牵引力作用于触觉感受器而引起的。当作为适宜刺激的外力持续作用或强力的和达到了比较深层的情况下，就称为压觉。若以神经放电的记录做明确的区分，对持续性刺激神经放电就称为压觉，而非持续性的少量放电就称为触觉。压觉放电适应慢，触觉适应快。触觉从进化上被认为比压觉更高，一般神经纤维直径也比较粗。

人们对于产品的使用体验是通过身体的各种感官获得的，包括视觉、触觉、听觉、嗅觉等。在产品设计过程中，视觉的认知及感受被当作设计的主要考量，人们往往忽视了触觉传达信息的能力。如今，相当多的产品需要探讨触觉感受，产品的触感不仅影响舒适度，而且影响产品使用机能，进而影响用户的使用体验以及用户对于产品的好感度。因此，研究产品的触觉设计，有利于提高产品的附加价值，更能满足使用者的精神需求。

例如，智能手机的上一代——功能手机（图2-25），其按键的操作过程中的触觉体验比智能手机的触觉反映要真实。两者都需要由压力作用于触觉感受器而引起，对于按键式手机，当手指触碰按键时，按键必须要有一个动态的或带有声音的反馈，这样才能从触觉上给用户一个准确的信息反馈——是否准确地按到了键盘；而智能手机（图2-26）的全触屏就没有这种触觉的反馈体验了，因为手指是在一块平板上进行操作，无论用户操作准确与否，其手指所感受到的触觉都是一样的。因此，在这种情况下，判断是否能够准确操作，需要依

图 2-25　诺基亚 VERTU 手机

图 2-26　智能手机

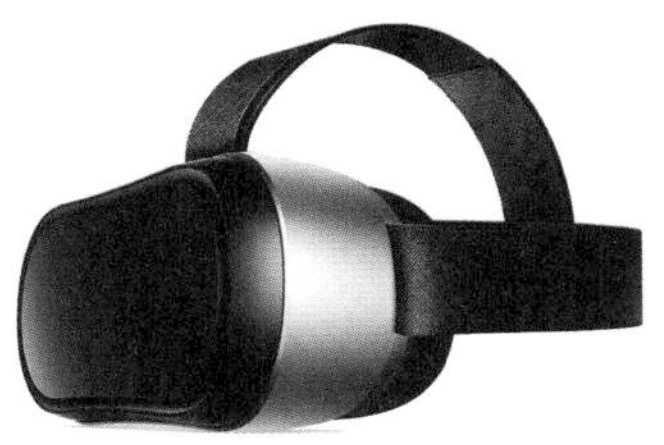

图 2-27 VR 眼镜

靠眼睛和耳朵，即依赖于视觉和听觉的反馈，也可以通过设置振动感应来模拟触觉的反馈。

触觉反馈通常是指通过硬件的振动，模拟人的真实触觉感受。通常触觉反馈多应用于用户随身携带的手持、穿戴、触摸等设备上，现在也开始大规模应用于体感游戏、4D 视频内容、机器人、医疗等领域，它可以补充视觉和音频反馈的不足，增强互动效果，提升用户体验。许多新兴的科技产品在利用视听觉的同时，借助触觉来增加体验感，无论是日常使用的手机还是 VR 体感游戏机，通过不同震感的振动带来的触觉反馈能起到画龙点睛的作用。以下以 VR 眼镜为例讲述触觉反馈的表现。

（一）作用力

例如，在 VR 眼镜体验中是没有反作用力和摩擦力这种力的存在的（图 2-27）。VR 眼镜体验感觉中只有 0 和 1，要么抓住，要么松开，没有一个触觉告诉你这个东西从手上滑落了。另外，在 VR 眼镜体验感觉中，根本就没有这种作用力。你捡起一个东西，你的手指穿透了它，你感受不到它的力的反馈，认知系统便开始质疑它的存在了。

（二）重量

在现实中，我们捡起一个东西的习惯是伸手去抓一个东西，然后感到物体对手的反作用力。物体握在手里的重力，使你知道“我抓起了这个物体”。而如果在 VR 眼镜体验中，你看见一个物体，伸手去“抓”，结果却抓了个空。或者你想把它放到某个位置，你本来用了很大的力想把它拿起来，结果它不费吹灰之力就被远远甩出了它本来的位置。这种不真实的重量感觉也是误区。

（三）摩擦

指尖对物体的摩擦及手指对物体的位置方向调整。在 VR 眼镜体验感觉中，你无法用指尖抓起某个东西。因为 VR 控制器占用了你的手指，甚至整个手的力量。摩擦指尖，摩擦被指尖抓住的东西能感到它的纹理和触感，但在 VR 眼镜体验感觉中，被抓着的东西是虚无的，也无法用指尖转动发条这样细小的部件。

（四）惯性

投掷这个动作本身也有很多让用户不好把握的地方，例如，扔一个东西时需要在手腕加速到最快时松手，但是这个动作在玩动作捕捉手柄的时候需要在甩出去的时候松开中指和无名指按着的手指触发器，因为手上的虚拟物体没有重量也没有惯性，所以用户很难把握扔出去的力道，结果停在半空，一松手，虚拟物体直直地掉到了地上。

由此可见，目前的VR体验仅仅是欺骗了视觉，但是在触觉上并没有真正实现，这不仅会影响VR眼镜体验感觉，更是VR晕动症等症状出现的根本原因。触觉对于满足使用者的精神需求还是任重而道远。

触觉与视觉一样帮助人们对物体形成印象和主观感受，触觉感受较视觉感受更加真实、细腻。要传递关于产品价值的细微信息时，可充分利用感官特性来设计产品，这样使产品更富有吸引力。因为，体验本身就是最真实的，触觉能为人带来更多的感官体验，融入体验给产品带来的不仅是功能上的满足，更多的是心理上的愉悦。

在人体的五种感觉中，与其他感觉相比触觉与我们身体的接触面更广，人体全身上下都是触觉信号的接收器。尽管如此，人类的触觉能够传递的信息是有限的，通常触觉传递的信息只有视觉信息的1%。但不可否认，触觉给人类带来的情感体验是不可或缺的。如果没有它的存在，我们在日常生活中与现实物体互动的过程将变得索然无味。

触觉反馈除了对于正常人起到信息传递与用户体验的作用外，对于视障人群来说，还是重要的信息传递渠道。

图2-28这款ATM取款机作为一个公共设施，服务面向所有人，因此，它需要考虑到正常人群及视障人群的需求，在产品的功能细节上增加了盲文和听筒，补充了触觉和听觉的信息反馈途径，保证了对视障人群的有效的信息传递。

图 2-28 ATM 取款机

图2-29这款专为视障人群设计的遥控器，比普通的遥控器多了一个斜边，这个斜边使它具有针对功能区域的提示和引导作用。由于视障用户通常对于一个从未使用过的遥控器的功能分区是不明确的，对每类功能分区的定位是模糊的，他们首先需要通过触觉反馈来感知大概的功能分区，因此，在这个斜边上进行字母的设计，可以引导视障用户通过触觉先准确获得各类功能区域的精准定位，进而再帮助视障用户快速找到需要的具体功能；同时，方便视障用户形成感知记忆和行为习惯，以便于下一次获得更好的使用体验。

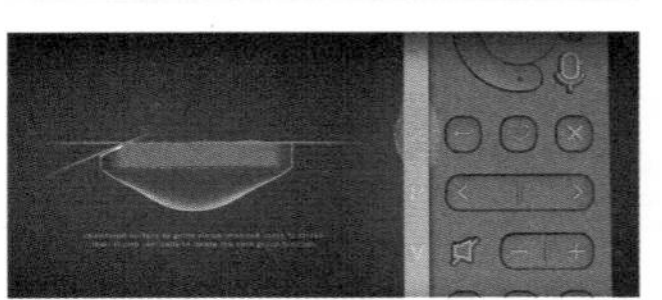
图 2-29 为视障人群设计的遥控器

许多实践证明了一个小小的触觉反馈，会为产品体验加分许多。触觉反馈可以补充视觉和音频反馈的不足，增强互动效果，提升用户体验。因触觉传递的信息远远少于视觉和听觉，面对正常人群使用的产品，通常也不会将触觉作为传递信息的主要手段，只会将其作为视觉反馈和听觉反馈的一种补充和配合部分。然而，对于视障人群，触觉反馈的意义更大。

第三节

知觉与设计

知觉的产生以头脑中的感觉信息为前提，并且与感觉同时进行。但知觉却不是各种感觉的简单总和。因为知觉中除了包含感觉之外，还包含记忆、思维和言语活动等。知觉属于高于感觉的感性认识阶段。但知觉和感觉一样，都是事物直接作用于感觉器官产生的，感觉是知觉的基础，离开了事物对感官的直接作用，就不能产生感觉，也就没有了知觉。

感觉和知觉在日常生活中是密切联系着的。知觉是多种感觉的有机结合，但不是个别感觉成分的简单总和。感觉也不能脱离知觉而孤立存在。当我们感觉到事物个别属性时，就同时知觉到具体事物的整体。任何整体事物及其个别属性都是密切联系的，知觉与感觉也是密不可分的，所以统称感知。

一、物体知觉

以物质或物质现象为知觉对象的知觉称为物体知觉，包括空间知觉、时间知觉和运动知觉。

（一）空间知觉

我们对自身和周围事物的空间关系的知觉以及对位置、方位、距离等各种构成空间关系要素的觉察即空间知觉。空间知觉是指对物体距离、形状、大小、方位等空间特性的知觉。两个视网膜上的略有差异的映像，是观察物体空间关系的重要线索。它使人能在两维的视网膜刺激基础上，形成三维的空间映像。对物体不同部位的远近的感知称为立体视觉或深度知觉。深度知觉除了利用双眼的视差的线索外，还要利用其他的主客观线索。大小知觉是在深度知觉的基础上对不同远近的物体作出的大小判断。听觉空间知觉，在距离方面主要以声音强度为线索；而要判定声源的方位则必须依据双耳听觉线索。后者称为听觉空间定位。

空间知觉包括形状知觉、大小知觉、距离知觉和方位知觉等。空间知觉的主要信息来源是视觉和听觉。它是物体的空间特性在人脑中的反映，是视觉、触摸觉、动觉等多种感觉系统协同活动的结果，其中视觉起着重要的作用。

（1）形状知觉：指对物体形状特征的反映，靠视觉、触摸觉、动觉来判断物体的形状。

（2）大小知觉：判断物体的大小，主要靠视觉，并得到触摸觉和动觉的支持。

（3）距离知觉：包括判断观察者到物体的绝对距离，即距离知觉；又包括判断一个物体不同部分之间的相对距离，即立体知觉。深度知觉也依赖于视觉、触摸觉和动觉来加以判断。

（4）方位知觉：指对空间方向、位置等属性的反映。依靠视、听、触、动、平衡觉等协同活动来判别物体所处的方位。

空间知觉的线索包括单眼线索和双眼线索。单眼线索主要强调视觉刺激本身的特点，双眼线索则强调双眼的协调活动所产生的反馈信息的作用。单凭一只眼睛即可利用单眼线索从而较好地感知深度，艺术家们特别擅长利用单眼线索制造作品中的深度等空间关系。利用双眼线索是深度和距离知觉的主要途径，其效果要比利用其他线索精细准确得多。

关于空间的感受，除了视觉之外还能从听觉器官获得，耳朵能提供声音的方向和声源远近的线索。视觉线索有单眼和双眼的区别，听觉线索也有单耳和双耳的区别。

在通常的情况下，正常人的空间知觉主要依靠视觉和听觉。其实，嗅觉也能起作用。由于气味到达两个鼻孔的时间、强度不同，也能分辨出气味的来源和位置。在特殊情况下，还可以用其他感官来感受空间。例如在黑暗中，靠触觉和动觉来确定周围物体与人之间的方位关系等。

（二）时间知觉

时间知觉是对客观现象的延续性和顺序性的感知，既与活动内容、情绪、动机、态度有关，也与刺激的物理性质和情境有关。如时钟、日历等计时工具，都是时间知觉的外在标尺，也包括宇宙环境的周期性变化，如太阳的升落、月亮的盈亏、昼夜的交替、季节的重复等。人们可以依靠这些外在的标尺，如时钟和日历来判断时间，也可以根据自然界的周期现象，如昼夜的循环交替、月亮的盈亏、季节的变化等来估计时间。

由于人体内的一些物理变化和化学变化都是有节奏的，因此，一些有节奏的生理过程和心理活动，如心跳、呼吸、消化及记忆表象的衰退等。作为时间知觉的内部标尺可以成为时间信号，人可以根据有节奏的生理或心理来大致估计时间。这是因为人体内的一切物理变化和化学变化都是有节奏的，人的节律性活动和生理过程基本上以24h为一个周期，这些节律性的变化就是人的生物钟机制。研究表明，对持续时间的估计表现出“向中趋势”，即对短于1s的时间估计偏长，长于1s的时间估计偏短，而且，时间越长，估计的误差越大。

对时间的估计受刺激的物理特性以及主体的态度、注意等这些因素的影响较大，情绪和态度对于时间的估计也有很大的影响。内容丰富而有趣的情境，使人觉得时间过得很快，而内容贫乏枯燥的事物，使人觉得时间过得很慢；积极的情绪使人觉得时间短，消极的情绪使人觉得时间长，期待的态度会使人觉得时间过得慢。一些实验表明，时间知觉明显地依赖于刺激的物理性质和情境。例如，对较强的刺激觉得比不太强的刺激时间长，对分段的持续时间觉得比空白的持续时间长。好比一个断续的音响，在一给定的时间里听到的断续的次数越多，人们就越觉得这段时间长。对较长的时间间隔，往往估计不足；而对较短的时间间隔，则估计偏高。有关材料还表明，时间知觉与刺激的编码有关，刺激编码越简单，知觉到的持续时间也就越短。相等的时间间隔（40或80ms），空白间隔比填充音节的间隔显得短。

时间知觉是在人的生活和活动过程中发展起来的。“时间感”是人适应活动的非常重要的部分。由于年龄、生活经验和职业训练的不同，人与人之间在时间知觉方面存在着明显的差异。某些职业活动的训练会使人形成精确的“时间感”。例如，有经验的运动员能准确地掌握动作的时间节奏，有经验的教师能正确地估计一节课的时间。这些实践活动要求有精确的时间知觉能力，如跳伞运动员要在跳出飞机舱之后20s准时开伞，误差超过1s或许便会失去获胜的机会。中国仪仗兵用45s时间准时将国旗升到8m高的旗杆上，时间及高度均不允许有误差。跳伞运动员及仪仗兵经过练习之后，可以借助口头计数或其他方法的帮助准确地估计时间。

在判断时间间隔正确性方面，各感官是不同的。听觉和触觉对时间间隔的估计最准确。听觉辨认时间间隔的最高限度是0.01s，触觉辨认的最高限度是0.025s，视觉辨认的最高限度则是0.1~0.05s。

（三）运动知觉

运动知觉是知觉的一种，我们周围的世界是不断运动变化着的。例如，鸟在飞，鱼在游，火车在奔驰，河水在流动等。物体的运动特性直接作用于人脑，为人们所认识，这就是运动知觉。这是人脑对物体空间移动和移动速度的知觉，运动知觉跟空间知觉及时间知觉有不可分割的关系，它依赖于对象运行的速度、对象距观察者的距离以及观察者本身所处的运动或静止的状态。运动知觉十分复杂，实际运动的物体可以被知觉为不动的，非常慢的运动不能被直接看见，人只能凭借间接的标志判断慢速的运动。实际静止的物体也可以因运动错觉被知觉为运动的，如电影，其实是利用一帧帧的图像组成后，快速地播放而形成的动态画面；再如霓虹灯的运动，实际上是由一根根固定不动的灯管，按先后顺序依次循环往复地亮起来而形成了动态的闪烁画面。对象距观察者的距离也直接影响着运动速度的知觉，对象距离远看起来速度慢，对象距离近看起来速度快。例如，我们在高速公路上行驶时，往往看到远处的物体运动得比较慢，走了很久好像只移动了一点，而近处的物体则感觉飞驰而过，转瞬即被甩到后面了。

在过马路时对于要对车速以及自己与车的距离进行估计；我们在进行网球、乒乓球等运动时，需要对球的速度、方向进行估计等。这些活动都需要运动知觉的参与才能够完成。如果失去了运动知觉，我们不仅不能骑自行车或驾驶汽车，甚至连写字、吃饭和走路都有困难，因此，运动知觉对于人来说有着非常重要的意义。

二、知觉的基本规律

（一）知觉的选择性

知觉的选择性指个体根据自己的需要与兴趣，有目的地把某些刺激信息或刺激的某些方面作为知觉对象，而把其他事物作为背景进行组织加工的过程，即能迅速地从背景中选择出知觉对象。由于人每时每刻所接触到的客观事物众多，因此不会也不可能对同时作用于感觉器官的所有刺激信息进行反映，而是主动地挑选某些刺激信息进行加工处理，从而排除其他信息的干扰，以形成清晰的知觉，并迅速而有效地感知客观事物，以此来适应环境。

人总是有选择地以对自己有重要意义的少数刺激物作为知觉的对象，知觉的对象能够得到清晰的反映，而背景只能得到比较模糊的反

图 2-30　鲁宾之杯

图 2-31　“少女”与“老妇”

映。这样，我们就可以游刃有余地清晰地感知一定的事物与对象。

例如，在街上同朋友谈话时，我们所听见的不只是对方的话语，还有汽车和行人发出的噪声等，但朋友的说话声是我们知觉的对象，他讲的话可以听得很清楚，而其他声音则是这种谈话声的背景，尽管声音很大但你仍然听不清楚。在喧闹嘈杂的餐馆里，你却能够辨析出你的朋友在喊你的名字，这通常被称为鸡尾酒现象。知觉中的对象和背景是相对的，可以变换的。当注意指向某个事物时，该事物便成为知觉的图形，而其他事物便成为知觉的背景；而当注意从一个图形转向另一个图形时，新的图形就会“突出”成为前景，原来的知觉图形就退化成为背景。因此，支配注意选择性的规律，也决定着知觉图形如何从背景中分离出来。

图2-30为著名的“鲁宾之杯”，当将黑色作为图，白色作为底时，看到的是一对互相对视的人；而当把白色作为图，黑色作为底时，所看到的图案又变成了一只杯子。

图2-31中的少女与老妇被巧妙地融合在一张图中，看到的是“少女”还是“老妇”，取决于把哪些部分作为知觉的对象，哪些部分作为背景。而这也受到了知觉者本人主观因素的影响，如兴趣、态度、爱好、情绪、知识经验、观察能力或分析能力等。

影响视知觉的选择性的因素主要有以下几点：

（1）对象和背景的差别越大，对象就越容易从背景中区分出来。因此，设计中经常通过加强对象与背景之间明度、色相等方面的对比强调对象的意义；相反，军事上的伪装、昆虫的保护色，则是使对象和背景之间差别小而不易被发现。

（2）在固定不变的背景上，运动的物体容易被知觉为对象。如各种仪表、中控，以及显示器上具有动感变化的指针、进度条或闪烁的信号，都是易被人们知觉到的对象。

（3）知觉的选择性也明显受到知觉者的需要、兴趣、爱好、知识经验的影响。如让不同的经验被试（美国人和西班牙人）同时用左右眼分别看两张画：左眼看棒球赛，右眼看斗牛。试验表明知觉效果很不一样，美国人大多看见棒球赛，西班牙人则大多看见了斗牛。

（二）知觉的整体性

当客观事物的个别属性作用于人的感官时，人能够根据知识经验把它知觉为一个整体，这就是知觉的整体性。如当我们听到某些熟人的声音时，立刻能知觉到这位熟人的整体形象。知觉之所以具有整体性，是因为客观事物对人而言是一个复合的刺激物。由于人在知觉时有过去经验的参与，大脑在对来自各感官的信息进行加工时，就会利用已有经验对缺失部分加以整合补充，将事物知觉为一个整体。

人的知觉系统具有把个别属性、个别部分综合成整体的能力。知觉的整合作用离不开组成整体的各个成分的特点。如图2-32所示，尽管这些圆点没有用线连起来，但仍能看到一个三角形。如果点子数量不同，其空间分布不同，我们知觉到的几何形状也不同。当看到这一根线段时，它只是一根线段，但当你看到图2-33这样的四根线段组合在一起时，即使它们并没有首尾相连，也会觉得它形成了一个正方形（图2-33）。

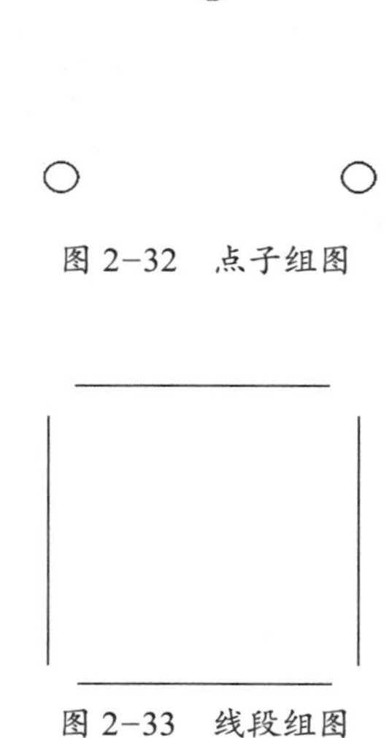

图 2-32　点子组图

图 2-33　线段组图

另外，我们对事物个别属性的知觉依赖于事物的整体特性。如观看缺口的圆环、没顶的三角时，心中仍能将缺少的部分补足，使其完成一个整体的形象。在此过程中，过去的知识和经验常常能提供补充信息（图2-34）。

图 2-34　感知知觉的整体性

影响视知觉的整体性的因素很多，主要包括以下几条规律。

（1）接近性：凡距离相近的物体容易被知觉组织在一起。

（2）相似性：凡形状或颜色相近的物体容易被组织在一起。

（3）连续性：凡能够组成一个连续体的刺激容易被看成一个整体。

（4）封闭性：人倾向于将缺损的轮廓加以补充，使知觉成为一个完整的封闭图形。

（5）良好图形：具有简明性、对称性的客体更容易被知觉。

（三）知觉的理解性

知觉的理解性指的是人在知觉某一客观对象时，总是利用已有的知识经验去认识它。人在知觉过程中并不单单是分析器对新事物的照相式的反映，还有过去经验参与对新事物的理解。对事物的理解是产生正确知觉的必要条件。知觉的理解性表现在运用已有经验把当前的知觉对象纳入已知的、相应的一类事物的系统之中，从而准确判断出“它”是什么（图2-35~图2-37）。

图2-35 IBM标志这三个字母无论被白色线条如何分割，但经验告诉我们它依然是“IBM”三个字母。同样在图2-36中，虽然由许多分散的点组成，但知觉的整体性及知觉的过去经验帮助我们理解这个“新”的图案是一只小狗的图案。观察图2-37“WTERU”这个图案时，由于背景与字体都是同一种颜色，只是用线条巧妙地进行了字形的勾勒，因此在识别时需要利用知觉的整体性和理解性去辨识它，并选择以少数对自己有重要意义的刺激物作为知觉的对象，因此这几个

图 2-35 IBM 标志

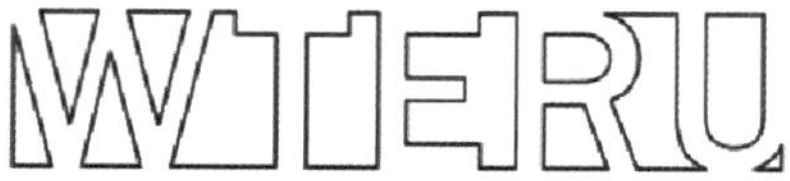

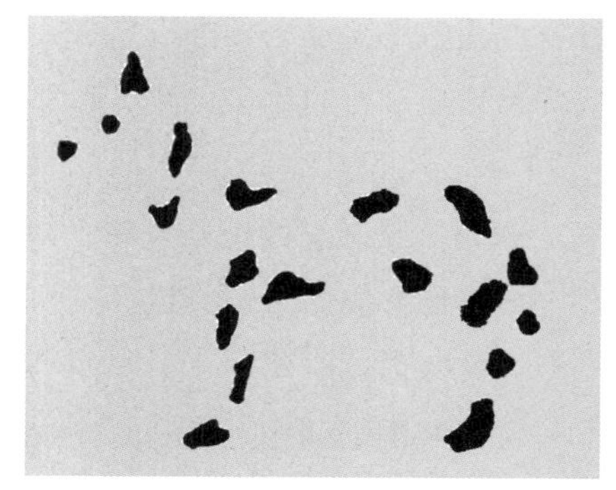

图 2-36 由断点组成的狗图案

图 2-37 WTERU

字母才能被轻易地识别出来。

（四）知觉的恒常性

图 2-38 知觉恒常性（1）

当知觉的条件在一定范围内变化时，知觉的映像仍然相对地保持不变（无论是形状、大小、颜色还是亮度），这就是知觉的恒常性（图2-38、图2-39）。

知觉对于大小、形状、方向的恒常性的产生主要来自两个方面的信息：一是画面中的情境线索；二是人们对于物体的经验知识。

图 2-39 知觉恒常性（2）

在视知觉中，知觉的恒常性表现得特别明显。例如，某人离观测者10m远，在视网膜上形成的影像，要比这个人离观测者3m远形成的成像小得多，但观测者并不会认为该人由此10m处走来时会变得越来越高大，这是大小恒常性现象；一扇门从不同角度看形状会有所不同，但人主观上认为它始终是矩形的，这是形状恒常性现象；在中午和黄昏的不同强度光线下，黑板总是被知觉成黑色的，粉笔总是被知觉成白色的，国旗总是被知觉成红色的，这是颜色的恒常性现象。可见在人对物体大小、形状和颜色的知觉，并不完全服从光学规律。这样就可以使人在不断变化的环境条件下，仍然保持对物体的稳定不变的知觉，保持对事物本来面貌的认知。

如图2-40所示，无论硬币变换何种角度，我们认为硬币的形状、大小都是保持不变的。这就是知觉的恒常性。

图 2-40 不同角度的硬币

三、错觉与设计

按照知觉所反映的客体，可分为正确知觉和错觉。错觉是在客观事物刺激下产生的对刺激的主观歪曲的知觉。错觉产生的原因一般认为有主客观两个方面，客观上是由于客观环境的变化引起的，主观上往往与过去的经验、习惯、定势、情绪等心理或生理因素有关。错觉现象是普遍存在的，在几种知觉中都可以发生。

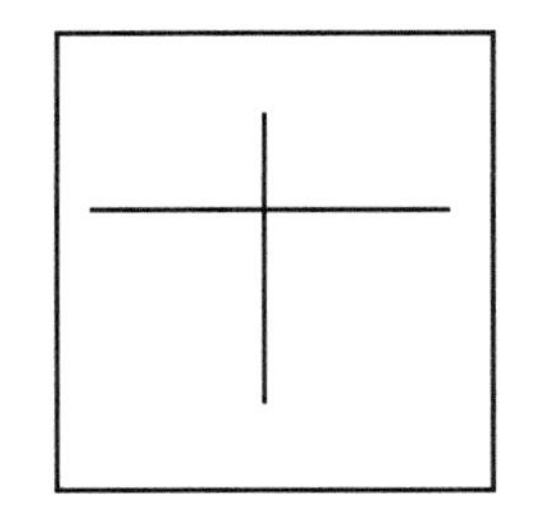

图 2-41　垂直线与水平线

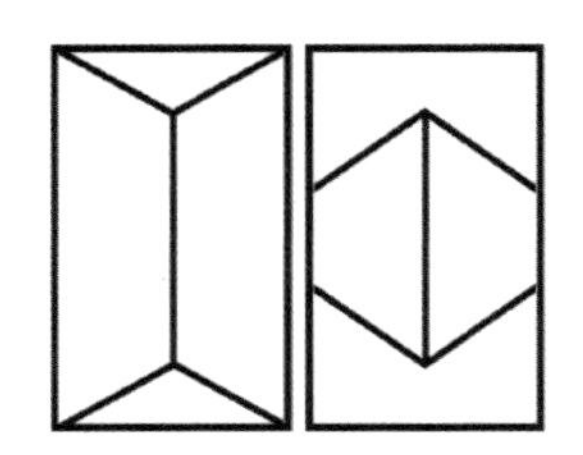

图 2-42　不同方向箭头的线

图 2-43　虚线与实线

（一）视错觉

视错觉是常见的错觉现象，即当人观察物体时，基于经验主义或不当的参照形成的错误的判断和感知。

1. 视错觉现象

图形与图形间相互影响而导致的图形视错觉现象主要有四种。

（1）线段长短视错。例如，垂直线与水平线的视错——两条长短相同的线段，一条垂直而另一条水平，两者在水平线段中点处相交，那么垂直线段就会显得长一些（图2-41）；米勒·莱尔视错觉现象——长短相同的两条线段，一条两端加上向外扩延的箭头，而另一条两端加上向内收敛的箭头，前者就会显得长些（图2—42）；“延伸”线条的错觉——两根长度粗度均相等的线段，其中一根是实线，另一根将实线打散成具有一定间隔的状态，被打散的实线具有被无限延伸的视错效果，它比实线线条显得更长一些（图2-43）。

（2）面积大小视错。典型的艾宾豪斯错觉中，同样面积大小的两个圆形，分别位于由六个彼此等大的小圆和大圆围成的一个圈中心，而一圈小圆中的那个圆形看上去会较大（图2-44）；面积相等的两个圆形，外围加有一个稍大些的同心圆的那个看来变大了些（图2-45）；同样大小两个圆形，一个在圆形外周有一圈向外放射的箭头，另一个将箭头置于圆内并且向圆心汇聚，前者圆形显得较大（图2-46）。

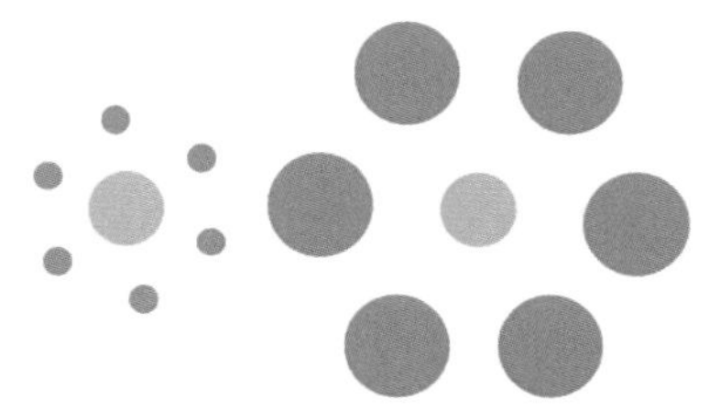

图 2-44　艾宾豪斯错觉（1）

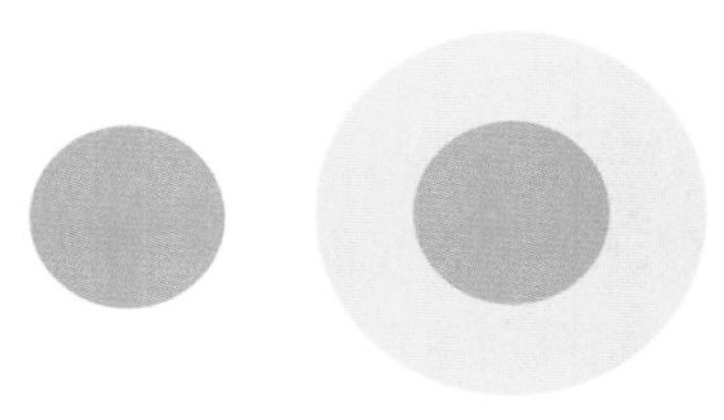

图 2-45　艾宾豪斯错觉（2）

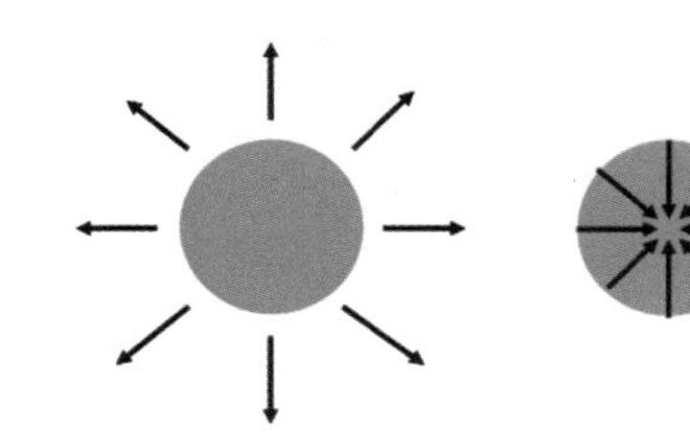

图 2-46　艾宾豪斯错觉（3）

（3）形状视错。如埃卜任斯坦错觉——位于密密匝匝一组同心圆当中的一个正方形看起来四边均发生弯曲（图2-47）。亥姆霍兹错觉——三个同样大小的正方形，正方形内加有许多纵线的图显得纵向上拉长了，而正方形内加有许多横线的那张图显得横向上延展了（图2-48）。

2. 视错觉案例

（1）帕特农神庙。著名的雅典卫城中的帕特农神庙就有效利用了

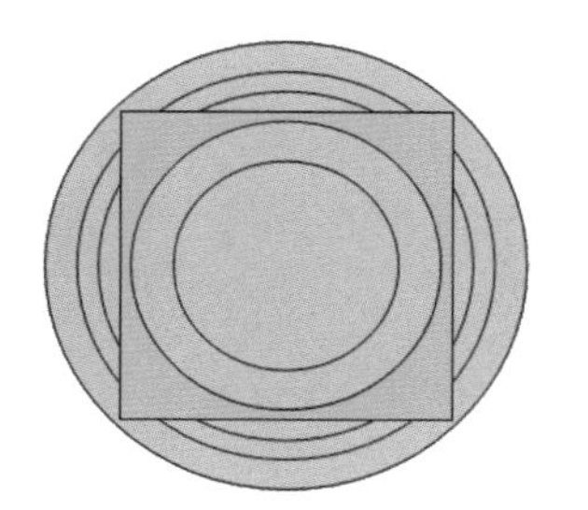

图 2-47　埃卜任斯坦错觉

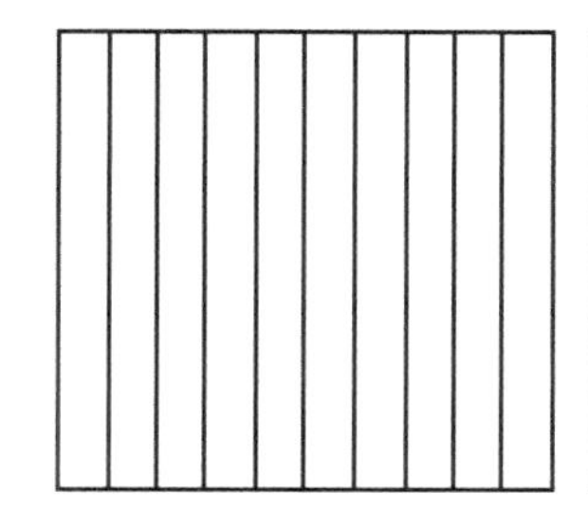

图 2-48　亥姆霍兹错觉

图 2-49　帕特农神庙

一些校正视错觉的设计（图2-49）。

①正面的8个柱子，只有中央二柱完全垂直，其他六柱都向内倾斜（约10.36m的柱子向内倾斜约7.6cm），这样可以避免柱子全部垂直。在高处，两侧石柱会被沉重的石楣压得显得向外分开。

②神庙基石不是水平的，而是向上略凸形成弧线，这样能弥补在上方的石楣和石柱的压迫下略显凹入的错觉。

③神庙的柱子都是微妙的弧线，并且上小下大，以弥补长平行线带来的中部凹入的错觉。另外，石柱还不是一样粗细，两边较粗，中间较细，因为按照明度视觉，衬着明亮背景时显得比较细；衬着黑色背景时显得比较粗，而神庙两侧衬着天空，中间衬着殿堂，因此设计为两边粗，中间细，以平衡错觉。

④神庙的各部分装饰大小也不同，一般越往高处，比例越大，根据观者的仰角大小均匀变化。

这座举世闻名的古代七大奇观之一的建筑，早在公元前400多年，就已经想到运用视错觉来进行辅助设计，如此看来，人类对知觉的研究，从很早就开始了。

（2）奥运五环标志。奥运五环标志的五环为红、黄、蓝、绿、黑五色（图2-50）。在最初的设计时，五种色彩的色环搭配方案为完全符合物理真实的等宽色环，但其效果使人感到五色环间的比例不一致，即黑色略显窄，黄色略显宽。这是因为黄色给人以扩张的感觉，而黑色给人以收缩的感觉，即同一背景下，不同色相的颜色会使人的眼睛产生形状、大小的错觉。为了视觉上的平衡，设计者将黑色环加宽了1mm，黄色环减少了1mm，这样五环旗才显示出符合视觉生理等距宽度感的特殊的色彩效果。类似这样的例子，还有法国国旗红、白、蓝三色的面积比例的调整。

图 2-50　奥运五环标志

对于视错觉，在设计中有时需要加以校正，以避免给人以错误的感知；有时则可加以应用，以营造特殊的感知效果。

（二）形重错觉

形重错觉是心理学中的一个名词。用两手掂量两个质量相同但大小不同的物体，倾向于将体积大者知觉为较轻的现象。因此，视觉会对重量感发生错觉。如用手比较1kg铁和1kg棉花，总会觉得1kg铁重一些，但实际上两者是一样重的（图2-51）。这是受经验定势的影响，由视觉而影响到肌肉的错觉。

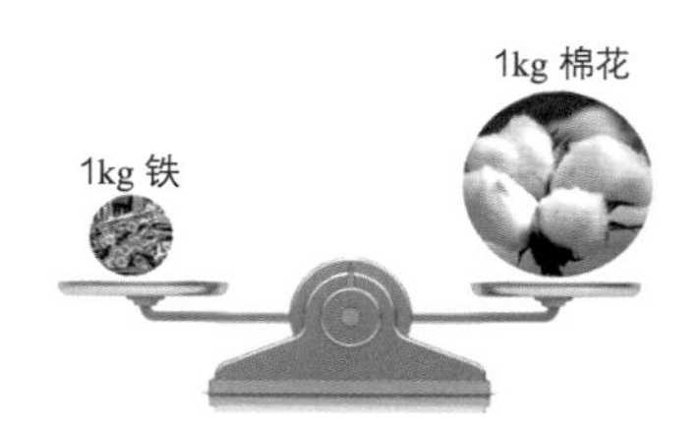

图 2-51　比较 1kg 铁和 1kg 棉花

（三）时间错觉

在某种情况下，同样长短的时间会发生不同的估计错觉，觉得有快有慢。时间错觉受态度情绪影响较大。对自己喜欢的事物，觉得时间过得很快；对处于低落时或对自己没有兴趣的事物，则觉得时间过得很漫长。

（四）方位错觉

例如，在一个会场里听报告，人所听到的声音分明是从旁边的扩音器里传来的，但总觉得它是从讲话者那里传来的；当两辆并排停着的车，有一辆慢慢向前移动时，另一辆车会觉得自己是在倒车；飞行员在海面飞行时，由于海天一色，很可能产生倒飞的错觉。

思考与练习

1. 了解人的生理特征的目的是什么？
2. 知觉的特征对于设计的意义在哪里？
3. 什么情况下需要运用错觉来进行设计？

第三章 环境与设计

设计作为人类一种重要的创造活动的行为，总是在特定的外在环境中进行的，无论是自然环境还是社会环境。“要是我们脱离环境而存在，那么就不可能有什么设计活动，也不可能产生正确的观念和思想。正确的设计也就不可能创造。”判断设计的正确与否，应该将它放到相应的环境中，依靠环境去“鉴别和判定”它的价值所在，整个设计活动过程，都要受到环境的制约和影响。环境是人机系统的重要组成部分，为人和器物提供了关于物理、自然和社会方面的准则，人和环境也形成了器物设计的限制条件，这两个限制条件决定了器物设计的方向。

我们的生活离不开环境，所有的活动都是在某种环境中展开和进行的，虽然高温、拥挤、高噪声的环境会使人感到非常难受，但如果丧失一切对环境的知觉，更会是难以想象的可怕。曾经有研究者做过知觉剥夺实验，实验中将被试者单独处于一个黑暗、寂静和没有任何气味的房间里，有时被试者还被要求穿着宽松的衣服并戴着手套以避免和环境产生任何可能的接触，结果实验中的大多数被试者都会很快地要求离开这个环境。这个实验从另一个角度告诉人们，人一旦完全脱离、完全无法感受环境中的任何元素时，心理会产生恐惧、无所适从，因为人从出生就一直与周围环境保持着依存关系，人无时无刻不在感受环境所给予的反馈，一旦完全脱离就会产生上述这些感觉，让人感觉不自在。

各类环境为人们提供了关于生活方式、行为准则、社会分工等一系列社会文化方面的要求与暗示。环境与其中的活动互为表里，即特定地域的环境形式、特征会吸引特有的功能、用途和活动。可以说只有在一定的自然环境和时代历史社会环境中，才能产生出某种设计的需要和创作内驱力。汉代的错银铜牛灯（图3-1），其形态取材就与生活环境息息相关。汉代和魏晋南北朝时期比较流行以牛、羊和狮子的造型来打造器物；又因为汉族是传统的农业民族，牛作为农业发展的主要工具一直与人的关系非常密切，在许多汉代工艺品的创作中都能看到以牛为造型的作品，如牛形灯具；另外，上层社会群体对日用品的设计开始注重使用功能以及环保等问题，于是汉代出现了如长信宫灯之类结构合理、功能多样并兼顾环保问题的日用工艺品。

图 3-1　错银铜牛灯　东汉

环境对人的行为具有很强的导向作用，无论物理环境、自然环境、社会环境还是人为环境，都是如此。任何设计师的任何杰出的个人行为，都是在环境作用下的设计发展历史潮流中涌现的璀璨浪花，然后才谈得上这种行为对潮流的促进。

第一节

物理环境与设计

环境能够促进或阻碍某些行为的发生，适当大小的空间，加上适宜的环境条件，以及适当的设施，人类的行为会变得更加舒适和高效率；反之，人类的行为会变得紊乱、烦躁和效率低下。

物理环境能对人机系统产生巨大的影响，应使环境适合于人的生理特征。合适的环境条件能够提高人的工作能力、工作效率，使人的身体健康、机器性能提高、使用寿命延长。

物理环境对人机系统产生影响的因素主要有照明、温度、声音、振动等。

这里所指的温度是有效温度，是气温、温度、气流速度、热辐射对人的综合作用的结果。不同劳动对舒适温度的要求不同；温度变化会明显影响人的工作效率，尤其是脑力劳动。

不合适的照明是造成视力疲劳、工作效率降低、工伤事故增多的重要原因。良好的照明环境要求与工作场所相适宜的照度，稳定、均匀的光质，避免眩光，还要考虑对色彩的影响。

噪声不仅干扰人们的工作与休息，影响人的心理状态，还会危害人的身体健康。而合适的音乐则有益身心，也有利于大多数场合下工作效率的提高。

一、光环境

作为视觉的生理基础，人所接受到的大部分信息都是通过视觉来获得的，但是视觉的形成要以有光环境作为前提，同时，人们通过视觉从外界获得的信息，其效率和质量与人机环境中的照明有直接关系。

作业场所的光环境，有天然采光和人工照明。利用自然界的天然光源形成作业场所光环境的叫天然采光（简称采光）；利用人工制造的光源构成作业场所光环境的称为人工照明（简称照明）。

（一）采光与照明常用的度量单位

（1）光通量。光通量是最基本的光度量，指单位时间内光辐射能量的大小，其单位是lm（流明，Lumen），它是根据人眼对光的感觉来评价的辐射通量。

（2）发光强度。发光强度用来表示发光体在不同方向上光通量的分布特性，可定义为光源发出并包含在给定方向上单位立体角内的光通量，单位是cd（坎德拉，Candela）。

（3）照度。指灯光投射到桌面上的均匀照射的面积，其单位是lx（勒克斯，Lux），在照明系统设计中，常用照度值来规定照明的标准值。

（4）亮度。亮度也是描述光源发光特性的指标，是人眼能感觉到其大小的一个光的基本度量单位，单位是cd/m^2。

（5）明度。明度是人对物体表面的明亮程度的知觉。亮度是物体表面明亮程度的物理测量，而明度则是心理测量。

（二）照明对作业的影响

照明的目的大致有两类，以功能为主的明视照明和以舒适为主的气氛照明。一个良好的光环境应该是令人舒适的、愉快的，同时能满足使用上的要求。如氛围灯，其照明强度不是主要目的，舒适的光感和氛围才是主要目标；而照明灯，则要求光的照度是温和的，以不伤眼睛并能提高工作效率为目的。正如前文中提到的PH灯，其特点就是所有光线都必须经过至少一次反射才能到达工作面，从而获得柔和、均匀的照明效果，并避免了清晰的阴影；无论从哪个角度看均看不到光源，从而避免了眩光对眼睛的刺激；对白炽灯光谱进行补偿，以获得适宜的光色；经过分散的光源缓解了与黑暗背景的过度反差，利于视觉的舒适性（图3-2）。另外，手术用的无影灯也是以功能为主的明视照明（图3-3），其实它并不能真正达到“无影”，只是可以使本影减淡或是不明显，能使医护人员对于患者的切口或体腔中不同深度的小的、对比度低的物体能以最佳的明度、亮度和照度得以被观察和处理。由于施手术者的头、手和器械均可能对手术部位造成干扰阴影，因而手术无影灯必须设计得能尽量消除阴影，并能将色彩失真降到最低程度。

图 3-2　PH 灯　保罗·汉宁森

图 3-3　手术用无影灯

良好的光环境对提高工作效率、降低事故发生率和保护作业人员的视力和安全具有明显的效果。

1. 照明强度对作业的影响

适当的照明强度能够有效提高作业效能，照明强度对不同作业的效能的影响形式是不同的，该作业对于视觉的依赖性越高，这种效果越明显。一般来说，照明强度的提高能够改善作业效果，但是这种影响随着照明强度的增加而递减，过高的照明强度会对作业效能产生负面影响。

2. 光的稳定性对作业的影响

光的稳定性能够影响照明效果。光的稳定性是指照度在设计的光强度内应保持恒定的值，不产生波动、频闪。照度不稳（闪烁或忽明忽暗），会使眼睛需要不断调节以适应光线的变化，从而增加视觉器官的负担引起疲劳，影响视力。而照度稳定的光，没有频闪，长期使用不会损伤视神经，对作业的影响也会降到最低（图3-4）。

图 3-4　Frisbee 护眼台灯
Paulmann

3. 照明的分布对作业的影响

照明的分布首先会影响光的均匀性。光的均匀性是指照度和亮度在某一作业范围内相差不大，分布均匀适度。直射光容易产生照度不均匀，而光线过于分散又会使物体亮度相同，从而不容易分辨前后、

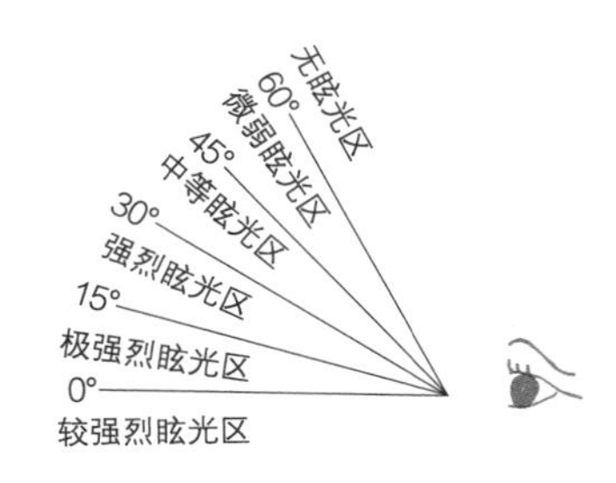

图3-5　光源位置的眩光效应

深浅、高低和远近。

光线分布不均匀还容易产生眩光。当视野内出现亮度过高或对比度过大时，产生的刺眼和耀眼的强烈光线称为眩光。由此可引起烦恼、不适或视觉功能和可见性的丧失（图3-5）。

眩光按其产生原因可分为直射眩光、反射眩光和对比眩光。直射眩光是由强烈光线直接照射产生的；反射眩光是强光照射过于光亮的表面后再反射到人眼所造成的；对比眩光是由于被视目标与背景明暗相差太大而造成的。晴天时从室内暗处看一个站在窗户前面的人，窗户照进来的强光会使暗处的人看不清那人的相貌，这就是对比眩光造成的结果。

眩光视觉效应的危害主要是破坏视觉的暗适应，产生视觉后像，使视功能下降，影响视觉作业效率，还会造成视觉疲劳、视力下降，严重的眩光可使人暂时失明。有研究表明，做精细工作时，眩光在20min内就可使差错率明显上升，使作业效率下降。不同位置的眩光源对视觉效率的影响表现为随着眩光光源角度的抬升使视觉作业效能逐渐下降（图3-6）。

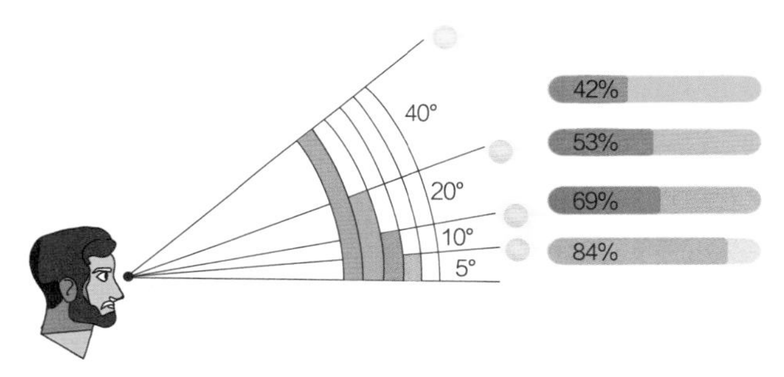

图3-6　光源相对位置对视觉效率的影响

照明的分布对作业的影响是非常明显的，在车辆行驶中，眩光甚至能够引起事故的发生。

如何防止和控制眩光的出现，可以采取以下措施。

①限制光源亮度。当光源亮度大于16sb时，会产生严重的眩光。对于白炽灯灯丝亮度达到300sb以上时，应考虑用半透明或不透明材料降低其亮度或将其遮住。

②合理布置光源。应尽可能将光源布置在视线外微弱刺激区，如采用适当的悬挂高度，使光源在视线45°范围以上。也可以采用不透明材料将眩光源挡住，使灯罩边缘至灯丝连线与水平线构成一定角度，该角度以45°为宜，至少不应小于30°。

③使光线转为散射。使光线经灯罩或天花板、墙壁漫射到工作场所。

④对于反射眩光，应通过变换光源位置或工作面位置，使反射光不处于视线内。还可通过选择材质和涂色反射系数，避免反射眩光。

⑤适当提高环境亮度。使物体亮度与背景亮度之比不超过100：1，以减少亮度对比，防止对比眩光的产生。

4.光色效果对作业的影响

光源的光色效果包括色温和显色性。

各种光源都具有固有的颜色，一般用色温来表示光源的固有颜色。就像颜色本身对人的心理、情绪等能产生一定的影响一样，色温也能以类似的模式影响人的情绪，进而影响人的作业。

显色性是指当不同光源分别照射到同一颜色的物体上时，该物体会呈现出不同的颜色。显色性最好的是日光。光源的光色对作业效能，尤其是对颜色辨认的作业效能将会产生一定的影响。一般白光照明下对色标的辨认效果要优于色光照明，而高色温白光照明又优于低色温白光照明。我们常会遇到这样的情况，在商场里购买的商品是精心挑选的自己喜欢的颜色，但一到室外，或者回到家，发现东西的颜色变了，不再是我们当初挑选的颜色。这是因为商场里的色光照明会影响我们对颜色的判断，而家里不同的色光，又会使颜色有所变化，所以对于商场来说，需要采用显色性较好的光源，这样可以更好地突出商品的品质感。

图 3-7　圈椅　明代

照明对设计也有着很大的影响。我们从明式、清式家具的对比可见一斑。从造型和表现式样上，明代的家具设计精炼简约，线条干净利落，尺寸恰到好处，用料适度；而清式家具的设计用料厚重，家具的总体尺寸和用料也比明式家具要宽大，精雕细刻，极为繁复。从装饰风格上，明式家具的装饰较少，质朴简洁，且没有镶嵌和雕镂，仅有非常克制的雕刻；而清式家具有明显的装饰，充分应用了雕、嵌、描、堆等工艺手段。两者之间的差异，固然有艺术设计风格演变的原因，但是清代室内照明环境的改善对家具设计的影响也是一个非常重要的原因。中国传统的窗户大多糊以油纸，自清代之后，油纸窗户逐渐被玻璃窗户所取代，因而室内的光照得到很大的改善。光照的改善使人们对家具及其他室内设计有了更多关注其细节的可能，使“精雕细刻”的工艺得到充分的体现，并具有了更多现实意义（图3-7、图3-8）。

图 3-8　太师椅　清代

快餐店与西餐厅在照明设计上也有明显的区别。由于功能、用途不同，其对照明设计的要求也不相同。快餐店满足的是快速用餐，因此快餐店内照度要明亮且均匀，以刺激用餐者引起食欲。亮度对比小，对用餐者在用餐过程中产生的情绪波动小，使用餐者可以快速、愉快地进行用餐。而西餐厅通常用于非正式的商业宴会，或用于就餐者关系比较密切的聚会，因此其灯光的整体气氛是温馨而有情调的，其一般灯光的照度值要比快餐店低很多，且亮度的对比较大，照明光源的重点是菜品而非人脸或表情，光源的光色也应比快餐店的光色要更柔和，以利于用餐者在轻松的氛围下享受用餐的过程。

二、热环境

热环境是指由太阳辐射、气温、周围物体表面温度、相对湿度与气流速度等物理因素组成的作用于人、影响人的冷热感和健康的环境。热环境可以分为自然热环境和人工热环境。自然热环境中的热源为太阳光，热特性取决于环境接收太阳辐射的情况，并与环境中大气同地表间的热交换有关，也受气象条件的影响。人工热环境中的热源为房屋、火炉、机械等设备。如人类为了防御、缓和外界环境剧烈的热特性变化，创造的更适于生存的人工热环境，以及人工热环境化学反应等设备热环境。人类的各种生产、生活和生命活动都是在人类创造的人工热环境中进行的。

热环境与人的舒适性有很大的关系，过高或过低的温度感受，会对人的生理和心理产生很大的影响，从而影响作业效能。

（一）影响热环境的要素

影响热环境条件的因素主要有空气温度、空气湿度、空气流速和热辐射。这四个要素对人体的热平衡都会产生影响，而且各要素对机体的影响是综合的。

1. 空气温度

作业环境中的空气温度取决于大气温度、太阳辐射和工作场所的热源。热源通过传导、对流使作业环境的空气加热，并通过辐射加热四周物体，形成第二热源，扩大了直接加热空气的面积，使气温升高。

2. 空气湿度

作业环境中的空气湿度以空气相对湿度表示。相对湿度在80%以上称为高气湿；低于30%称为低气湿。高气湿主要是由于水分蒸发与释放蒸汽所致。

3. 空气流速

气流主要是在温度差形成的热压力作用下产生的，气流速度常以

m/s表示。一般气流速度为0.15m/s时，人即可感到空气新鲜；气流超过0.5m/s时，人会感到不舒服。

4. 热辐射

热辐射主要对红外线及一部分可视线而言。太阳及作业环境中的各种热源均能产生大量热辐射。红外线不能直接使空气加热，但可加热周围物体。

（二）热环境对人的影响

长时间在高温下工作对身体有伤害。高温给人体带来烫伤和全身性高温反应，会引起如头晕、头痛、胸闷、心悸、恶心、虚脱、昏迷等症状。

高温环境是指温度超过人体舒适程度的环境。一般取21°C ± 3°C为人体舒适的温度范围，因此24°C以上的温度即可认为是高温。但是对人的工作效率有影响的温度，通常是在29°C以上。造成高温环境的热，主要来自太阳辐射所散发的热、燃烧所散发的热、化学反应过程所散发的热、机械运转所散发的热、人体所散发的热等。高温环境主要见于热带、沙漠地带，以及一些高温作业、某些军事活动和空间活动场所。

高温环境中保持各种体液的正常含水量对维持人体内环境稳定和良好的耐力十分重要。所以，高温环境中水和无机盐的代谢及其补充具有相当重要的意义。高温环境中的出汗量因当时的湿度、劳动强度和个体素质差异而不同，最多一小时出汗可达1.5L，一天可达10L以上。汗液中99%以上为水分，约0.3%为无机盐（成分主要为氯化钠）。氯化钠，主要是钠离子，对保持体液的渗透压和体液平衡，维持肌肉的正常收缩和保持酸碱平衡都有重要意义。因出汗而大量丧失水、盐时，可引起电解质平衡的紊乱，如不及时补充，即可出现一系列失水和失盐的症状。

1. 热舒适环境

人体与周围环境通过传导、对流、蒸发和辐射4种方式进行热交换。作为恒温机体，人体具有非常完善的体温调节机制。人体的大脑是体温调节的中枢，血液起着传送热量的作用，毛细血管起着散热的作用，血液从温度较高的组织吸收热量到温度较低的组织中散发，汗液的分泌也能调节体表温度。通过这个恒温控制系统，人体可适应较大范围的热环境条件，但是使人感觉舒适的范围却要小得多。

热舒适环境指的是使人在心理状态上感到满意的热环境。所谓心理上感到满意就是既不感觉到冷，又不觉得热。人的这种对热环境的感觉与许多因素有关，如环境空气温度、湿度、气流，人体的新陈代谢、着装情况等；另外，还和人的性别、年龄、肥胖程度、适应性等有关。

2. 热环境对人生理、心理的影响

人体对环境的冷热适应与调节范围有一定的限度，并且调节的过程不可避免地会对人的身心带来一定的影响，同时人如果处于远离热舒适范围的环境中，则可能导致人体恒温控制系统的失调，这将对人体造成伤害。

当环境温度过低时，人体的血管会收缩，以减少热量的流失，同时人体通过寒战，来提高新陈代谢的热产量；低温还会降低人的灵活性，也容易使人体的局部出现冻伤。当热环境引起体温明显降低时，还会引起健忘、定向障碍等问题，当体温进一步降低时，人可能昏迷，甚至死亡。

当环境温度过高时，人体会出现皮肤血管扩张、心率加快的症状；同时皮肤会出汗，以增加热量的散发。在高温环境中，人容易疲劳、烦躁和思想不集中，人的皮肤组织也容易出现烫伤。当高温引起体温明显升高时，会出现头晕、头痛、胸闷、心悸、视觉障碍、恶心等症状，严重者甚至会危及生命。

3. 热环境对作业的影响

环境的过冷和过热，都会对作业产生影响。低温对体力劳动有破坏性的影响，身体内核温度的降低会减弱身体做功能力，导致肌肉力量和忍耐度降低；低温环境会降低人体触觉的灵敏度和肢体的灵活性，低温对人的工作效率的影响，最敏感的体现在手指的精细操作。由于高温对人的生理和心理都有影响，因此，高温对体力劳动和脑力劳动都有明显的不利影响。实验证明，在热舒适环境下无论从事体力还是脑力作业，都有助于提高工作效率，减少差错和事故的发生。

一般情况下，人体在室内温度控制在22~26°C，湿度为40%~50%时，感觉最舒适。太空空间站的温度和湿度一般会控制在这个数值范围内，以确保宇航员能够在长期密闭的空间里在生理和心理上感到舒适，从而能更好地在太空中进行长期的生活和高效的工作。

三、声音环境

美国哈佛商学院的研究人员曾经对人的味觉、触觉、嗅觉、听觉及视觉这五种感官接受外部信息的能力做过分析，研究结果表明，视觉接收外部信息的能力最强，占大脑接收的所有信息的83%，其次是听觉占11%，嗅觉3.5%，触觉1.5%，味觉只占1%。这个数据说明，在环境中，除了视觉感官，听觉器官也是人的主要感觉通道。在设计中，人需要通过声音来传递信息，进行交流和沟通，也需要聆听音乐，从声音中获得美的感受。声音环境中需要我们关注的主要是噪声问题。

（一）噪声的概念

环境中起干扰作用的声音、人们感到吵闹的声音或不需要的声音，被称为噪声。它是一类引起人烦躁或音量过强而危害人体健康的声音。从环境保护的角度来说，凡是妨碍人们正常休息、学习和工作的声音，以及对人们要听的声音产生干扰的声音，都属于噪声。从物理学的角度来说，噪声是发声体做无规则振动时发出的声音。噪声问题的本质就是声波刺激听觉系统，引起人的神经系统活跃，提高人的觉醒状态，引起人强烈的心理反应。

环境噪声可能妨碍作业者对听觉信息的感知，也可能造成生理或心理上的危害，因而将影响操作者的工作效能、舒适性或听觉器官的健康。但是有时适当的噪声的存在，可以提高人的觉醒状态，使人保持警觉。

美国环境保护局（EPA）于1975年提出了保护健康和安宁的噪声标准。中国也提出了环境噪声容许范围，中国的环境噪声标准是，夜间（22时至次日6时）噪声不得超过30dB（分贝），白天（6时至22时）不得超过40dB（分贝）。

较强的噪声对人的生理与心理会产生不良影响。在日常工作和生活环境中，噪声主要造成听力损失，干扰谈话、思考、休息和睡眠。有关专家认为噪声对人体的危害是很大的，0~50dB的声音让人感觉舒适，细语声；50~90dB会妨碍睡眠、难过、焦虑；90~130dB会使耳朵发痒、疼痛；130dB以上会导致耳膜破裂、耳聋。根据国际标准化组织（ISO）的调查，在噪声级85dB和90dB的环境中工作30年，耳聋的可能性分别为8%和18%。

在噪声级70dB的环境中，谈话就感到困难。对工厂周围居民的调查结果显示，干扰睡眠、休息的噪声级阈值，白天为50dB，夜间为45dB。噪声对睡眠的影响：突然的噪声在40dB时，可使10%的人惊醒，达到60dB时，可使70%的人惊醒。

一般轿车车内的噪声都控制在60dB以下，以确保较好的发动机的噪声和隔音效果。不同品牌轿车的噪声值也不一样（最低至最高）：东风本田思域，49.1~53.4dB；一汽大众新宝来，53.5~56.6dB；上海大众朗逸，54~57.6dB；上海大众斯柯达明锐，55.3~58.4dB；北京现代伊兰特悦动，54~59.6dB；上海通用别克新凯越，56.3~59.6dB；长安福特福克斯，56~59.6dB；一汽大众速腾1.6L，55~59.1dB。

（二）噪声对人的影响

1.噪声对生理的影响

研究表明，当人受到噪声影响时，这些非周期性的声音振动，音波波形不规则，听起来让人感到刺耳，会使人出现一些生理反应，如血压升高、心率加快和肌肉紧张等。其实这是身体的一种警觉和唤醒，生理上的这些变化主要是由于自律神经受到网状系统的影响。

同时，噪声会影响听力，使人出现听力疲劳，甚至听力损伤。尤其是高强度的噪声，如工业机器（织布机、车床、空气压缩机、风镐、鼓风机等），现代交通工具（汽车、火车、摩托车、拖拉机、飞机等），高音喇叭，建筑工地以及商场、体育和文娱场所的喧闹声等。当声音高达150dB时，人的听觉器官会发生鼓膜破裂、出血等外伤，使人的双耳完全失去听力，出现爆震性耳聋。强噪声会导致人体一系列的生理、病理变化。噪声对听力的损害是一个积累的过程。虽然每次噪声只会引起暂时的听力丧失，但如果这种情况频繁出现，则会使内耳的感声细胞出现逐渐的退化。

2.噪声对心理的影响

人对噪声的感受有主观性，因此噪声问题本身就涉及人的心理。从心理方面来说，噪声首先会引起睡眠不好，注意力不能集中，记忆力下降等心理症状，然后导致心情烦乱、情绪不稳，乃至忍耐性降低、脾气暴躁，最后产生高血压、溃疡、糖尿病等一系列的疾病。心理学上将这种病症称为心身疾病，意指由心理因素引起的身体上的疾病。噪声引起心身疾病的概率相当大，而且治疗比较困难，需要较长的调养恢复期，会给人的日常生活和工作带来较大的麻烦。

噪声对人的情绪的影响很大，能使人感到烦躁，如不舒服、烦闷、生气、心神不安、急躁、发牢骚等。这种影响与噪声的强度和频率都有关系。一般来说，随着噪声强度的增加，对人的心理的影响会逐渐增大；同样强度的噪声，高频噪声要比低频噪声更容易使人烦躁。

3.噪声对语言交流的影响

在沟通过程中，噪声是影响沟通效果的一种客观外在的环境干扰因素。这个问题是显而易见的，如当人们用语言进行沟通时，周围马达轰鸣或人声嘈杂；又如当人们用道具如旗语进行沟通时，天气大雾或夜色太黑而导致对方无法看清；又如人们若在夜总会或酒吧开具有重大意义和严肃认真的内容的会议等，都会对沟通的预期效果产生不利影响，使沟通的过程产生噪声。

噪声对声音语言具有干扰和屏蔽的作用。在嘈杂的环境中，我们和别人交谈时常常要提高嗓门，才能让自己和别人听清楚。如果某个人正戴着耳机听音乐，这时突然有人和他说话，对方的声音即使不大，戴耳机的人也常会用很大的声音回答。这是因为戴着耳机听音乐会使人处于高音量环境中，他会下意识地提高音量与他人进行交流。一般来说，只要背景噪声比说话声音小10dB，语言交流就可以正常进行。

4.噪声对作业的影响

噪声对体力作业的影响不大，但对脑力作业的影响很大。分析噪声对作业的影响，主要考虑噪声的强度、性质、噪声附带的信息和作业的性质这四个因素。噪声对作业的影响有不利的一面，但有时也存在有利的一面。

值得一提的是，噪声的问题有时是带有主观性的，对同一种声音，不同的人或相同的人在不同的状态下的评价是不一样的。例如，有人认为汽车加速时发动机的轰鸣声是噪声，也有人认为这个声音充满力量和激情。

（1）有利作用。前文提到噪声可以提高人的觉醒程度。在睡觉时噪声对人是不利的，但在工作时，适当强度和频率的噪声可以使人保持头脑的清醒，特别是对那些作业性质单调，或者有许多分散注意力的因素存在的工作更是如此。因此，在有些工作环境中，需要适当出现不间断的声音来保持工作人员的注意力集中。例如，在闹钟响铃的设计中，设计师也注意使用噪声对人的有利作用，以渐强的响铃代替以往突然的响铃声，以使睡眠中的人能在较为舒适的生理状态下接受闹钟的铃声，缓缓醒来，达到温柔叫醒而不是被吵醒的目的。

（2）有害作用。总的来说，噪声对人的作业效能的影响更多的是负面的。正因为存在着噪声对人生理、心理和语言交流等方面的影响，所以噪声在很多场合都会影响作业的正常进行，包括对效率、安全等的影响。对于脑力作业来说，尤其是那些需要高技能和处理许多信息的复杂脑力活动或学习精细灵巧的活动，噪声的有害性更加明显。

（三）噪声的利用与保护

视觉有时候是可以选择的，不想看就闭上眼睛或者转移视线，但是声音常常带有强迫性，很难回避。声音的特点具有正反两面性，在人机系统和交互设计中，经常利用声音的这一特点进行信息的传达。也正因为这个特点，需要我们对噪声加以利用和防护。因为噪声也存在有利的一面，所以在一些作业环境中，可以适当地利用噪声来改善人的精神状况。但是在大多数场合，噪声需要我们进行防护。

始于20世纪60年代的“白噪声”，被称为具有令人惊叹的魔术特性，一些专家学者称“白噪声”实际上是大自然给予我们的一个声音暗示，它可以起到辅助治疗一些神经系统疾病的作用。那么它听上去像什么？能确切地让我们感受到吗？事实上，“白噪声”指的是在人耳听觉范围内频率均一的噪声，它没有特定的频率，因此不像吉他、钢琴等乐器具有明显的音色。

关于“白噪声”，在一些西方国家，很多接受过“白噪声”治疗的人形容它的听感，就像绵绵细雨声，像潺潺流水声或者像海浪拍打岩石的声音，再或者像是风吹过树叶的沙沙声，抑或是像高山流水、瀑布小溪的声音。这种声音对各个年龄层的人来说，都可以起到一定的声音治疗作用，是一种“和谐”的治疗声音。也有人感觉“白噪声”听上去有些许自然气息，而一定音量下的“白噪声”可以治愈一些多动患儿的精神集中能力障碍。

一直以来“白噪声”被认为具有提升注意力、促进睡眠的效果。但是最近的一项研究成果显示，听过度的“白噪声”会改变脑部的内在构造，从而产生负面影响。“白噪声”究竟是具有危害性的还是具有治愈效果的，目前无法武断地下结论，但是噪声本身具有的正面意义是可以被充分利用和保护的。

目前，市面上有许多针对成人的助眠“神器”、针对婴儿的安抚哄娃“神器”都利用了“白噪声”的特性进行设计，如PICTEK白噪声机（图3–9）。

形成噪声干扰的三要素是声源、传播途径和接受者，噪声的控制也必须从这三方面入手加以解决。首先是尽可能降低噪声源的声级，然后尽量阻止噪声的传播，另外应对噪声的接受者进行积极的防护。

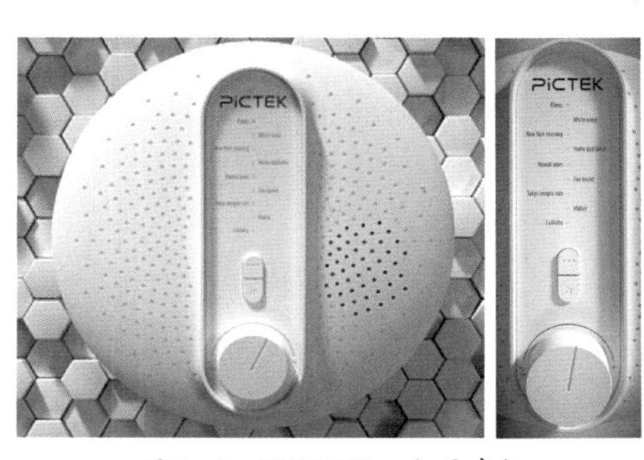

图3–9　PICTEK　白噪声机

使用个人防护用具，是减少噪声对接受者产生不良影响的有效方法；要根据噪声的频率特点，选用适宜的防护用具。常用的防护用具有耳罩、防噪声帽、防声棉等，同时要尽可能地减少作业人员在高噪声环境中的暴露时间。

在进行相关防护用具的设计时，设计师要充分考虑避免噪声对用户的过度伤害，以合理的结构、功能或材料等达到保护用户不受噪声伤害的目的。

（四）营造良好的声音环境

良好的声音环境能够使人身心愉悦，营造良好的声音环境一方面需要保持适当的安静；另一方面也可以在一些场合加入音乐。音乐可以使人减轻疲劳，唤起人们的工作热情，适当的音乐能够提高人的觉醒状态，从而改善作业效能。有实验显示，对两个相同类别的被试群体进行实验，常听舒缓音乐进行学习的学生，其成绩反而优于没有任何背景音乐进行学习的学生，可见适当的音乐可以提高人脑细胞的活跃性，有利于人脑思维的灵活工作，对学习、工作都能起到一定的促进作用。

环境中的音乐常常以背景音乐的形式出现。背景音乐最早起源于美国，是一种在商场、饭店、候车室等公共场合持续不断地轻声播放的音乐，它能够营造一种愉快和谐的气氛而不分散人的注意力。背景音乐的节奏和旋律能够在潜意识中影响人的行为，有研究表明，接受自然分娩的初产妇，在助产士全程陪伴下并辅以播放适当的背景音乐，其自然分娩成功率达到92.45%（49/53），而常规护理的初产妇自然分娩成功率为75.47%（40/53）。在餐厅中播放快节奏的音乐，能够使人进餐的速度加快，从而提高餐厅顾客的流动性；在高档餐厅中播放一些轻缓的音乐，使就餐人心情愉悦而放松，间接会使进餐人觉得食物的味道更好，更享受进餐的美好时光。

第二节 自然环境、社会环境与设计

不同的地区有其特定的地域环境和气候条件，而这些地理因素又会影响当地的经济状况、人文思想、民俗习惯等，并进一步形成某一地区人们特定的思维方式与行为习惯，从而影响对产品的设计。

人口、资源、环境等问题对设计产生了全局性的影响，当前提倡绿色设计、生态设计、可持续设计，这是对全球性资源危机的关注，人们力图通过设计活动，在人—社会—环境之间建立起一种协调发展的机制。

一、自然环境

自然环境可以分为非生物自然环境和生物自然环境两类，前者包括影响设计的土地、河流、山脉、气候、季节等因素，后者是动、植物。两类环境是彼此联系结合在一起的。前文中提到的光环境、声音环境和热环境，它们有一部分是人为形成的，另一部分来源自然界，因此与自然环境也有着密切的关系，但以下要讲述的自然环境，更多强调的是地理环境、景观环境和产品使用的周边环境等因素。

（一）地理环境与设计

地理环境是人类生存的物质基础，人类社会的一切现象，都与此有着直接或间接的关系。目前也有独立的学科，如人文地理学专门探讨各种人文现象和地理现象之间的关系。不同的地理环境决定了多种不一样的生存条件，如有的地方炎热、有的地方寒冷；有的地方干旱、有的地方多雨；有的地方是一望无际的平原，而有的地方是连绵不断的群山；有的地方植被茂盛，有的地方却寸草不生。生活在这些不同地区的人们，他们的生活方式和所使用的器具，必然是不一样的，因此在产品设计中，必须要考虑到这一点。

第二次世界大战中入侵苏联的德国军队出现的枪械问题，就是一个典型的事例。俄罗斯冬季非常寒冷，士兵必须戴上手套使用枪械，但德军的枪械扳机孔较小，戴了手套手指就伸不进扳机孔，而不戴手套手指就会立即冻僵，甚至能被冰冷的金属粘住。这个情况在当时也引起了人们对人、器物和环境关系问题的思考。

曾经有一个为爱斯基摩人设计冰箱的案例。设计公司没有急于按照流程去设计冰箱，而是首先产生了一个疑问——为什么爱斯基摩人需要冰箱？爱斯基摩人所生活的地区，一年四季都非常寒冷，1月的平均气温 –20~–40°C。而最暖的8月平均气温也只达到 –8°C，在这样的自然环境下爱斯基摩人需要冰箱来做什么，是设计师最想要了解的。于是对他们的生活方式展开了详细的调查，他们摄录了爱斯基摩人日常生活的过程，研究发现，爱斯基摩人对冰箱的使用并非为了冷冻食物，而是因为冬天的蔬菜需要通过特制的冰箱来保持形状。当设计人员了解到这个关键的需求时，设计师的创作构想及灵感才能得以实施，应该说自然环境不仅对设计起到了限制作用，同时也起到了诱发和促进的作用。

“一方水土养一方人”，每一个地域的人，大到国家、小到地区，由于社会经济状况、文化底蕴、人文思想、民族习惯的不同，由该地区的设计师所设计出来的产品就会带有明显的地域文化特色。如法兰西民族，地处温带海洋性气候，四季分明，良好的生活环境造成了法兰西民族追求浪漫的特有气质。法国有许多世界著名的奢侈品品牌，其中法国排名前三位的奢侈品品牌分别是香奈儿（Chanel）、迪奥（Dior）和路易威登（Louis Vuitton），它们一直是品质卓越、优雅高贵和工艺精湛的时尚代名词（图3-10、图3-11）；日本自然资源匮乏，且自然灾害时有发生，空间狭小，所以日本的设计比较注重应对安全便捷、节能和环保，专注于附加值高的产品进行设计生产，即以低成本换高回报的产品，其造型风格细腻、精致且科技感十足（图3-12~图3-14）；德国的设计比较严谨，是“制作精良、工艺精湛”的代名词。细数德国的优秀产品都耳熟能详，如大众、奔驰、宝马、保时捷、奥迪、博朗、博世，西门子、万宝龙、科勒等，这些都是历久弥新、经受时间考验的国际知名品牌。

图 3-10　Chanel No.5 香水

图 3-11　LV 手提包

图 3-12　一体式卫生间（日本）

被视为现代电影胶片摄影机缩影的博朗Nizo系列胶片摄影机，奠定了Nizo系列相机在上市之后的20年内产品的基调。它的成功正是将高水平的工程设计与严谨理性的工艺阐释结合在一起的结果，整个产品的设计没有过多的装饰，有的只是基于使用合理性的功能部件的排布与人机工学上的应用，包括取景框、对焦镜头与握柄的尺寸等。废除了充满匠气的、螺钉外露的美学，取而代之的是一种“功能美”，即“好用”。产品的性能、构造、精度可靠，具有很好的易用性、实用性、方便性、宜人性，产品的造型、色彩、肌理和装饰等要素给人愉悦感与舒适感。这种成功模式如今已经被验证过无数次。通过严谨地实践这种设计原则，罗伯特·奥伯黑姆设法达到了耐看性与功能传达性的完美统一，这也是Nizo成为全世界最畅销的胶片摄影机的原因（图3-15）。

图 3-13　西铁城手表

（二）产品的使用环境与设计

1. 具有明显环境影响的设计

产品的使用环境，是指产品在使用过程中所处的环境，这要求产品不仅要与周围环境相协调，同时要求产品功能优良并能使使用者感到舒适和贴心。一个拥有良好使用环境的产品，人们肯定愿意使用它，并能够正确地使用它。

图 3-14　尼康相机

图 3-15 Nizo 胶片摄影机 罗伯特·奥伯黑姆

我们常说“生活方式决定设计风格，而设计风格某种程度上也反映了生活方式”，斯堪的纳维亚地区的设计便很好地诠释了这点。来自瑞典、丹麦、芬兰、挪威及冰岛的杰出设计无论在美学还是品质方面都赢得了美誉。这五个北欧国家以其细致周密的构思、精益求精的制造，使他们的产品摆脱了毫无生气的形象，为其他国家展示出了一种值得骄傲和尊敬的北欧人的生活方式。

“斯堪的纳维亚地区”是以欧洲北部的斯堪的纳维亚半岛而得名，通常是指瑞典、丹麦、芬兰、挪威和冰岛五国。而事实上，只有挪威和瑞典真正坐落在斯堪的纳维亚半岛上，但由于这五个国家彼此邻近，且都位于欧洲北部地区，因此，更准确地说，“斯堪的纳维亚地区”实际上就是指北欧五国。

北欧的设计风格与其特殊的自然地理条件有着很大的关系。斯堪的纳维亚半岛因长期受冰川侵蚀，大量陡峭山峰呈现为冰蚀地貌，发育着U型谷、峡湾，特别有利于林木生长，这里树木的种类虽然不多，但是森林资源却非常丰富。由于具备这样的有利环境，木制材料成为这一地区产品选材的主流。北欧产品大多以优质的木材作为原料，这样就地取材，既充分利用了自然资源，同时也可以为精湛的木工技艺提供广阔的展现空间，因此，木工技术自然也得到了充分的发展并十分出色，涌现出许多木工制作的专家、行家，同时，这种优良的传统技艺也被世代传承和不断创新。

北欧五国常年受大西洋西风的影响，发育着温带海洋性气候，冬季漫长。芬兰，挪威、瑞典北部近两个多月见不到太阳；其他地区在冬季日照时间也比较短，导致人们很多日常活动都安排在室内进行，因此，北欧人对室内家居的布置非常重视和讲究。除了木制材料，还会运用布艺、塑料等材料，营造温馨、质朴且温暖的风格，与室外的冰冷世界形成强烈的反差。设计师要努力寻找源于自然一般的让人感到温暖和愉悦的情感贯穿于室内设计之中。“为日常生活而设计”，设计师们坚信要用美好的事物来提高他们的日常生活，因此功能和审美都是不可忽视的设计要素，“纯粹、洗练、朴实”是这一地区的设计风格。

“宜家”是瑞典著名家居品牌，也是彰显北欧设计风格的杰出代表。“宜家”的特点是秉持简约主义，摒弃烦琐、崇尚简约、强调精粹、重视功能。它将现代主义设计与传统设计完美融合，从而创造了北欧风格——具有人情味的现代设计。斯堪的纳维亚地区的国家虽然在语言、文化和传统上存在着一定的差异，但是它们的产品设计却都在沿着这条道路前进，具体表现为以下方面。

（1）人情味。日短夜长、极冷的地理条件使北欧人非常注重“家”的概念，在产品中体现人情味尤为重要。也因此，北欧人非常注重传统，将北欧盛产的木材以及藤、皮革、棉布织物等传统材料赋予现代简约设计的家具新的生命力，人情味也因此形成北欧设计最重要的特点之一。

（2）独创性。北欧的家具设计崇尚独创精神，一些北欧设计大师的设计信条就是，“不重复自己的作品，更不抄袭别人的作品”。设计的独创性不仅体现在造型上，还有很多体现在材料应用、结构方法上的创新。如对木材弯曲技术的研究，就有着几代著名设计师的不断改进，才有了对世界家具设计界作出的杰出贡献。

（3）生态性。北欧各国对产品设计中的生态环境保护的重视程度，在欧洲都是相当突出的。1994年它们就颁布了第一个家具生态标准——《木质家具和家具设置的生态标志》。北欧主要从材料、能源、耐久性以及传统手工艺与现代工业生产的结合这几个方面来设计和生产生态型的家居产品。

（4）科学性。从20世纪初开始，北欧各国的家具设计与生产就开始走上了科学的道路，如今他们都有各自的科研机构，设计师、建筑师也有许多参与或者直接进行科研工作，同时各国都有专业的家具产品检测中心，消费者对于家具产品检测中心的认知度相当高，未在这里通过检验合格的产品是无人问津的。同时，人体工程学的研究工作在北欧也相当被重视，他们将这方面的研究成果应用到家居产品设计领域的各个方面。因此，北欧的设计风格受到全球的喜爱。

从以上北欧风格设计的几个重要特点可以看出，这种喜爱源自北欧设计本身的品质。它的设计中人性化与亲和力是独树一帜的；而斯堪的纳维亚是这么一个范围巨大的地域，产自这片土地上的产品却具有如此相像的设计魅力，体现出的正是北欧人对设计的理解是民族性的、科学性的，这足以成为经典设计界一个值得称道的奇特现象。

2. 出色的设计师及产品设计

出自瑞典的宜家很自然地在全球弘扬了北欧文化的精神，成为北欧风格产品大众化销售的最成功的代表之一，他们向全世界最快速、最普及地推销了北欧的生活方式以及北欧的风格设计；与此同时，也正是北欧风格设计在全球受到的尊崇使宜家获得今天的成功。

北欧地区涌现出很多著名的设计大师，其作品仍不断被世界各地的

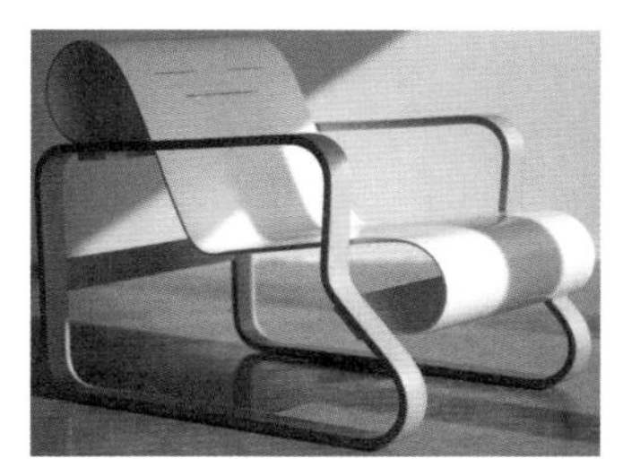
图 3-16 帕米欧椅 阿尔托

图 3-17 Stool 高凳 阿尔托

图 3-18 蛋椅 雅各布森

设计师模仿、沿袭与推崇，其中包括芬兰的阿尔瓦·阿尔托，丹麦的汉斯·维纳、雅各布森、汉宁森等大师。他们一生设计制作了大量极具艺术格调又具备优良功能的产品，为世人留下了许多经典的作品。北欧家具设计不浮夸、不张扬，体现了材料的朴实和形态的纯粹。

阿尔瓦·阿尔托的木制作品大多是以弯曲木工艺加工制作的家具，最为著名的就是帕米欧椅（图3-16），Stool高凳也是运用这个技术完成的（图3-17）。这个技术的运用，使木材不易弯曲造型的问题得到了很好的解决，设计师可以大胆地尝试各种弯曲的形态，使椅子的形态有了更多的可能。

雅各布森所设计的蛋椅、蚁椅选用布艺、塑料这些较有亲和力的材料，造型上采用了蛋和蚂蚁的形态，亲切活泼又颜色艳丽，可为生活增添许多乐趣（图3-18、图3-19）。

在汉斯·维纳一生设计的500余件座椅作品中，有近98%的单品都与木材相关。而这些由单一材料制作的经典作品，体现了并不单一的价值，在全球无数经典案例中宁静地唱响着一首首木质奏鸣曲，其中最著名的是“The Chair”和“中国椅”（图3-20、图3-21）。他的设计作品中很少有生硬的棱角，转角处一般都处理成圆滑的曲线，给人以亲近之感，并且拥有流畅优美的线条、精致的细部处理和高雅质朴的造型。

日本著名设计师深泽直人一直致力于研究产品及其使用环境之间的关系。在他的许多设计作品中都能看到考虑使用环境与产品本身相结合的“无意识设计”的案例。例如，他设计的打印机是将废纸篓与其联系在一起，而促使他形成这样一种想法的原因是他发现使用打印机时，常

图 3-19 蚂蚁椅 雅各布森

图 3-20 The Chair 汉斯·维纳

图 3-21 中国椅 汉斯·维纳

会有废纸产生，就需要有废纸篓来收集，通常废纸篓都会离打印机较远，使这一行为很不方便，因此他将两者巧妙地组合在一起，而不是刻意追求打印机的另类造型。正是因为他充分注意到人与打印机及周围使用环境的关系，才产生了这款与废纸篓设计在一起的打印机（图3-22）。au KDDI W11K手机也是对无意识设计的很好诠释，因为深泽直人发现，很多人在不使用手机时，手也会下意识地去触摸手机，机身有棱有角的表面肌理的处理，会满足用户的触觉心理反馈，体现了对人的无意识行为的关注，使人在使用产品时，既能感受到产品本身优良的功能，同时又能使使用者得到生理与心理上的满足（图3-23）。

图 3-22　EPSON 打印机
深泽直人

图 3-23　au KDDI W11K
深泽直人

瑞士军刀的设计也充分考虑了使用环境和使用人群的需求（图3-24），在应用设计上还不断尝试转变。其长度（刀柄）巨细上一般就有三种规格，以维诺斯刀为例，分别是5.8cm、9.1cm及11.1cm摆布的小、中、大三种。小号刀在组合功能上适合女性、少年，和钥匙链别在一起随身携带，多用于家居糊口；中号刀因为其适中的长度，既可以作为常用工具带到野外旅行，也是家居生活及工作的好帮手；大号刀一般是握手型的刀柄，手感舒适，是野外旅行、爬山探险及一些工作的好帮手。除了在巨细设计区别外，瑞士军刀针对分歧用途及使用，组合了上百种型号，有针对野外旅行、探险爬山的“露营者”“攀缘者”“爬山家”等，有适合垂钓的“垂钓之王”“渔夫”等；有适合驾车者的“爱车一族”“工匠”等；有专门为司理们设计的“司理”“老板”刀等，甚至还有专为左撇子设计的合用刀型等。简单来说，多功能与便携是其最突出的特点，它充分考虑不同人群在不同的生存环境下的使用需求，并对使用频率较高的几种需求进行整合式设计。多功能整合的合理布局使各种工具进出自如且互不干扰，保证了功能上的细分和专注，从这柄小刀中拉出的刃具，让所有人都有机会体验到设计师缜密的思考和工具本身功能的完备。例如，马背上的骑士可以用其中的蹄掘器剔出卡在马掌上的石子，而攀登者也可以用它来疏通阻塞的氧气管。

图 3-24　瑞士军刀
卡尔·埃尔森纳

不同的环境营造了不同的氛围，形成了特定的情境，无论什么环境当中的产品，原则上都必须与环境和谐相处，才能最终实现人—产品—环境三者的协调统一。产品的设计目标要明确，产品的使用对象是谁、产品的使用环境如何、产品将会被如何使用等系列问题，都应该是设计师考虑的范畴。例如，在进行公共设施的设计时，一定要非常重视对周边环境、文化背景的考察，以期实现设计作品与所处环境之间的和谐统一。

图 3-25　Arco 落地灯及细节图
卡斯蒂廖尼兄弟

意大利Arco落地灯，虽然只是摆放在普通公寓里的一款落地灯，但它在设计之初就充分考虑了使用环境的问题。用来照明客厅的Arco落地灯，为什么会具有如此优美的抛物线形式？这与20世纪90年代的意大利无间隔墙的复式公寓的建筑结构不无关系，如何让客厅内的光照范围增大又不破坏墙体是设计师不断思考的问题，于是适用于这种特殊使用环境的Arco落地灯出现了。鲜明的弧线灯身吊杆使它既不需要悬挂在天花板上，也不会受到客厅或餐桌附近没有电源插座的限制，稳定的大理石基座让人联想到意大利古典主义的情怀，予以抛物线形式抛出的光源遥相呼应，形成了一种现代与古典的对话和一种不可言喻的张力，长颈高挑的吊灯更强调了室内的空间感，不锈钢的材质也提升了家居的格调（图3-25）。

再如医疗产品，也可以根据医院和家庭不同的使用环境进行设计。由于使用环境的不同，产品在人机尺度、形态上必须要有一定的区别。医院里所使用的医疗器械，如专业的血压计应以功能性、专业性为首要任务，外观的艺术性则是第二位的（图3-26）；而家庭使用的医疗产品——家用血压计（图3-27），因面对的是非专业人员，则更需注重操作的便利性、易用性和形态的亲和力，使其易学、好用且美观，是人们愿意在家中使用的最好理由。视觉环境对人的行为和产品设计有着重要的影响，良好的环境能够使产品与周围环境实现视觉上的统一协调，同时能充分发挥产品的功能，发挥其应有的用途。

图 3-26　专业医用血压计

二、人文社会环境

环境是一切社会和文化的外部条件，它提供了一系列社会和文化的准则，这些准则为产品产生设定了一系列的“情境”，于是行为和环境共同构成了一个框架，这个框架决定了行为在什么意义和范围内产生，从而也就决定了产品设计的方向。

（一）社会系统构成因素与设计

在人、机、环境中，处于社会环境中的人与机（即人造物），必然会受到政治、经济、文化、科技、宗教等社会因素的影响与制约。

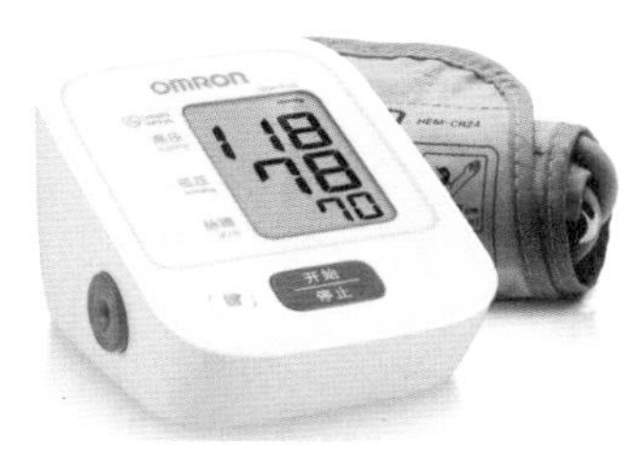

图 3-27　欧姆龙家用血压计

在产品从设计到使用的整个生命周期中，这些宏观系统的社会因素的构成以其强大的社会影响力、渗透力引导着产品设计的方向。社会构成出现任何大的导向和变化，都会给产品设计带来直接或间接的影响。在两次世界大战期间，由于政治、军事的较量，使军用器械与设备获得了极大的重视，军人使用的军械、设备由于与人机尺度密切相关，使军械、设备的设计有了科学理论依据，而人机工程学的理论也在军械、设备的设计研发中得到了验证，理论与实践相得益彰、飞速地发展。而到了第二次世界大战后尤其是冷战结束后，大量的军用科技突然之间无用武之地，便纷纷转向民用服务，原来的军工企业也转向民用生产，许多大型设备、操控台等的设计都把人机工程学纳入进来。随着计算机与网络技术的适时发展，产品设计又呈现出新的面貌。而民俗，地域环境等因素也对产品构成特性提出了许多特定的要求。

图 3–28　特斯拉 Model X 新能源汽车

产品的设计只有紧扣社会这个大系统提供的舞台，不断调整自己的设计方向，才能随着社会的变化获得更好的发展。如家用轿车的设计发展就与能源、交通现状、城市发展、家庭结构及社会经济分配等方面有关（图3–28）。汽车的空间尺度与布局等也需要结合中国家庭的特点进行设计，这是一个值得深入研究的问题。目前，汽车的发展趋势正在向大空间、新能源、公共交通等方向探索，家庭成员结构的变化需要大空间的容纳，对环境友好，缓解城市交通拥堵压力等社会因素使汽车的发展也在不断调整设计的方向。

图 3–29　苹果电脑 Imac 乔纳森·伊夫

产品设计中的造型、色彩、结构、材质、功能组合、操作控制方式的表现，与社会微观因素直接相关。社会微观系统的构成决定着产品设计的构成因素的具体情况，产品的构成取决于各个因素的具体条件和要求。20世纪80~90年代计算机的造型、功能、加工工艺、控制方式等直接体现着当时社会微观构成的特征（图3–29），与现代固态硬盘（SSD）、超薄、180°~ 360°旋转屏幕、自带摄像头等为特征的超薄笔记本电脑相比，宏碁蜂鸟Swift7的厚度仅有8.98mm（图3–30），而打开屏幕后的机身实际厚度只有6mm左右，也就是说机身外壳、主板、处理器、内存、SSD、电池、散热片再加上一大堆线材都被压缩在这薄薄的6mm内，比MacBookAir打开屏幕的机身厚度还少3mm；蜂鸟Swift7采用Y系列处理器，通体都没有做散热开孔，使机身可以变薄。为了实现轻薄设计当然也会固化内存和采用SSD方式，因为内部已经没有机械活动的部件了，所以即便是长时间使用它也完全不会发出噪声；另外，采用超低电压硬件系统降低了自身耗电量，使它可以轻松满足一次长途飞行的连续使用需求。这两者的对比显示出两个时代背景下的社会微观系统的差别。

图 3–30　宏碁蜂鸟 Swift7 笔记本电脑

因此，产品设计必须时刻捕捉新技术、新材料、新工艺等这些社会微观系统的更新变化，并在具体的设计中及时地体现，才能使产品

图 3-31　“雪花”形态主火炬台

具有时代感和生命力。社会系统构成因素的差异，对设计产生了多方面的深远影响。2022年北京冬季奥运会的“雪花”形态主火炬台的设计，秉持了“绿色、共享、开放、廉洁”的奥运会理念。从运用新技术、新材料、新工艺的角度，突出简约、纯粹、环保、科技理念。2008年北京夏季奥运会的主火炬一个小时消耗5000立方燃气，而本次冬奥会主火炬台设计成了直接用最后一棒火炬手手中的火炬插入主火炬台，将火炬台变为“微火”，相比之前极大地降低了所产生的排放量，并且与以往奥运会采用天然气或丙烷等气体作为燃料不同的是，本次奥运会采用氢能作为火炬能源，这是奥运会历史上首次采用氢能作为火炬能源，充分体现了绿色低碳节能的理念。本次开幕式的主火炬台直径达14.89米，由96块小雪花形态和6块橄榄枝形态的LED双面屏创意组成，采用双面镂空设计，嵌有55万余颗LED灯珠，每一颗灯珠都由驱动芯片的单一信道独立控制，这也是“新技术、新材料、新工艺”的表现（图3-31）。

图 3-32　爱康尼 KN95 鱼型口罩

一些突发的现象级社会问题也会影响产品的设计方向。2020年突如其来的新冠肺炎疫情，使防疫类产品成为社会关注的焦点，企业、研究所、院校、设计公司等纷纷开始有针对性地解决问题。根据使用场景、使用人群、使用或佩戴方式的不同，紧密围绕解决防疫产品的密闭性、舒适性及美观性等问题进行了大量的设计，并涌现出了很多新颖的产品，满足了社会的需求。以口罩的设计为例，从剪裁拼接、材质搭配、功能挖掘等各切入点进行了思考，有成功推向市场的，也有超前概念的设计，从中我们可以窥见一斑（图3-32~图3-34）。

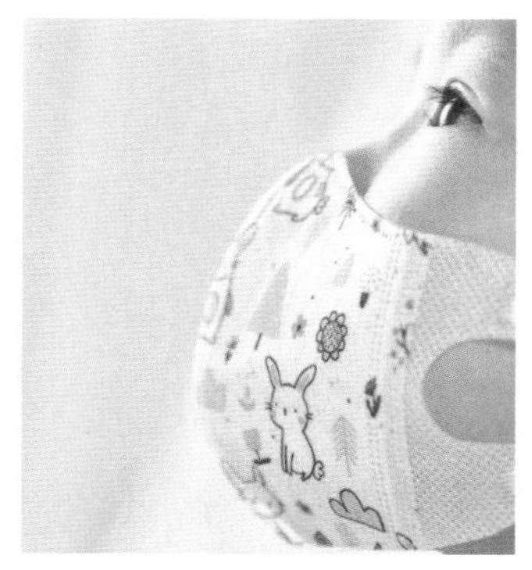

图 3-33　爱丽思儿童口罩

产品的设计是基于上述社会宏观和微观系统的构成而展开的，社会的宏观构成确定产品设计的主思路，而社会微观构成形成产品构成的具体因素，两者在不同的层面上影响和决定着产品设计的方向和形式。

（二）文化与设计

政治、经济、文化、科技、宗教等社会宏观因素都从不同的侧面左右着产品的设计，其中，文化作为一种重要的社会现象，对设计有着更深远的影响。设计将人类的精神意志体现在造物中，并通过造物实现、影响或改变人们的生活方式。

图 3-34　可替换滤芯概念口罩

所谓文化是指某一社会现象或生活方式的整体。人们共有的观念和习俗构成了文化，不同的文化造成了各个文化区域内的人们的行为、心理等方面的差异。器物、技术、习惯、思想和价值观等都深深地烙上了文化的印记。

一切文化的精神层面、制度层面、行为层面和器物层面最终都会在人的某种生活方式中得到体现，即在具体的人的层面得到体现。产品是社会人文发展的产物，设计在为人类创造新的生活方式的同时，实际上也是在创造一种新的文化。中华人民共和国成立之前，中国居民如厕时主要用木马桶，很多地区的居民每天清晨都要出门刷马桶，后来发展成为蹲坑，再后来发展为抽水马桶，这些看似不起眼的马桶的变化，所反映出的正是产品所创造出的新的生活方式的变化。再如前文提到的北欧设计风格，其风格的形成，除了自然、地理因素之外，其文化中的精神、制度和行为层面的作用也是不容低估的，向往民主、平等的生活，“以人为本”的思想对设计产生了深远的影响。

人们的某些想法、动机或观念可以产生特定的行为，行为久而久之，不断重复，就会形成一种习惯，长期养成的某种习惯，则会成为一种传统，传统不断地积累沉淀，就会形成特定的某种文化，而文化又会反过来影响一代又一代人的行为与观念。如中西方的饮食方式在漫长的历史演进过程中，产生了很大的差异，形成了各自的饮食文化，这种差异，对现代厨房产品的设计产生了很大影响。中国人在饮食上追求美味，而西方人注重营养，中国人的烹饪方式很多，有煎、炒、炸、煮等，往往产生很多油烟；而西方人的烹饪相对简单得多，往往凉拌、烘烤方式比较多，产生的油烟比较少。因此，在整体厨房的设计中，西方为主导的设计可以是开放式的，因为产生的油烟相对较少，开放环境下对周围的油烟污染也相对较小；而中国人的烹饪方式则会产生很多油烟，其开放式厨房的设计对油烟的控制是至关重要的，中国家庭使用的油烟机需要有更大、更强的吸力。当然，现在也有很多家庭采用比较美观的西式油烟机，但是它们的吸烟功率往往已经被加大，从而更适合中国人的烹饪环境。

再如关于“坐”的行为，不同的文化具有较大的差异。坐的形式有两种：垂足坐和席地坐。中国古代原是以“席地而坐”为坐的习惯，到宋代之后才逐渐变为以坐具来坐，从席地到不同形态坐具的改变，既能看出文化以及生活方式对设计的影响，同时也能看出设计对文化、生活方式的促进和推动（图3-35）。中国人是唯一改变过坐的方式的民族，虽然现在我们基本都是垂足坐，但中国古人最早是席地而坐的，所以今天才有了“主席”这样的字眼，日本受中国古代文化的影响，也是席地而坐的，而他们的这个传统一直保留至今。中国后来受到外来文化的影响，逐渐改变坐姿为垂足坐，这种坐的方式的改变经历了

图 3-35　席地坐

漫长的时间，这种改变对家具设计也产生了多方面的影响。

从理论上来说，席地坐对人的腰椎不好，容易引起腰部问题，但国外研究者曾对450名习惯于坐在地上或蹲着的人进行了研究，发现这些人都没有感觉到腰疼，而一般人保持这些姿势时间长了，就会感觉腰痛。在用X光对被试者的背部进行拍照后发现，只有9%的人腰部存在问题，而这与一般人群中存在腰部问题的比例基本一致。

这个结论与我们所主张的采用科学的坐姿存在一定的差异，这种差异表明，在研究人机工程，开展设计的时候，一定要充分考虑人们的习惯、传统和文化对人的影响。正如生物进化的自然选择一样，人们在生产、生活过程中，也逐渐适应了某些特定的方式，形成了一些特殊的机能和技巧。所以说人机工程学的原则也不是一成不变的，而需要在设计中根据实际情况灵活运用，这一点是我们在学习人机工程学过程中需要特别注意的地方。

不同的文化，导致了人们对事物的不同理解，古代中国人崇拜龙，而“dragon”在西方人眼里却代表着邪恶；对于色彩的认知，不同的文化背景下也有着不同的理解和诠释，甚至有完全相反的理解。如在中国的传统文化中，红色代表喜庆、吉祥，到了近代，红色更是被赋予了更深的含义，代表着进步、革命、神圣等积极的意义，但是在一些国家和民族中，鲜红色意味着流血、犯罪等，具有非常消极的含义，因此在设计中运用色彩时，必须考虑这些因素的存在。设计一定要考虑特定地域的人文背景和行为习惯，否则再好的设计，也会事与愿违。

例如，一位法国建筑师为了改善当地人的生活，在北非村庄引入了自来水，但是设计师怎么也没有想到，这个行为立即引起了当地居民的强烈不满与抵制。后来的调查显示，对于当地被严格禁锢、身居闺中的妇女们来说，到村中的井边上去汲水，是离开家门、与人聊天交往、接触社会的难得的机会，所有这些对妇女们至关重要的社会活动就因为家家引入自来水这样一个简单的举动而被中断了，妇女们为此感到抑郁，于是向她们的男人抱怨，从而招来了抵制行为。

建于20世纪50年代美国圣路易斯市的普鲁·蒂·艾戈（Pruitt-lgoe）住宅区是由美籍日裔建筑师雅马萨奇（山崎实）主持设计的，由于居住主体的变更等种种原因，该项目的公共空间的设计与人流的组织没有实现预期的构想，它鼓励了犯罪并破坏了居民的社区感。对于该住宅区所发生的种种问题政府当局无能为力，唯一解决的方法就是将它彻底清除。Pruitt-lgoe住宅区是设计的功能主义走向极端的代表，事实上，欧美国家在20世纪50~60年代建造了大批这样的建筑，引起了广泛的社会问题。Pruitt-lgoe住宅区的炸毁成为现代主义与后现代主义的分水岭，这个事件提醒着我们每一位设计师，设计的质量不仅取决于设计的形式，而更取决于使用者。

以上关于文化与设计的案例主要是和人的生活方式相联系的文化中行为层面等相对较深层次的内容，事实上，器物、符号等文化相对表层的内容也对设计有着很大的影响。2008年奥运会火炬的设计就是一个比较成功的案例（图3-36）。该设计将科技和中国传统文化元素很好地融合在了一起，整体形态的画轴、书卷造型略带弯曲，庄重又不呆板，既有象征着中华文明的喻义，又体现了很好的握感，火炬顶部独特的防风设计，内外兼修，充分体现了科技的力量，其表面的祥云纹饰则意味着“渊源共生、和谐共融”的美好愿景，火炬整体设计充分体现了华夏历史文明深层的精神含义。

图3-36 2008年北京奥运会火炬

设计已经成为一种社会文化现象，而文化则成为设计的重要因素之一。人的价值观念、思维方式、审美情趣、历史积淀、民族性格、宗教情绪等都从不同的侧面对设计产生了重要影响。

对于设计师来说，文化的问题是一个很模糊但又对设计十分重要的概念，特别是当设计师面对一个全球化市场的时候，文化和跨文化的问题就显得尤为重要。

当然，在设计中，不能把文化当作是提高身价的装饰，也不能只满足于从传统中套用文化符号，而是要用更高、更宽广的视野，理解前人的文化创造，真正从文化现象中感悟当时的创造者对世界、对生活和对自己的理解，从而发现前人文化行为中的历史必然性。前人的具体创造有其历史的局限性，但从他们看待事物的角度、方式中透射的智慧却永远值得借鉴。

思考与练习

1. 噪声对设计的影响总是负面的吗？
2. 设计中人文社会环境因素与物理环境因素哪个更重要？
3. 如何理解文化与设计的关系？

第四章 人机界面设计

如果说技术是一种资源，那么人机界面则是技术的一个解码器，它能使新技术的“可能”变为现实。也就是说，技术通过人机界面向广大消费者进行自我表达，将技术成果展示给人们，供人们使用；人们则需要通过人机界面来使用技术产物，享受技术带来的成果。界面设计反映了人与物交流信息的本质。

第一节
人机界面的概述

一、人机界面的概念

界面一词本义指的是两个领域的分界面，“界”是指事物的分界，“面”指表面，是与点、线相对应的概念。在计算机科学中，界面指的是使用者与机器之间、使用者与程序或操作系统之间、两个应用程序之间的连接处，或指两硬件设备的连接处。在人机工程学中，人机界面用于表达人机系统中人与机之间的关系，是指人机之间相互施加影响的区域，它所涵盖的要素极为广泛，凡参与人机信息交流的一切领域都属于人机界面。随着人机工程学的发展，人机界面的含义和领域不断得到扩展和延伸。然而，设计艺术是研究人——物关系的学科，对象物所代表的不是简单的机器与设备，而是有广度与深度的物，这里的人也不单是指“生物人”，不能单纯地以人的生理特征进行分析。人的尺度，既应有作为自然人的尺度，还应有作为社会人的尺度，既研究生理、心理、环境等对人的影响和效能，也研究人的文化、审美、价值观念等方面的要求和变化。

二、设计界面的存在

美国学者赫伯特·A.西蒙提出：设计是人工物的内部环境（人工物自身的物质和组织）和外部环境（人工物的工作或使用环境）的结合。所以设计是把握人工物内部环境与外部环境结合的学科，这种结合是围绕人来进行的。“人”是设计界面的一个方面，是认识的主体和设计服务的对象，而作为对象的“物”则是设计界面的另一个方面。它是包含着对象实体、环境及信息的综合体，就如我们看见一件产品、一栋建筑，它带给人的不仅有使用的功能、材料的质地，也包含着对传统思考、文化理喻、科学观念等的认知。“任何一件作品的内容，都必须超出作品中所包含的那些个别物体的表象。”分析“物”也就分析了设计界面存在的多样性。

三、设计界面的分类

为了便于认识和分析设计界面，可将设计界面分类为功能性、情感性和环境性三种界面设计。

（一）功能性界面

功能性设计界面是接受物的功能信息，操纵与控制物，同时也包括与生产的接口，即材料运用、科学技术的应用等。这一界面反映着设计与人造物的协调作用。对功能性界面来说，它实现的是使用性内容。任何一件产品，其存在的价值首要的是在于其使用性，由使用性牵涉多种功能因素的分析及实现功能的技术方法与材料运用。产品界面的可使用性应具有共同性因素，即相同的功能能使全人类做出同样的反应，因为人的感觉和判断能力有着国际性的、客观性的特征。

为保证功能界面的共同性因素，功能性界面设计需要建立在符号学的基础上。国际符号学会对符号学所下定义是：符号是关于信号标志系统（即通过某种渠道传递信息的系统）的理论，它研究自然符号系统和人造符号系统的特征。从广义上来说，能够代表其他事物的东西都是符号，如字母、数字、仪式、意识、动作等，最复杂的一种符号系统可能就是语言。在设计功能界面时，不可避免地要让使用者明白产品的功能有哪些以及如何操作这些功能，因此，对于功能性界面的描述就需要通过符号来传递。每一个操作对于使用者来说都应是符合正常思维逻辑的，是具有通识性的，是人性化的，而对机械、电子来说则应是准确的、确定无疑的，双方的信息传递是功能界面的核心内涵。

（二）情感性界面

情感性设计界面，即物要传递感受给人，取得与人的感情共鸣。这种感受的信息传达存在着确定性与不确定性的统一。情感把握在于深入目标对象的使用者的感情，而不是个人的情感抒发。设计师“投入热情，不投入感情”，避免个人的任何主观臆断与个性的自由发挥。这一界面反映着设计与人的关系。

家庭装饰要赋予家居的温馨，一幅平面作品要以情动人，一件宗教器具要体现信仰者的虔诚。任何一件产品或作品只有与人的情感产生共鸣才能为人所接受，“敝帚自珍”正体现着人的感情寄托，也体现着设计作品的魅力所在。现代符号学的发展也在这一领域中不断开拓，以努力使这种不确定性得到压缩，部分加强理性化成分。符号学逐渐应用于民俗学、神话学、宗教学、广告学等领域，如日本符号学界将符号学用于认识论研究，考察认识知觉、认识过程的符号学问题。同时，符号学还用于分析利用人体感官进行的交际，并将音乐、舞蹈、服装、装饰等都作为符号系统加以分析研究，这都为设计艺术提供了宝贵与有借鉴价值的情感界面设计方法与技术手段。

（三）环境性界面

环境性设计界面是外部环境因素对人的信息传递。任何一件产品，如平面视觉传达作品或室内外环境作品都不能脱离环境而存在，环境的物理条件与精神氛围是不可忽视的界面因素。应该说，设计界面是以功能性界面为基础，以环境性界面为前提，以情感性界面为重心而构成的，它们之间形成有机和系统的联系。

任何的设计都要与环境因素相联系，它包括社会、政治和文化等综合领域。设计处于外界环境之中，是以社会群体而不是以个体为基础的，所以环境性因素一般处于非受控与难以预见的变化状态。联系设计的历史，可以利用艺术社会学的观点去认识各时期的设计潮流。18世纪起，西方一批美学家已注意到艺术创造与审美趣味深受地理、气候、民族、历史条件等环境因素的影响。法国实证主义哲学家孔德指出："文学艺术是人的创造物，原则上是由创造它的人所处的环境条件决定。"法国文艺理论家丹纳认为"物质文明与精神文明的性质面貌都取决于种族、环境、时代三大因素"。无论是工艺美术运动、包豪斯现代主义或20世纪80年代的反设计、现代的多元化，"游牧主义"（Nemadism）都反映着环境因素的影响。环境性界面设计所涵盖的因素是极为广泛的，它包括政治、历史、经济、文化、科技、民族等，这方面的界面设计正体现了设计艺术的社会性。

按照设计界面的三类划分，有助于考察设计界面的多种因素。当然，应该说设计界面的划分是不可能绝对的，三类界面之间在含义上也可能交互与重叠，如宗教文化是一种环境性因素，但它带给信仰者的往往更多的却是宗教的情感因素。在这里环境性和情感性是不好区分的，但这并不妨碍不同分类之间所存在的实质性的差异。

以上说明了设计界面存在的特征因素，说明在理性与非理性上都存在明确、合理，有规则、有根据的认识方法与手段。

四、界面设计要注重对情感需求的考虑

第二次世界大战后，随着体力的简单劳动转向脑力的复杂劳动，人体工学也进一步扩大到人的思维能力的设计方面，“使设计能够支持、解放、扩展人的脑力劳动”。目前的知识经济时代，在满足了物质需求的情况下，人们趋向追求自身个性的发展和情感诉求，设计必须要着重对人的情感需求进行考虑。现代的人机工程学和消费心理学为设计提供了科学的依据，它们的成功就在于实验、调查和数理表述是较为可信的。同样对设计而言，既要进行设计界面的分析，也要有生理学、心理学、文化学、生物学、技术学等学科基础。从理论上来说，它要直接建立在信息论和控制论的基础之上。相对于机械、电子设计和人机设计，以往人机界面设计把握了技术科学的认识和手段，忽视了人文科学的观念与思想。它的界面设计只能存在于局部的思考范围内，而成为一个设计的阶段。

20世纪上半叶，“功能决定形态”曾是设计的格言，随着科学技术的发展日益体现在设计上，现在看来这种说法有些片面。这是因为：首先，功能不是单一的，它包括使用功能、审美功能、社会功能、环境功能等，过分追求单一的功能会导致将许多重要内容（装饰性、民族性、中间性）被排斥掉。而且有些内容并不是“功能”的概念所能包括的，更何况物质和精神的内容也并不是时时处处等质等量地融洽在一个统一体中，随产品的不同、时期的不同，它们各自的主次地位也随之变化。在现今信息技术高度发展的时代，一块小小的芯片可以承载太多的技术与功能，产品已然不是由功能决定形态的时代了，产品形态可以发挥的余地大大增大，因为形态不再过分受到功能、技术的影响和制约，而情感因素却随着社会的发展越来越成为用户所关注的内容。人机界面的设计中，物质意义上的产品功能在保持其基础地位的情况下，如果不能通过自身满足用户情感的诉求，那么用户与产品之间，即人与机器之间的沟通将是乏味的。其次，按“形态服从功能”而设计的产品，对于不熟悉它的使用者来说是难以理解的，产品要为人们所理解，必须要借助公认的信码，即符号系统。最后，满足同一功能的产品形态本来就不是唯一的，如电风扇，同样是为了降低温度，有传统的有叶风扇，也可以有像戴森那样的无叶风扇，还可以有空调、空调扇等，这些产品都以降低温度为目的，但实现这种功能的技术手段或方式却完

全不同，这使得产品最终的形态呈现多元化（图4-1）。再如，像汽车等成熟的产品，其年度换型计划成为商品经济中日益不可避免的现象。社会经济发展到一定程度，才能出现设计的专业需求，而这时人们的基本物质需求已能被满足，简单地以物质性功能来决定设计是不恰当的，而界面的设计体现了人——物交流信息的本质，也是设计艺术的内涵，它包括了设计的方方面面，明确了设计的目标与程序。

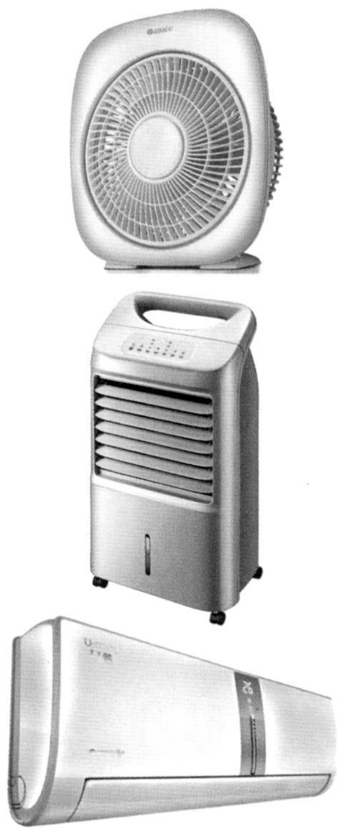

图4-1 同一功能不同形式的产品

五、产品设计中的人机界面

在产品设计中，人机界面指的是人与产品组成的系统中，完成人与产品之间信息交流的那部分系统。如人们常用的圆珠笔，它的颜色、材质、形状给了使用者一个圆珠笔的整体概念（图4-2）。使用者按下笔顶端的按钮，露出笔尖，再握住笔下端的黑色塑胶移动笔就可以写字了。在这个过程中，笔通过它的颜色、材质、形状“告诉”使用者它的概念和使用方式，使用者通过对笔按下、握住、移动的操作实现了笔的使用功能。

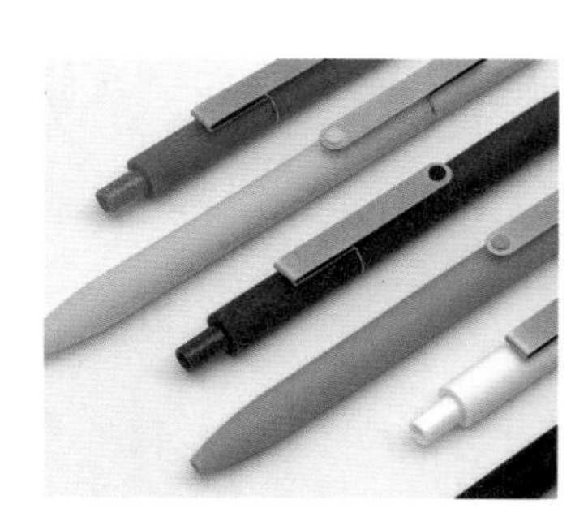

图4-2 圆珠笔

综上所述，在人与产品组成的系统中，产品通过自身的形状、结构将信息“传递”给人，人通过使用和操作将信息“传递”给产品。这里的“人”是作为使用者的人，产品以实体或非实体的形式存在，但它一定是人利用不同程度的技术创造的产物。

从人机界面的含义也可以看出，人机界面不仅是人们认知产品的切入点，同时也为人们提供了使用产品的方式，即人们常说的“显示”和“控制”问题。所谓认知，“认”是要识得，“知”是要理解。对应于人机界面作为人们认知产品的切入点，其设计要提供给人一个“认知系统”，让人们接受产品的形态信息、内部结构以及设计制造者的理念。对应于人机界面要提供给人们使用产品的方式，其设计就是要赋予产品一个“操作系统”，让产品便于人们的使用，实现自身功能。无怪乎人们认为“人机界面之所以重要，是因为在这里我们与信息市场的机械发生接触，或者用更带哲理意味的话来说，是因为在这里人类与技术相交汇。只有当人与产品的交互作用达到比今天更有效、更接近于人与人之间的交流时，信息市场才会充分发挥出全部潜能。”

六、人机界面的发展过程

产品的人机界面离不开产品，产品是技术的产物，所以技术的发展可以作为分析人机界面发展的一个角度。蒸汽机、信息技术的大规模应用将整个人类技术的发展过程分成了前工业社会、工业社会和信息社会三个阶段。可通过对这三个阶段中设计的特征和变化的探讨来分析人机界面设计的发展过程。

（一）前工业社会

前工业社会的生产力水平比较低下，技术活动的物质手段也较简单，主要依靠人类长期积累的经验和基本技能来进行。相对于工业社会和信息社会，此时的产品是一种直接技术产物，数量较少，只能针对个人或少部分人的需要。

原始社会中，人类受制于自然，技术水平十分有限，制造者即消费者。尽管如此，在这个时期，尤其是后期的产品已经显示出初级的人机界面设计理念。由于采用比较原始的打、磨等手工技术，其造型粗糙，结构简单。人对工具的认识和理解以及操作和使用都是比较直接的，石镰的形状是个弯曲的钝角三角形，刃部有一些锯齿，镰柄的部分收起、上翘，有的柄部还凿有一个小孔。锯齿的形状利于人们收割，镰柄的形状利于人们把持和携带（图4-3）。

封建社会时期，占主导地位的是自给自足的自然经济，手工艺者就地取材，利用简单的工具和祖辈传下来的手工技艺来制作产品。“师傅”掌握了从构思、制作到销售等所有环节的具体知识并一手操作。这样的程序建立在当时较低的技术和加工水平基础上，也满足了相应层次的需求。这个时期的锄头形式简练，结构比较精巧，弯曲的木制手柄造型让人们可以舒适地把握，或尖或弧、大小不一的头部可以满

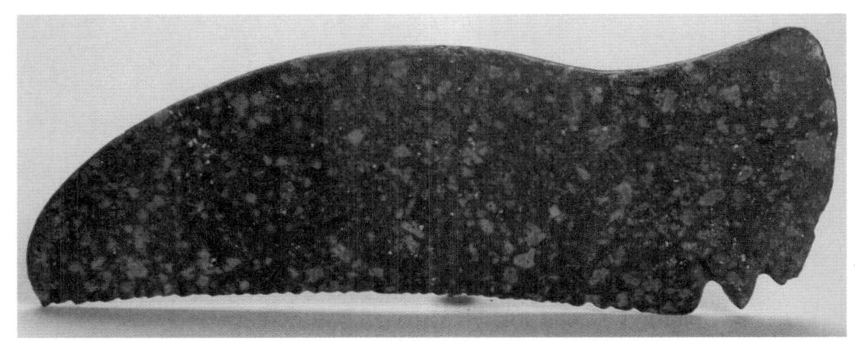

图 4-3　裴李岗石器中的石镰

足人们在具体操作时的不同需要。

总体说来，技术水平的低下使前工业社会中产品的人机界面设计受到限制：产品的形式、结构相对简单，人对产品的认知比较直接，形态与功能一一对应。在使用产品时，人的操作方式与功能动作紧密相连，人的操作过程是“一对一”的过程，人动一下，产品动一下。产品与人的信息交流处于初级阶段。

图 4-4 第二次世界大战前德国的汽车生产线

（二）工业社会

工业革命之后，机械化生产以其高效率、标准化和大规模的生产模式大幅地促进了生产力的发展，产品的数量和质量大幅提高，人们感受到了实实在在的物质利益。但流水线式的机械生产和降低成本的要求从客观条件上限定了产品的生产方式，劳动手段的革命和机器的介入使产品成为二次技术产物。为了解决物质的普遍贫乏以及尽快地满足人类生存的物质需求，个人被纳入社会化规范的局部。在工业社会中，机器在扩展了人的能力的同时，也为人类圈定了一种社会模式（图4-4）。

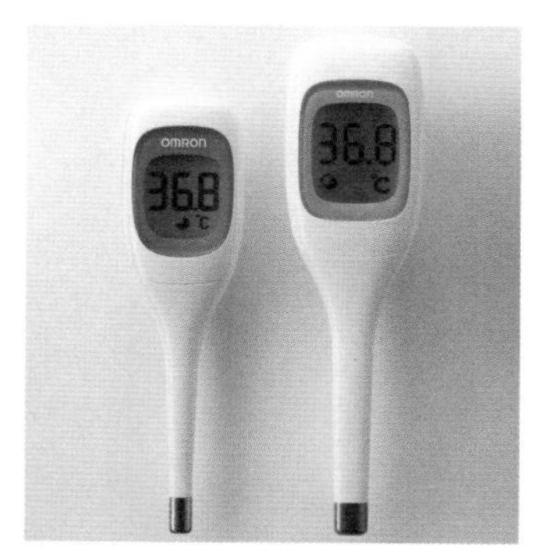

图 4-5 欧姆龙温度计

工业社会中，机械化生产不仅提高了生产效率，其产品也出现了前所未有的丰富的形态和较为复杂的结构，可以提供比较简便的操作方式，更好地满足人们的需求。此时，人机界面作为认知产品的切入点，相对前工业社会而言比较复杂。如锻锤机，尽管它的主要功能仍是锻压、锤制，但与前工业社会用来锻压、锤制的锤子的形式相比，有了极大的变化。同时，锻锤机提供的操作方式开始与锤压动作脱离，人们只需通过插上电源、旋好旋钮、按下开关这几个简单的动作，就可以完成握紧锤柄、用力捶打这样繁重的劳动。机器设定好以后，还可以自动衡量尺寸，自动输料。这种脱离使得人的一个动作可以完成几个操作步骤，也就是说，人的操作与产品的动作不再是“一对一”的过程。再如，20世纪早期的缝纫机更是将下半身的操作带入缝纫这个劳动中。此外，技术的发展和生活水平的提高使这个阶段的人机界面设计开始关注人们情感的需要。图4-5这款欧姆龙温度计，其技术上的革新，使温度传感器的工作原理取代了水银温度计的测量方法，这也使温度的变化更加迅速，人机界面的处理更多地考虑使用者的心理与情感的需求。一键式操作，使操作流程变得更加简便和人性化，大显示屏的设计更利于使用者醒目、快速和精准地观察温度，周身造型圆润并以洁净的白色作为主色，给人一种摆脱医疗器械的旧有印象，带给使用者安全与温馨的体验。

图 4-6 多功能电饭煲

图 4-7 不同形式的移动硬盘

总之，工业社会里产品的自动性增强与功能动作的脱离使人的操作过程变成一种“一对多”的过程，在人与产品的信息交流中，人可以更大程度地控制产品，对总体人群达到一个比较适宜的程度（图4-6）。

（三）信息社会

20世纪80年代以来，以信息技术为中心的技术革命，包括计算机技术、激光技术、光纤通信技术、新材料技术、新能源技术、空间技术等，以前所未有的力量深刻影响和改变着人类的生存和生活状态，以至于最终改变人类社会的面貌。在前工业社会和工业社会的阶段中，产品设计的对象是具备一定形态的实体，而在信息社会，产品突破了实体的概念，出现了所谓“超功能”的产品。产品有可能不再具有实在的“形体”，实体概念被打破是信息技术带给产品最大的变化。“人类将无生命的和未加工的物质转化成工具，并给予它们以未加工的物质从未有的功能和样式。功能和样式是非物质性的，正是通过物质，它们才被创造成非物质的。”

产品实体概念被打破，使人机界面作为人认知产品的切入点出现了更为复杂的变化。在智能产品身上，我们只能看到果而看不到因，人们看到的多是产品的绩效。产品本身已不再是一种明摆在我们面前，并任由我们解释的东西。具有明确电子身份的产品甚至可能根本没有物理实体的存在。大量的产品形式不能表达其功能或者无法被单纯地归类，这些产品连同多功能产品一道致使人机界面失去了被认知的外在形式（图4-7）。

例如，电子邮件消除了信纸、信封这样的具象容纳空间，采用信息技术，把文字、图形、颜色和体积转换成能表示它们的数字信息“1”和“0”。对于人们来说，它似乎存在于一个可望而不可即的空间，这在不同程度上淡化了人们对它的人机界面设计的理解。人们对电子邮件的认知主要是通过接收邮件时计算机程序提供给他们的表现形式，这时，认知的对象存在于一个虚拟的数字领域，所以人们对产品的认知借助了计算机这样一个硬件形式，也就是说对产品的认知过程成为一个间接的过程。

信息技术下的人机界面提供给人的操作方式，也由于实体概念被打破，从而显现出间接的特点。例如，计算机中的Word程序必须通过计算机的显示才能为人所认知，通过对计算机的操作才能为人所使用，所以对Word程序的人机界面设计也必须考虑它借助的形式——计算机的形式。由于产品的非实体化，人与产品之间的信息交流发生在软件

（程序本身）和硬件（鼠标、键盘、显示器）两个领域，产生了“硬件加软件”的人机界面，也就是说，这时对人机界面的设计发生在“硬件”和“软件”两个领域，由此导致的间接性操作更是显而易见。操作方式与实现功能的动作之间也存在脱节的现象，操作动作甚至可以极度简化和标准化，很多数字化产品的操作都是以键入、旋转等动作完成大量复杂的运作过程，这会导致操作过程中“一对多”的现象越发显著。同时，信息技术的发展使人与产品之间的信息交流达到一个较高的层次，人可以与产品进行直接的“语言”交流，人机的互动不再遥不可及，人本思想可以在信息技术的背景下得到很好的贯彻。

设计的界面存在于人与物的信息交流中，甚至可以说，存在人、物信息交流的一切领域都属于设计界面，它的内涵要素极为广泛，界面设计反映了人与物交流信息的本质。可将设计界面定义为设计中所面对、所分析的一切信息交互的总和，它反映着人与物之间的关系。工业设计与界面设计既有共性，又有不同。

一方面在基本思想方面，工业设计的观点认为创造的产品应同时满足人们的物质与文化需求；界面设计的基本理论即产品设计要适合人的生理、心理因素，其本质也要满足人的内在与外在的需求。两者意义基本相同，侧重稍有不同。

另一方面，二者皆研究人与物之间的关系。关于工业设计与界面设计的不同，有学者认为：界面设计是以研究与处理“人与物”之间的信息、传递为主；而工业设计则以研究与处理“人与物”之间的各种关系为主。特别是对较复杂的产品，工业设计并不深入研究科学技术的具体细节。界面设计虽然也是既研究“机”，也研究“人”，研究人生理学和心理学等方面的各种因素。研究“机”，一般是指其中与人发生直接关系的部分，不一定深入追究“机”的原理与构造；研究“人”，则仅研究与“机”相关的生理、心理学等方面的各种因素。简言之，工业设计与界面设计同样都是研究人与物之间的关系，研究人与物交接界面上的问题。

第二节

产品的硬界面设计

随着体验时代的到来，以用户为中心的交互设计逐渐受到重视。

作为人与产品互相传递信息的唯一媒介，界面设计在人与产品的交互过程中起到越来越重要的作用。交互式产品不仅存在于针对计算机、互联网和信息产品的界面设计中，也扩展到“能为用户提供良好的使用体验”的各种门类的产品中。

界面设计分为硬界面设计、软界面设计及软硬界面协同设计。而传统产品中的人机界面设计属于交互设计中的硬界面设计。在交互设计的整个过程中，界面作为一种媒介，架起了产品和用户之间沟通的唯一桥梁。软硬界面设计的成功是产品向用户表达信息成功的基础，决定着产品感知用户是否成功，关系到用户与产品交互是否和谐。

一、硬界面设计的概念

硬界面是界面中与人直接接触的、有形的部分，它与工业设计紧密相关。早期工业设计的发展，主要是围绕硬件所展开的。

现代工业设计从工业革命时期开始萌芽，其重要原因正是在于对人与机器之间界面的思考。现代设计历经工艺美术运动、新艺术运动和德意志制造联盟的成立等阶段，直到包豪斯确立了现代工业设计，这个过程一直都在不断探寻如何使物品为人呈现出恰当的形式，其实也就是界面问题。之后的设计风格的演变，无论是在流线型风格、国际主义风格还是后现代主义风格，都始终围绕着形式和功能的关系这个主题，其实质也是对人机界面的不断思考。工业设计中关于座椅的设计，其实是探讨“坐的界面”的问题，而关于手动工具的设计，则主要是探讨“握的界面”的问题，可以说，早期的工业设计主要是在关注硬界面的设计。

二、硬界面人机分析

在传统产品硬界面设计中，满足界面的功能需要是第一位的，界面设计既要符合人身体的操作习惯，又需要增加界面的认知功能和审美功能。

（一）使用环境分析

产品的使用环境是影响产品人机关系的外界因素，如产品的使用场所、气候、季节、时间等因为使用环境不同，使用的条件也不同。露天电话亭和室内电话亭对设计的要求肯定不同，家用电话和公用电话也有不同的使用条件，这些限制条件决定了设计活动的舞台。设计者应使自己设计的产品在各种条件下都安全易用，保持良好的人机关系。对于公用电话亭的设计首先要考虑能遮风挡雨、隔绝噪声，同时需要有良好的识别性，能在城市或环境中醒目地被识别出来（图4–8）；手机与座机相比，其便携性是第一位的，因此它的设计除必须要考虑轻、薄、小、巧的外形之外，还应在功能上考虑功能的集合性，即“一机多用”的特点，如电池续航时间长、可以听音乐、看视频、上网等。根据使用环境的不同，对设计的要求也不一样。

图4–8　英国公共电话亭

（二）用户分析

1. 使用对象分析

任何产品设计都是有针对性的。由于人与人之间的差别，不同的群体对产品有不同的要求。设计时应该把使用者作为一个群体来研究，了解这一个群体的共性和个性，以便针对性地设计产品界面。

2. 使用者的生理状态分析

设计师对使用者生理状况的了解可以来自直接体验、间接体验和书本知识。人机学为设计者提供了解人类生理运动机制的可能性。人机学的研究成果都是设计师了解人类自身的资料来源，设计师应该不断积累这方面的知识。除此之外，通过体验获得的经验和感受也是十分重要的。从某种意义上来说，这甚至比书本知识更重要。当直接体验的可能性不存在时（如一个健康的人想要了解老人或残障人士的生理状况），设计者应借助观察、询问等方法去间接体验，设计师经由体验获得的知识往往更真实、更生动。

3. 使用者的行为方式分析

行为方式是人们由于年龄、性别、地区、种族、职业、生活习性、受教育程度等原因形成的动作习惯、办事方法。行为方式直接影响人们对产品的操作使用，是设计者需要加以考虑或利用的因素。例如，设计显示区时，一般认为左上角是人们视线最先注意的区域，因此最重要。如果不这样设计的话，其操作效率就会下降。另外，因为性别、年龄、地区、种族、职业等的不同，对美的感受也是不同的。

（三）使用过程分析

使用过程分析是一项深入细致的工作。一些产品中人机问题不是靠常识可以发现的，甚至短时间使用也体会不到。但若长期使用，其影响会逐渐积累，最终导致对人健康的严重损害。因此必须对使用过程进行认真分析。

1. 过程的展现

借助功能模型展现使用过程，通过反复地试用发现其中的问题。这里应特别强调“反复”的重要性，人有一种自动寻求省力的能力，同时也有自动寻求操作方法的能力，不合理的动作与使用方式重复的次数越多自然就会发现，不符合认知习惯的设计也会马上得到检验。

2. 过程的记录

操作过程可以通过采用摄像机、照相机、计时器和生理监测仪器，或者采用观察、询问、笔录的方式记下被测试者主诉的生理、心理感受。无论采用何种方法，都必须保证记录的真实性。

3. 过程的分解

将整个过程进行分解，对每个操作动作和范围大小以及完成的困难程度进行分析。

4. 动作的分类

这一步是使用过程中最关键的环节，分析的结果直接影响设计的优劣。有些动作是必不可少的，有些是辅助动作，有些是多余的，但又是不可避免的。如手指按键时来回晃动或误按都可归入多余动作。

5. 过程的重构

按动作经济原则把各个动作进行挑选、改进和重新组合，把他们变成一组同时满足系统目标和人两方面要求的动作序列，按这一动作序列设计产品或产品系统。总之，通过对人机系统的分析，比较人与机的各种机能，确定人机关系，建立人机模型。

（四）人机界面模型

人机界面的操作和控制是通过硬界面和软界面的共同设计来完成的。作为实物性的产品，人机界面的设计应该注意以下三点。

1. 操作信息可视化

操作界面的生疏会给首次使用产品的用户带来无所适从感，用户容易对产品产生距离感而无法建立用户与产品间良好的交互行为，因此，为增强用户、产品之间交互的和谐性，方便用户学习操作，需要将产品的硬界面中的操作信息能够可视化。

（1）产品硬界面中操作面板的布局按照功能的相异分割为不同的板块，用材质、大小、形状、标识、符号等元素、方式来区分，用视觉信息来阐释清楚不同板块所对应的功能及实现功能的操作方法。例如，功能手机在硬界面设计中，会根据按键功能划分功能区域，并利用按键的形状、颜色、文字搭配材质或肌理等设计元素、变量，使不同知识水平的用户都可以轻松上手，实现了交互设计可用、易用的目标（图4–9）。

图 4–9　硬界面手机

（2）根据不同颜色给人的感受不同，将其应用到不同功能模块中，用户将直观感知区域间的功能、操作的异同，从而流畅地使用产品。例如，红色给人警示、危险的感觉，而绿色代表正常、安全，因此，鲜艳的红色多用于报警装置按钮，而绿色则用于正常运转过程中操作的机动按钮（图4–10）。

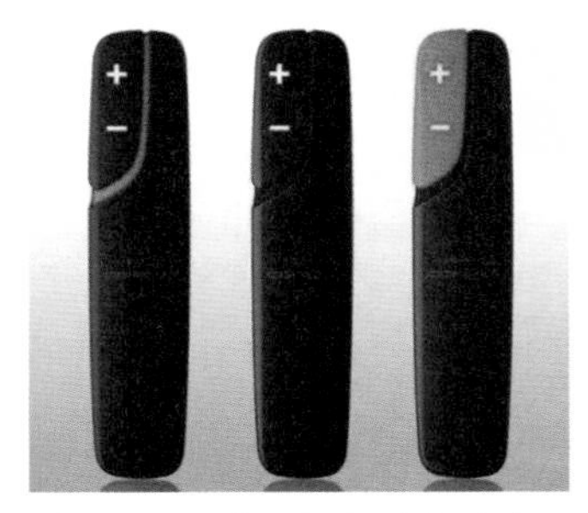

图 4–10　利用颜色划分功能区域

（3）进行视觉信息的设计元素布局时，依照视觉设计中的排列原则、认知规律，结合用户个体不同的记忆、观念和习惯，常用的、重要的按钮设置在距离用户较近、易于操作的范围，并按使用频率、重要程度依次排列。例如，遥控器、游戏手柄等这类产品的硬界面设计都遵循了这些规律。

2. 利用自然匹配关系

利用自然匹配关系可以使设计语言更加简洁明了。首先，按钮与仪表的排布应一一对应，位置的关联性好；其次，按钮移动、旋转方向应与仪表指针运动方向一致；最后，符合操纵习惯模式，如按钮右旋为增加，反之减少。这样就能提高产品中人、机互动的效率，使用户不需特别记忆就能上手操作，有效减少用户操作产品中的障碍。

图 4–11　计算机开机指示灯

3. 提供及时反馈

反馈是指向用户提供信息以及操作所产生的结果，使用户明确知道某一操作是否已经完成。面对硬界面的设计，用户需要了解操作后将产生什么结果，如果出现障碍，问题出现在哪，又需要如何解决。因此，设计师需要在用户操作后，及时给予反馈信息，引导用户下一步的操作。而且，用户可以从触觉维度辅助视觉感受硬界面。例如，按钮具有触感反馈，就可以辅助视觉上颜色变化产生的反馈。

常见的现象，如机器被开启后，提示灯亮起，提醒用户操作成功，这是典型的视觉感知反馈（图4–11）。又如，用户按下按钮、旋转按钮，按钮将产生部分反作用力，这就形成了硬界面的触觉感知上的反馈。

三、硬界面设计的内容

传统产品的硬界面设计可从功能界面、认知界面以及审美界面来进行分析。

（一）界面的功能性设计

功能界面即接受物的功能信息，操纵与控制物，同时也包括与生产的接口，即材料运用、科学技术的应用等。这一界面反映着设计与人造物的协调作用。功能性界面设计主要解决界面功能区域的排布、显示设计和控制问题。

1. 显示设计

人类的认知能力取决于感受能力，因此，对信息感受的研究是显示设计的基础。人类接受信息的通道主要有眼、耳、运动感觉器三个，其中绝大多数是通过眼，其次是耳。显示设计要求正确地将信息分配给合适的信息通道，并保证人机系统的信息流顺利地通过人机界面。

显示的方式多种多样，概括起来有自然显示和人工显示两种。人工显示的种类很多，我们通常涉及的有刻度指针式、直读式和刻度标尺式等显示器。这三类显示器分别具有不同的特点，刻度指针式能显示刻度的全程范围和变化趋势，显示直观、形象，但读数不够准确；直读式识读准确简单，但不宜了解变化趋势和范围；刻度标尺式具有以上两种显示方式的综合特点，其方式较多，可视为以上两种显示方式的变体。

显示设计应符合所需求信息的特征。原则是在保证足够准确度的条件下，尽量降低显示的复杂性，避免多余的信息在显示器中干扰视觉感知。视觉显示符号的大小、线条的宽度及间距都应根据操作者的观察距离而设计。

视觉显示的设计非常多样化，在产品设计中，正确的产品语义同样可以视为显示的延伸。另外，符号的正确设计与应用也是视觉显示设计的一个方面，如大型运动会的标识系统等。

2. 控制设计

在人机系统中，人通过控制指令输入机器从而控制机器的运行状态。人输入指令有四肢运动和声音两种方式，目前声控十分有限，手足的活动是目前输出指令的主要方式。如果根据用力大小区分的话，控制器可以分为用手指控制和用手臂、脚等控制两类。

控制器设计除了要考虑尺度、位置、语义、形态以外，另一个重要的因素是应具有一定的阻力和行程，以防止无意动作造成的误操作，并使操作行为对发出的指令能够得到反馈。为使操纵者明确地感受其操作的反馈，有很多设计还加入声音或闪光提示。大量实践表明，操作器一般阻力设置为：单手转动为0.2~0.5kg，单手按为1.0~0.5kg，足踏为4~8kg。需要特殊保护的控制器，可适当增大阻力。

由于控制的复杂性，控制器在人机界面上往往是多种组合的，这就存在控制器间距和合理布局的问题，以保证足够的操作活动空间和有效识别，同时又不会导致相邻控制件之间互相干扰引起的误操作。为防止出现这种现象，给控制件进行编码就是设计师应该考虑的问题。为避免各类控制件互相混淆，编码的方式有形状编码、尺寸编码、色彩编码和位置、符号编码等。

3.显示与控制的关系

在控制过程中，操作者通过控制器将指令输入机器，使机器运行状态发生变化，同时显示器的指示也随之变动，显示机器的运行变动情况。

由于集中控制的复杂性和重要性，在设计显示与控制的布局时应注意以下问题：控制器与其相应的显示器应尽量靠近，控制件应在显示的下方或右方；若控制操作有一定顺序，则控制和显示应按由左至右顺序排列；若控制顺序不明显时，则可按控制和显示的功能布局，即分成几个功能区。分组编码可用颜色、形态、文字标注等方式进行；使用频率高的控制件应靠近作业者，布置在控制台的中心。紧急开关应设置在作业者的注意区的中心。

（二）界面的认知性设计

认知界面即界面的呈现方式应符合使用者的认知，语义表达应当符合人的感官对形状含义的经验。界面的认知性设计就是通过人们已经熟悉的形状、颜色、材料、位置的组合来表示操作，并使它的操作过程符合人的行为特点。在界面认知性设计中主要运用符号学理论作为设计的指导思想。

1.认知性设计的语义表达

设计每一个产品，首先应当建立用户模型，这是设计师所需了解的关于用户的知识。认知性设计就是把符号学用于产品设计。建立用户语义模型，从用户的使用流程和行为习惯出发，形成产品的操作逻辑。这种语义模型是设计师的主要依据，为产品的人机界面提供这些操作条件，并准确表达它的含义。认知性设计应提供五种语义表达。

（1）界面认知应当符合人的感官对形状含义的经验。人们看到一个东西时，往往从它的形状来考虑其功能或动作含义。看到“平板”就会想到可以放东西，可以坐等动作或行为，同时也可以用形状来表达硬、软、粗糙、棱角等含义（图4-12）。

（2）界面认知应当提供方向、物体之间的相互位置、上下前后层

图 4-12　旋钮

图 4-13　Vertu 手机

面的布局的含义。任何产品都有正面、反面、侧面，正面朝向用户，需要用户操作的按钮应当安排在正面（图4-13），但过去的计算机的电源开关往往安在后面，现在基本已经改过来了。

（3）界面认知应当提供状态的含义。电子产品具有许多状态，这些内部状态往往不能被用户发觉，设计必须提供各种反馈显示，使内部的各种状态能被用户感知，包括静止、关闭、锁、站、躺的含义。

（4）比较判断的含义。例如，用什么表示轻重、高低、宽窄的含义。

（5）界面认知应当提供提示操作。要保证用户正确操作，必须从设计上提供两方面信息：操作装置和操作顺序。设计应当提供各种操作过程方法。

2.界面的认知性评价

认知性界面的设计强调设计师应当解决下列三个问题。

（1）界面应当不言自明。产品的形状颜色，应当传达它的功能用途，使用户通过外形能够立即认出这个产品是什么，用它可以干什么，它具有什么功能，有什么要注意的，怎么放置等。

（2）界面的语义应当适应用户。使用该产品应当进行什么准备，怎么接通电源，怎么判断它是否进入正常工作状态，怎么识别它的操作顺序，怎么保证每一步操作能够正确进行，怎么判断操作是否到位等，设计师应当采用视觉直接能够理解的产品语义方式，适应用户语言思维的操作过程，提供操作反馈显示。

（3）自教自学，使用户能够自然掌握操作方法。

（三）界面的审美性设计

界面的审美是产品能够以外在形式唤起人的审美感受，从而使人的审美需求得到一定满足的一种特殊作用。它是在产品实用、认知的基础上产生的另一种心理功能或精神功能。人与产品之间的审美关系一方面表现为人对物质产品的审美创造，另一方面表现为产品对人的审美功能。技术美学认为，物质产品不可能脱离主体的客观的美，只有对于一定主体的审美功能。界面的美，不仅要作为艺术审美形式的美，满足人们感觉上的愉悦性，更多的是产品作为操作的一种工具，来满足人们实现某种目的时带来的愉悦性。它不仅是一种表象，更是一种实质性的体现，带来更多的实用性。

1.界面审美的构成要素

（1）材料。工业产品的造型材料主要是指产品外观造型和结构所采用的材料。它包括金属材料、工程塑料、工业陶瓷和复合材料四大类。尽管材料的性能各异，但它们都具有相对统一的审美标准和构成依据。

①质地和肌理。质地和肌理构成的材质是工业产品形式美的重要美感之一。所谓质地，是由造型材料的物理性能或化学性能等自然属性以及社会经济价值所显示的一种表面效果，如钢材的坚硬、冷俊和稳固，塑料的光滑、圆润和亮丽等。所谓肌理，是指造型材料的表面组织结构、形态和纹理等所传递的审美体验。肌理的效果分两种情况：一种是材料表面的高低起伏使人产生或粗糙或光滑的半立体形态的感觉；另一种则是材料表面的纹理不同、色彩不一或疏松紧密有别所产生的视觉效果。材料的肌理美具有动态的、意匠的、生动的、智慧的审美特点。由于意匠的肌理美比朴素的质地美更能体现人的创造性本能，因此，对材料表现力的审美活动主要集中在肌理美上（图4-14）。

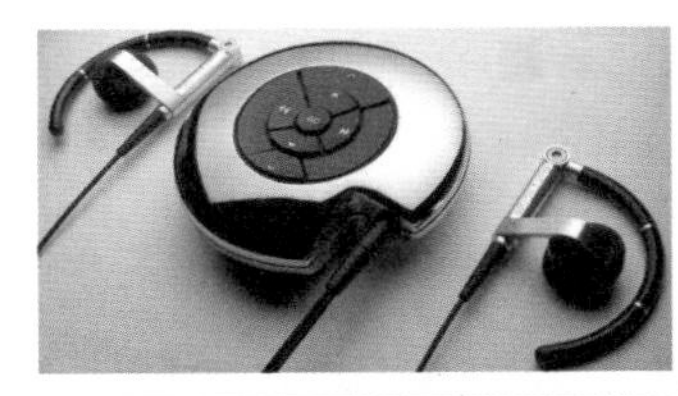

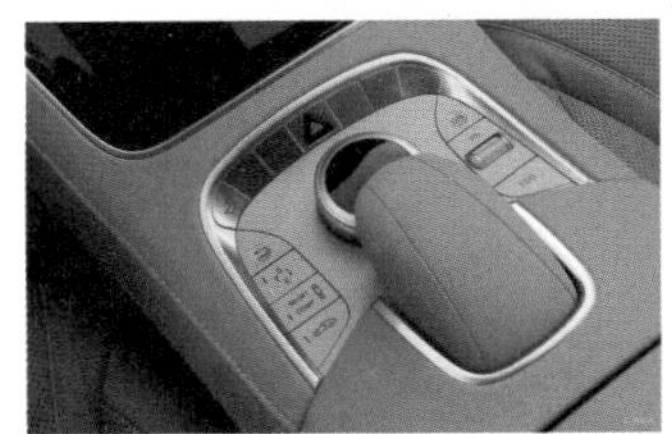

图4-14　材质与肌理

②肌理效果的构成表现。材料的肌理效果一般表现为：形状效果、光感效果、触觉效果及视觉效果四种（图4-15）。

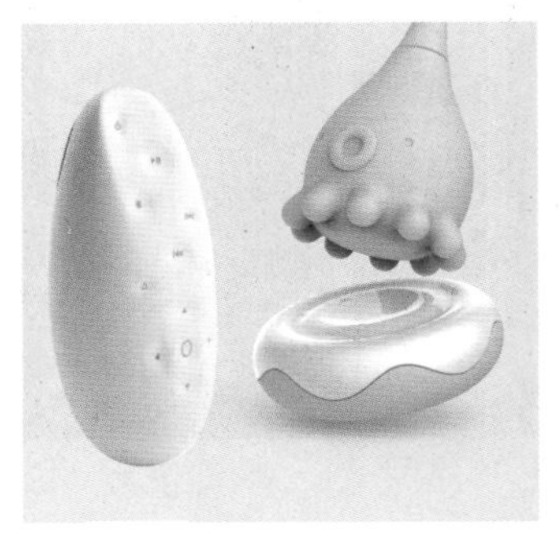

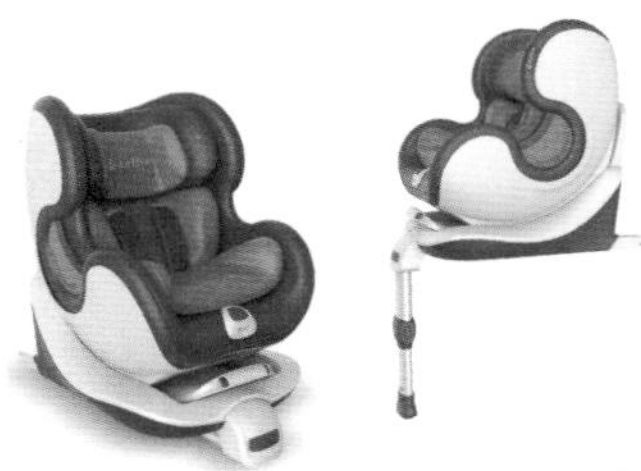

图4-15　材料的肌理效果

（2）结构。工业产品的结构，主要指具有三度空间并为功能服务的产品各构件的内部组合方式（图4-16）。根据材料性能和零件组合方式的不同，一般将产品的结构分为构筑型结构和塑造型结构。构筑型结构呈现简洁几何造型风格，严格遵循力学的逻辑规律，多采用垂直方向的叠加和在水平方向的展开的对称结构形式，容易形成规律性和秩序感，给人以理性的逻辑的审美感受。塑造型结构一般通过制坯、铸造、注塑等方式成型，呈现出动感和生命力，容易形成较为丰满圆润、起伏微妙的曲线造型效果，给人以感性形象的审美感觉。

（3）功能。产品的功能是指产品合目的性、合规律性的功能和效能。从20世纪上半叶的现代主义流行时期到后现代主义时期，功能一直是产品设计师考虑得最多的主要因素，甚至成为产品审美的品质规范和主要造型语言。尽管现在的审美倾向更加趋于多元化，但功能依

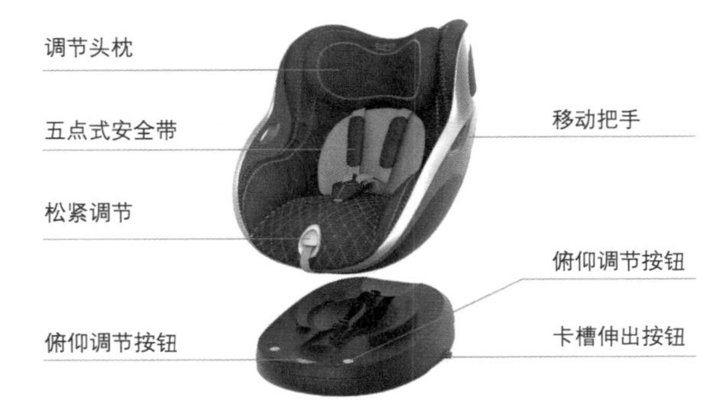

图4-16　产品结构图

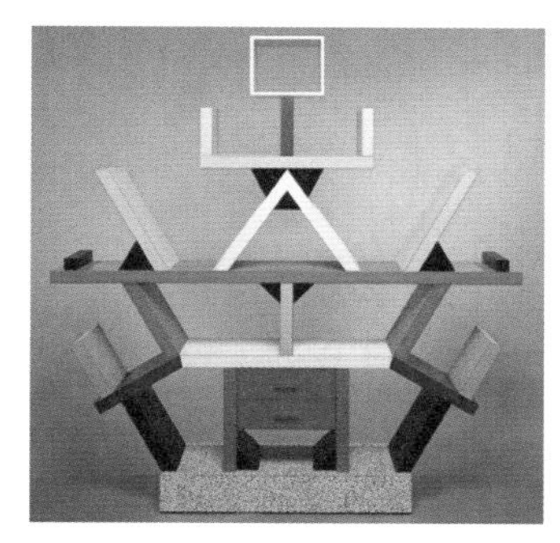

图 4-17 孟菲斯博古架

图 4-18 科拉尼 DAF Aero 3000 Truck 汽车设计

然是产品设计师不得不考虑的主要构成要素之一。

（4）形态。形态是产品外观的基础，任何产品都具有不同的形态。产品的形态可以表达为以下几种。

①写实与抽象，因为产品的形态直接源于自然界的真实形态，也有发自于理念思考的抽象形态。

②情趣与理性，机械化工业生产为现代社会带来批量生产的同时，摆脱不了形式单一、功能至上的设计困惑，缺乏人情味的几何形体几乎充斥着人类生活的每一个角落。为了摆脱这一状况，世界各地的设计师展开了对设计艺术的反思。除了意大利的“孟菲斯”（图4-17），还有美国的“装饰艺术”，在德国还有科拉尼的未来设计（图4-18），他在《我的世界是圆的》一书中尽情展现了自己所设计的作品，那种“浑圆、流畅、不羁”的风格打破了形式呆板、千篇一律的机械化风格，让人感叹原来我们习以为常的一些产品还可以是这个样子，他的作品充满了大胆的尝试与创新。

图 4-19 遥控器

（5）色彩。色彩是设计美的重要构成要素，它可以直观而生动地将设计师的想法或意念传达给消费者。

①色彩的构成要素。人的视觉所能感知到的一切色彩现象，都具有明度、色相和纯度这三种基本性质。

②色彩的审美象征。人们对色彩的审美感受既是视觉经验的积累，又是整体意识的综合作用。在不同的环境和条件下，色彩是一种富于象征性的构成媒介，不同的色彩能体现出不同的轻重感、胀缩感、情感、文化品位及价值观等。例如，图4-19这个白色遥控器，白色给人以轻盈、干净的感觉，与以往深色遥控器的色彩形成强烈对比，朴素又不失个性，胀缩感使它看上去比实际尺寸更大；又如图4-20这个黑色手机，黑色给人沉稳、厚重的感觉，虽然手机本身的尺寸不大，但看上去很有重量感，并略带商务风格。

图 4-20 手机

（6）语意。产品语意是通过产品造型元素来代表或表征某一事物的符号，是用来传达产品意义、实现产品与人沟通的一种设计语言。通过这种语言，人们可以了解产品是什么，怎样使用以及产品具有什么样的品位、特征等，从而实现产品与生活、产品与人更加贴切、更富感情的对话（图4-21）。

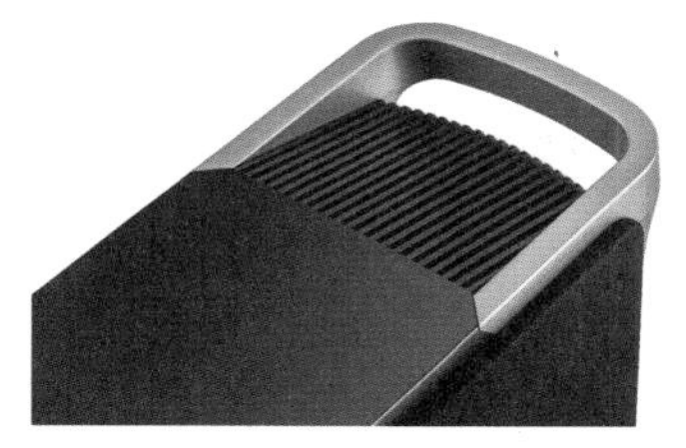

图 4-21 银色边框与缝隙形成的斜面之间产生了一个围合的把手

2.界面审美的具体体现

（1）界面的功能美。界面设计是为了自然、高效地实现人—机的信息传递，这是界面的主要功能。一般来说，设计界面必须具备两种基本特征：一是界面本身的功能；二是界面的形态。功能即使用的价值，是界面之所以作为有用物而存在的最根本的属性，有用性即功能是第一位的。功能价值能满足人生命生存的需要，合乎人的目的性，因而使人感觉到满足和愉悦，进而体验到一种美，即功效之美。

图 4-22　戴森无叶风扇

在硬界面设计中，功效与美是联系在一起的，功效是界面设计的本质。界面设计首先必须实现产品的基本功能，功能好用即是实用，也就成就了“功能美”。20世纪初占主导地位的功能主义思潮就曾宣称，无论是建筑还是工业机械产品的设计，实用功能是第一位的，“功能决定形式”的理论从此诞生（图4-22）。

图 4-23　投影仪

（2）界面的形态美。界面的形态美是指审美对象的感性形式，也就是说，它不同于观念，而是作为感觉对象的形状、质地、色彩，以及构成某种空间或时间次序的相互关系和外在形象。在界面设计中，形态不仅是功能的载体，还具有自己独立的审美价值。界面不是一个独立的外观形式，它由基本的造型元素点、线、面等组合而构成，主要运用造型的形式美法则，从而适合人们的审美认知（图4-23、图4-24）。

（3）界面的材质美。界面的材料主要指外观和结构所采用的材料。质感是展现材质本身的具体感觉，是增进认知功能的实用条件，也是加强美学表现效果的重要因素，材质与质感互为表里，各种材质都借着质感来表达材质的特性（图4-25、图4-26）。

（4）界面的科技美。在近代产生真正意义上的自然科学以后，科学与技术形成了一种共生关系，技术深深打上了科学的烙印，技术美是工业生产的产物，它是人类技术活动的精神结晶。技术美与

图 4-24　美容美脸仪

图 4-25　摄像头

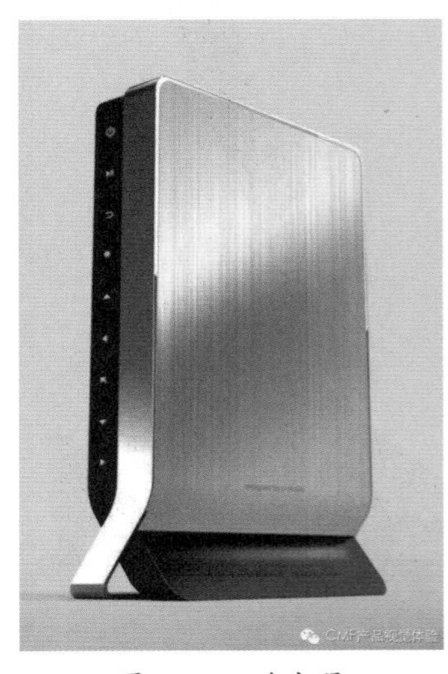

图 4-26　路由器

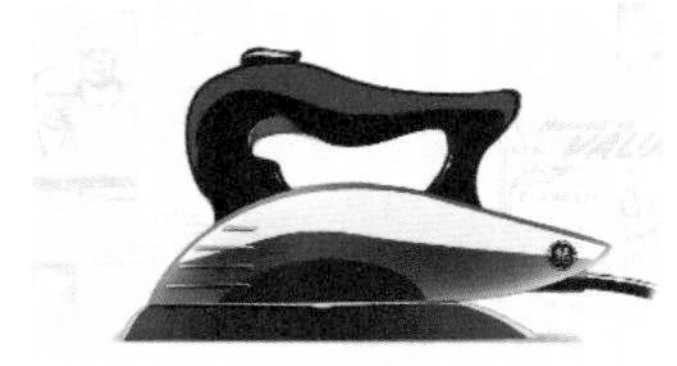

图 4-27 流线型风格的不同产品

艺术美都是人创造的美，其美都凝聚在人工制作的物品上。技术在工艺造物中是作为过程和手段而存在的，它的美也只有在对象物上表现出来。具体来说，就是必须通过工艺材料、形式和功能等方面表现出来。

四、界面整体风格设计

真正意义上的硬件界面设计是从工业革命开始的。以下简要介绍传统硬件产品工业革命以来的主要设计风格。

（一）流线型设计

流线型原来是空气动力学上的一个概念，指那种表面圆滑、线条流畅而空气阻力小的物体形状，在产品设计中的流线型风格实际上是一种象征速度和精神的“样式”语言。流线型设计产生于美国并以美国为中心进行发展（图4-27）。流线型设计风格对现代生活及设计产生了深刻的影响。流线型最早出现在交通工具的设计中，随着人们对速度的喜爱，以及审美情趣的变化，流线型很快成为时代和时髦的象征，并在产品设计中表现出来，影响着从电熨斗、电视机到家具等一系列产品，成为20世纪30~40年代乃至当今最为流行的设计风格之一。

流线型设计具有强烈的现代特征，一方面，它与现代艺术中的未来主义和象征主义一脉相承，用象征性的设计将工业时代的精神和对速度的赞美表现出来；另一方面，它与现代工业技术的发展密切相关。

（二）国际主义与现代设计

真正把设计在实践中推向高潮，并在广义的范围内使设计普及和商业化是从美国开始的。20世纪40~50年代被称为是一个节制与重建的年代，美国和欧洲的设计主要是在包豪斯理论基础上发展起来的现代设计，又称“国际主义”。现代主义在第二次世界大战后的发展以美国和英国为代表。现代主义在美英两国的设计推广、发展中曾以“优良设计”为名称，得到很大的普及。

1. 美国现代主义的发展

在第二次世界大战之前，美国对德国和斯堪的纳维亚国家的现代设计产生了兴趣。第二次世界大战后，随着包豪斯领袖人物格罗皮乌斯等人的到来，战前欧洲的现代主义传播到了美国。20世纪50年代，美国的现代主义设计仍具有浓厚的道德色彩，认为追求时尚和商品废止制都是不道德的形式，只有简洁而诚实的设计才是好的设计。这种设计不玩弄花招，没有假造的古董光泽，也没有适于材料本身处理以外的表面修饰。

随着经济的发展，现代主义越来越受到资本主义商业规律的压力，功能上好的设计往往与“经济奇迹”背道而驰，因为资本主义社会要求将设计作为一种刺激高消费的手段，而不是建立一种理想的生活方式。现代主义试图以技术和社会价值来取代迄今为止仍不可或缺的美学价值，这在商业上是行不通的。

2. 英国现代主义的发展

第二次世界大战前，英国仍然守着工艺美术运动的传统，尽管受到一些来自异国的影响，如斯堪的纳维亚的“人情味”以及注重工业和技术的思想等，但总的来说，现代主义没能在英国真正建立起来。在第二次世界大战期间，一方面由于一些包豪斯的重要人物流亡到英国，另一方面由于战争的需要和国家在物质上的短缺，使强调结构简单、易于生产和维修的功能主义设计得到广泛应用，现代主义设计这才在英国扎下根来，但仍带有工艺美术运动的气息。

3. 德国现代主义设计

第二次世界大战后为了重建工业，德国于1951年成立了工业设计理事会，理事会经济恢复的设计思想十分明确：创造简洁的形式，开展“优良产品的设计”，并为此制定了一套标准，强调产品设计的功能价值为第一要素，反对任何与功能无关的表现性特征，主张产品的朴实无华和整体的协调与美感。这一主张不久便被1953年成立的乌尔姆设计学院所崇尚（图4–28）。

4. 意大利现代主义设计

与美国的设计相比，意大利的设计具有更多的文化品位。第二次世界大战后，意大利的现代设计被认为是“现代文艺复兴”。从1923年起，米兰三年一度的国际工业设计展是促进米兰设计发展的另一重要因素，国际先进的设计作品在这里与意大利的设计师们进行对话与交流，同时使意大利的设计文化也得以传播。

5. 日本现代主义设计

日本是亚洲地区最早接受工业设计思想的国家。日本人强烈的好奇心和容纳外来文化的心理素质，使日本的生活方式是刀叉与筷子并用，西装革履与和服共存。日本的产品设计经过模仿阶段，逐渐形成了自己的风格。日本设计的特色和趋势表现在两个方面：一是注重手工艺传统的继承与发展，保持和发扬民族特色，使日本传统的陶瓷、

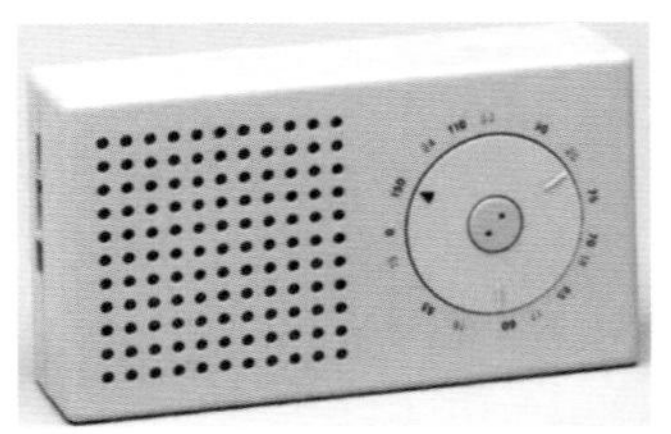

图4–28 博朗吹风机（上）和博朗T3收音机（下）

图 4-29 日本的设计产品

漆器、金工、染织、家具等设计在现代社会条件下，更具有浓厚的日本文化的味道；二是批量生产的高技术产品，如照相机、高保真音响、摩托车、汽车、计算机等产品，其设计与制造既有传统工艺的精工细致，又有高技术的集中体现（图4-29）。

（三）多元化的设计与后现代主义设计

20世纪60年代，当现代主义设计登峰造极之时，不同的设计趋向、不同的设计需求已开始勃发和涌动了。现代主义设计的理论基础是建筑师沙利文的“形式追随功能”和米斯·凡德·罗的“少就是多”，它适合于20世纪20~30年代经济发展及大战后重建的需要，同时，它又是机械工业文明中理性主义的产物。随着世界经济发展和结构调整，原先的设计理念已经不适应社会的发展，而呈现出多元化的趋势。

1.理性主义与“无名性”设计

在设计的多元化潮流中，以设计科学为基础的理性主义占着主导地位。它强调设计是一项系统工程，是集体性的协同工作，强调对设计过程的理性分析，而不追求任何表面的个人风格，因而体现出一种“无名性”的设计特征。这种设计观念试图为设计确定一种科学的、系统的理论，即所谓用设计科学来指导设计，从而减少设计中的主观意识。作为科学的知识体现，它涉及心理学、生理学、人机工程学、医学、工业工程等各个方面，对科学技术和对人的关注进入了一个更加自觉的局面。20世纪60年代以来，以“无名性”为特征的理性主义设计为国际上一些引导潮流的大设计集团所采用，如荷兰飞利浦公司、日本的索尼公司、德国的布莱恩公司等。

2.高技术风格

高技术风格的设计是20世纪70年代以来兴起的一种着意表现高科技成就与美学精神的设计。其设计特征是喜爱用最新的材料，以暴露、夸张的手法塑造产品形象，有时将应该隐蔽包容的内部结构、部件加以有意识地裸露；有时将金属材料的质地表现得淋漓尽致；有时将复杂的组织结构涂以鲜亮的颜色用于表现和区别，赋以整体形象以轻盈、快速、装配灵活等特点，以表现高科技时代的“机械美”“时代美”“精确美”等新的美学精神。

3.后现代主义设计与孟菲斯

后现代主义旨在反抗现代主义纯而又纯的方法论的一场运动，它广泛地体现在文学、哲学、批评理论、建筑及设计领域中。所谓“后现代”并不是指时间上处于现代之后，而是针对艺术风格的发展演变而言。后现代主义的影响首先体现在建筑领域。1966年，美国著名建筑设计师文丘里发表了《建筑的复杂性与矛盾》一书，这本书成了后现代主义最早的宣言。文丘里的建筑理论鼓吹一种复杂的、杂乱的、含混的、折中的、象征主义和历史主义的建筑。在产品设计界，后现代主义的重要代表是意大利的“孟菲斯”设计集团。该集团成立于1980年12月，由著名设计师索特萨斯和7位年轻设计师组成。在设计中主张一种开放的设计观，力图破除设计中的一切固有模式，对那些即使毫无意义的细节也进行创新，从而刺激了丰富多彩的意大利设计新潮。索特萨斯认为设计就是设计一种生活方式，因而设计没有确定性，只有可能性；没有永恒性，只有瞬间性。

“孟菲斯”对功能有自己全新的解释，即功能不是绝对的，而是有生命的、发展的，它是产品与生活之间一种可能的关系。这样功能的含义就不只是物质上的，也是文化的、精神上的。产品不仅要有使用价值，更重要的是表达一种特定的文化内涵，使设计成为某一文化吸引的隐喻或符号。

五、典型的信息产品硬界面设计案例分析

20世纪80年代以来，由于计算机技术的快速发展和普及以及网络的迅猛发展，人类进入了一个信息爆炸的新时代。信息技术和互联网的发展改变了整个工业局面，新兴信息产业的迅速崛起取代了传统产业。工业设计的主要方向也开始了战略性转移，由传统工业产品转向了以计算机为代表的高新技术产品和服务，在高新技术商品化、人性化过程中起了重要作用。

（一）苹果电脑设计

苹果电脑公司1976年创建于美国硅谷，1979年跻身于《财富》前100名大公司之列。苹果首创了个人计算机，在现代计算机发展中树立起了众多的里程碑，无论是在硬件界面设计，还是在软件界面设计，都起了关键性作用。苹果不但在世界上最先推出了塑料机壳的一体化个人计算机，倡导图形用户界面和应用鼠标，而且采用连贯的工业设计语言不断推出令人耳目一新的计算机，如著名的苹果II型机、Mac系列机、牛顿掌上电脑、Powerbook笔记本电脑等。

1998年苹果推出全新的iMac电脑（图4-30），再次在计算机设计方面掀起了革命性的浪潮。iMac秉承苹果电脑任性化设计的宗旨，采

图 4-30　1998 年版 iMac 电脑

用一体化整体结构和预装软件，插上电源和电话线即可上网，大大方便了第一次使用计算机的用户，打消了他们对电脑的恐惧感。从外形上，iMac采用了半透明塑料机壳，造型雅致而又略带童趣，色彩则采用了诱人的糖果色，半透明的糖果色圆润外形完全打破了先前个人计算机严谨的造型和乳白色调的传统（图4-31），高技术、高情趣在这里得到完美的体现。

图 4-31　1981 年版 IBM5150

（二）IBM 设计

除了苹果公司之外，其他一些计算机公司也十分注重利用工业设计来提升自己产品的品质和树立企业形象，如IBM公司就是典型。IBM是美国最早引进工业设计的大公司之一，在著名设计师诺伊斯的指导下，IBM创造了蓝色巨人形象。但是，从20世纪80年代开始，IBM的工业设计开始走下坡路，优秀的设计越来越少，品牌形象趋于模糊，这也反映了企业在经营上的不景气，创造精神逐渐消失。到了20世纪80年代末，IBM已与竞争者无多大差异。

图 4-32　IBM 硬界面

为了改变这种局面，IBM管理层决定回到设计计划的根本——以消费者导向的质量、亲近感和创新精神来反映IBM的个性。通过公司内部自上而下的努力，IBM终于以“Think Pad”笔记本电脑的设计为突破，实现IBM品牌的再生，重塑了一种当代、革新和亲近的形象。“Think Pad”系列里最具典型性标志的是键盘中间的摇杆小红点，它是参照方位的触点，以它为中心，用户可以在盲打键盘时轻松找到相应的按键。这是硬界面设计中的经典案例（图4-32）。

图 4-33　宏碁 Aspire 2920　2009 年

（三）宏碁设计

台湾的计算机生产厂家宏碁公司，由于在设计上的投资而由一家知名度不高的厂家一跃成为世界级的大公司。1995年初，宏碁预见到了家用计算机市场的不断扩大，决定专注于家用计算机市场，于是委托著名的青蛙设计公司创造崭新的产品系列。设计人员以人的需求为向导，将文化、热情与刺激融为一体，使个人计算机真正具有个性。因此，一种介于家用电器与计算机之间的全新产品——Aspire（图4-33）面市，这款产品易于使用，适合于家庭环境，并拥有全新的外观。产品造型以圆弧为特征，通风口随机分布，且设计了与整体造型相协调的、大小不等的圆孔，采用蓝色机身。这一独特的设计取得了极大的成功。

硬界面的发展与人类的技术发展密切联系。在工业革命前的农业时代，人们使用的工具都是手工生产的，因此界面友好，具有较强亲和力。但工业革命兴起后，机器生产代替了手工劳动，机器还不能很好地适应人的需求，因此在初期产生了很多粗制滥造的产品，使很多物品的使用界面不再友好。到了20世纪40年代，随着电子技术的发展，许多电子装置不断地小型化，也因此改变了很多产品的使用界面。

当人类进入信息时代后，信息技术和网络的发展在很大程度上改变了整个工业的格局，传统产业逐渐开始被新兴的信息产业所取代，成为时代的生力军；苹果、摩托罗拉、IBM、英特尔等公司成为这个产业的领导者。在这场新技术革命的浪潮中，硬界面设计的方向也必须要适应新产业的需求，开始转向以计算机为代表的高新技术产品和服务，此时的设计，逐步从物质化设计转向了信息化和非物质化，并最终使软界面的设计成为界面设计的另一个重要的内容，并随着智能化产品的到来，产生了新的人机界面形式，使界面的设计不再仅局限于硬件本身。

第三节

产品的软界面设计

软件界面设计需要总体规划，认真研究用户的认知，选择合适的交互模式等，这样设计出来的软件界面才能更好地满足用户的需求。

软件界面是人—机之间的信息界面，从某种意义上来说，它比硬件和工作环境更为重要，优化软件界面就是要合理设计和管理人—机之间的对话结构。

人机交互是指用户与计算机系统之间的通信，它是人与计算机之间各种符号和动作的双向信息交换。这里的“交互”定义为一种通信，即信息交换，而且是一种双向的信息交换，可由人向计算机输入信息，也可由计算机向使用者反馈信息。这种信息交换的形式可以采用各种方式出现，如键盘上的击键、鼠标的移动、显示屏幕上的符号或图形等，也可以用声音、姿势或身体的动作等。

广义上说，人机交互系统的组成应包括参与交互的实体和实体间的交互作用及其环境。例如，手机的交互系统应包括人、硬件、软件，以及各种无线信号（WLAN或Wifi等）。

人机交互方式是指人机之间交换信息的组织形式或语言方式，又称对话方式、交互技术等。目前常用的人机交互方式有：问答式对话、菜单技术、命令语言、填表技术、查询语言、自然语言、图形方式及直接操作等。人机交互技术的发展是与计算机硬件技术、软件技术发展密切相关的，这些的交互方式很多沿用了人与人之间的对话所使用的技术。随着计算机技术的发展，目前广泛用于人与人之间对话的语音、文字、图形、图像，人的表情、手势等方式，也已经或将要为未来的人机交互所采用，这将是人工智能及多媒体技术的研究内容。

交互介质是指用户和计算机完成人机交互的媒体。但这里所指的计算机有可能是被其他产品包裹下的核心技术。一般可分为输入介质和输出介质。输入介质是完成人向计算机传送信息的媒体，常用的输入介质有键盘、鼠标、光笔、跟踪球、触摸式屏幕、操纵杆、图形输入板、声音输入设备、视线跟踪器和数据手套等；输出介质是完成计算机向人传送信息的媒体，常用的输出设备有CRT屏幕显示器、平板显示设备、投影仪、头盔显示器、电视眼镜、声音输出设备、打印输出设备等。

在交互过程中，交互设计关系到用户界面的外观与行为，它不受软件的约束。界面设计师以及决定如何与用户进行交互的工程师应在这一领域深入研究。在界面开发过程中，他们必须贴近用户，或者与用户一道来开发。

一、软件人机界面开发过程

人机界面软件不是一个独立的软件系统，它总是要嵌入待开发的应用系统中，所以开发具有友好人机界面的应用系统时，除了要致力于分析、设计应用系统功能外，还要分析、设计系统的人机界面。典型的人机界面软件开发生命周期分为定义阶段、构造阶段和维护阶段。

（一）定义阶段

1.可行性分析

可行性分析包括调查用户的界面要求和使用环境，尽可能广泛地向系统未来的各类直接或潜在用户进行调查，同时兼顾调查人机界面涉及的硬、软件环境。

2.需求分析

需求分析包括用户特性分析、任务分析等。用户特性分析是指调查用户类型，定性或定量地测量用户特性，了解用户的技能和经验，预测用户对不同界面设计的反响。任务分析是指从人和计算机两方面共同入手，进行系统的任务分析，并划分各自承担或共同完成的任务，然后进行功能分解，制定数据流图，并勾画出任务网络。

（二）构造阶段

构造阶段包括界面的概念设计、详细设计、界面实现以及综合测试与评价，具体步骤如下。

1. 建立界面模型

描述人机交互的结构层次和动态行为过程，确定描述模型的规格，说明语言的形式，并对该形式语言进行具体的定义。

2. 任务设计

根据来自用户特性和任务分析的界面规格需要说明，详细分解任务动作，并分配给用户或计算机或二者共同承担，确定适合于用户的系统工作方式。

3. 环境设计

确定系统的硬、软件支持环境带来的限制，甚至了解工作场所，向用户提供各类文档要求等。

4. 界面类型设计

根据用户特性，以及系统任务和环境，制定最为适合的界面类型，包括确定人机交互任务的类型，估计能为交互提供的支持级别和复杂程度。

5. 交互设计

根据界面规格需求说明和对话设计准则，以及所设计的界面类型，进行界面结构模型的具体设计，考虑存取机制，划分界面结构模块，形成界面结构详图。

6. 屏幕显示和布局设计

首先制定屏幕显示信息的内容和次序，然后进行屏幕总体布局和显示结构设计，其内容包括：根据主系统分析，确定系统的输入和输出内容、要求等；根据交互设计，进行具体的屏幕、窗口和覆盖等结构设计；根据用户需求和用户特性，确定屏幕上显示信息的适当层次和位置；详细说明在屏幕上显示的数据项和信息的格式；考虑标题、提示、帮助、出错等信息；用户进行测试，发现错误和不合适之处，进行修改或重新设计。

7. 进行艺术设计

包括吸引用户的注意所进行的增强显示的设计，例如，通过运动改变形状、大小、颜色、亮度、环境等特征；增加声音等手段；使用颜色的设计；关于显示信息、使用略语等的细化设计等。

8. 帮助和出错信息设计

决定和安排帮助信息和出错信息的内容，组织查询方法，并进行出错信息、帮助信息的显示格式设计。

9. 原型设计

包括人机界面的软件开发设计更多地使用了快速原型工具和技术，所谓快速原型系统是指经过初步系统需求分析后，开发人员用较短时间、较低代价开发出一个满足系统基本要求的、简单的、可运行系统。该系统可以向用户演示系统功能或供给用户试用，让用户进行评价提出改进意见，进一步完善系统的需求规格和系统设计。在人机界面设计中，快速原型方法更为实用，这是因为界面质量优劣更多依赖于用户的评价。

10. 界面测试和评估

开发完成的系统界面必须经过严格的测试和评估。评估可以采用分析法、实验法、用户反馈法，以及专家分析等方法，对界面客观性能进行测试，或者按照用户的主观评价及反馈进行评估，以便尽早发现错误，改进和完善系统设计。

（三）维护阶段

维护阶段的关键任务是：通过各类必要的维护活动，使系统持久地满足用户的需要。通常有四类维护活动，包括改正性维护；适应性维护；完善性维护；预防性维护。

二、软件人机界面的用户分析

软件界面设计的目的是使软件更好地适应人，达到“知行合一”、易学易用。在界面设计时，最重要和首要的是对用户进行分类、对用户的认知进行分析。如果不对用户进行分析，设计出来的软件一定不能被大多数人接受。

（一）用户分类

1. 新手用户

如果能站在新手用户的角度，能够清晰地认识到当前某产品的人机界面设计存在着的大量问题，能够认识到学习该产品的操作过程实际上是让使用者去适应产品的过程，那么界面设计者就需要转变观点，以人为本，从新手用户了解到该产品人机界面的设计缺陷或改进线索，更容易了解到非专业用户对人机界面的要求，以及他们操作产品时的想象与期待。新手用户是人机界面设计者的主要调查对象之一。

2.平均用户

平均用户又叫普通用户，他们基本能够自己完成一个操作任务，但是并不熟练，长期不操作，可能就会忘记。平均用户往往只会正常操作过程，面临非常操作情况或新问题会有许多困难。硬件和软件的升级往往给他们带来许多困难。平均用户也是设计调查的一个对象。

3.专家用户

专家用户又叫经验用户。他们熟练掌握产品的使用方式，熟悉产品的操控界面，能够应对产品各种突发状况，能正确评价产品的各种性能，甚至对同类型其他产品的优缺点也了如指掌，他们往往愿意花费更多的时间和精力去琢磨产品的操控界面，并可能把它们形成自己的习惯。这类用户也是人机界面设计调查的另一个重要对象，因为他们基本上在某个认知或技能领域中具有10年以上经验，甚至可能比软件开发人员还具有更多的使用经验，他们往往能够发觉界面设计的深层信息含义，并具有较高的信息分类和综合能力。通过与专家用户的访谈，摄取和总结他们的经验，能够比较容易设计一般调查问卷，能够进一步发现问题，为设计找出有意义的建议。

4.偶然用户

有些人不得不使用人机界面，例如自动取款机，以及在图书馆使用计算机借阅图书，他们并不情愿使用这些东西，却又没有其他办法，这些人被称为偶然用户。每出现一种新产品，都可能引出偶然用户。

（二）用户调查

用户调查的目的是通过用户操作人机界面，看该界面的设计和系统硬件、应用软件是否符合用户的职业思维行为方式，是否符合用户的使用意图和认知心理，是否容易学习，是否容易出错，是否感到精神负荷很重。

（三）用户使用需求分析

用户需求是用户对所购买、使用的计算机系统提出的各种要求，它集中反映了用户对软件产品的期望。很明显，用户需求应该包含功能需求和使用需求两方面，功能需求是用户要求系统所应具备的性能、功能，而使用需求是用户要求系统所应具备的可使用性、易用性。早期的系统较多强调功能性，而目前对大量非计算机专业用户而言，可使用性往往是更重要的。

1. 用户系统方面的使用需求

（1）为了完成人机间的灵活对话，要求系统提供对多种交互介质的支持，提供多种界面方式，用户可以根据任务需要及用户特性，自由选择交互方式。

（2）系统能区分不同类型的用户并适应他们。

（3）系统的行为及其效果对用户是透明的。

（4）用户可以通过界面预测系统的行为。

（5）系统随时随地提供帮助功能。

（6）人机交互应尽可能和人际通信相类似。

（7）系统设计必须考虑人使用计算机时的身体、心理要求，包括机房环境、条件、布局等，以使用户在没有精神压力的情况下使用计算机，同时能让用户舒适地使用计算机完成他们的工作。

2. 用户技能方面的使用需求

（1）应该使系统适应用户，对用户使用系统不提供特殊的身体、动作方面的要求，用户只要能使用常用的交互设备等即可。

（2）用户只需要有普通的语言通信技能就能进行简单的人机交互。

（3）要求有一致性的系统设计，即类似于人的思维方式和习惯，能够使用户的操作经验、知识、技能推广到新的应用中。

（4）应该让用户通过使用系统来进行学习，提高技能。

（5）用户提供演示及例子程序，为用户使用系统提供范例。

3. 用户习性方面的使用需求

人除了具有固有的技能之外，还具有固有的弱点，如易遗忘、易出错、易急躁等。习性方面对系统的要求包括以下方面。

（1）应该让在终端工作的用户有耐心。

（2）应该很好地对付人的易犯错误、健忘以及注意力不集中等习性。

（3）应该减轻用户使用系统的压力。

4. 对用户经验、知识方面的使用需求

（1）系统应该能让未经专门训练的用户使用。

（2）系统能对不同经验知识水平的用户做出不同反应。

（3）提供同一系统甚至不同系统间系统行为的一致性，建立标准化的人机界面。

（4）系统必须适应用户在应用领域的知识变化，应该提供动态的自适应用户的系统设计。

5.用户对系统的期望方面的要求

（1）用户界面应该提供形象、生动、美观的布局显示和操作环境，以使整个系统对用户更具吸引力。

（2）系统决不应该使用户失望，一次失败可能使用户对系统望而生畏。

（3）系统处理问题应尽量简单，并提供系统学习机制。

（四）影响用户行为特性的因素

在人机界面分析研究中，人作为人机交互系统的一方起着重要的作用。我们必须对人的认知和行为特性有基本的认识和度量，才能保证让人和计算机能很好地协同工作。在人机界面分析设计中所要考虑的人文因素主要包括以下内容。

（1）人机匹配性。用户是人，计算机系统作为人完成任务的工具，应该使计算机和人机系统很好地匹配工作。

（2）人的固有技能。作为计算机用户的人具有许多固有的技能，例如，身体和动作的技能、语言和通信的技能、思维能力、学习和求解问题能力等。

（3）人的固有弱点。人具有健忘、易出错、注意力不集中、情绪不稳定等固有弱点。

（4）用户的知识经验和受教育程度。使用计算机用户的受教育程度决定了他对计算机系统的知识经验以及对计算机应用领域的知识水平，这些都将给计算机系统的使用方式，以及解决问题的方式带来影响。

（5）用户对系统的期望和态度。首先从用户使用系统的原因来看，计算机系统可作为用户完成其任务的不可缺少的组成部分，也可以作为可选用部分；其次从用户对系统的期望和态度来看，有三种情况，即中性的、积极的和消极的；最后从用户使用计算机的目的来看，绝大多数用户使用计算机是为了帮助他们更好地解决应用领域的实际问题。

（五）开发用户友好性系统的设计原则

人机界面及人机系统的设计人员要把这些人文因素概念结合到系统设计中，并转换成开发用户友好性系统的基本设计原理，具体包括以下原则：确定用户；尽量减少用户的工作；应用程序和人机界面分离的原则；一致性原则；系统要给用户提供反馈；尽量减少用户的记忆要求；应有及时的出错处理和帮助功能；使用图形比喻。

（六）用户模型

1.用户模型的基本概念

用户模型是关于用户的行动和认知特性方面的知识，这是关于人的心理特性知识，应当反映人的固有行动特性。设计师以这些知识为基础，可以设计比较适合用户的系统和人机界面；生产者以这些知识为基础，可以改进系统设计的缺陷；系统管理者以这些知识为基础，可以挑选培训操作员。

2.为什么建立用户模型

用户是系统设计中至关重要的问题，系统设计必须考虑并适合人的各方面的因素，以便充分发挥系统的功能和效益。在人——计算机系统中，同样必须首先知道用户是谁，用户的特征以及用户需要系统做些什么等问题。与此同时，进行任务分析，使解决任务的策略、处理方式和用户特性相一致。另外，为了保持用户和计算机之间良好的匹配和工作协调，应该按照用户情况经常调整人机界面的交互方式，也就是保证系统对用户的适应性。我们使用用户模型概念来描述用户的特性，描述用户对系统的期望与要求等信息。一个完善、合理的用户模型将帮助系统理解用户特性和类别，理解用户动作、行为的含义，以便更好地控制系统功能的实现。

3.建立用户模型

要想比较清楚地描述用户的操作特性，可以从用户思维模型和用户任务模型两个方面来描述用户模型。

（1）用户思维模型。用户思维模型是用户大脑内部表示知识的方法，又叫认知模型。思维模型是人在操作计算机时思维方式的概括。要提高计算机的可用性，人机界面设计必须同用户的思维方式联系起来，具体说用户的思维模型包括下列几方面。

①社会环境因素。在网络时代，计算机已经不是个体封闭的工具，而是构成一个网络社会的手段，因此必须考虑用户与各种实体的关系。它包括用户、其他有关人员、操作对象、社会环境与操作环境、操作情景。这些因素被称为操作使用的社会环境因素，包括用户之间交往的文化差异、交流约定、信任度、道德问题、版权问题。人机界面设计应当尽量解决各种操作环境和操作情景下用户可能遇到的问题。

②用户的知识。包括用户对计算机和网络的操作使用知识。

③操作计算机时，用户心理组成因素主要包括知觉、认知、动作三种。

（2）用户任务模型。任务模型是指用户为了完成各种任务采取的有目的的行动过程，又被称为操作过程模型或行动模型。用户的任务模型主要是用户操作使用计算机完成各种任务的行动过程。用户的行动按照一定过程进行，一般说用户操作计算机的行动模型包括5个部分：建立意图；制订计划；行动计划转换成计算机操作过程；用户什么时候开始操作，怎么操作，遇到问题时，他用什么策略去解决；完成行动后要把反馈信息与最终目的比较，检验评价行动结果。

（3）其他模型。根据其他分析的需要，可以建立用户认知模型、行为模型、知识模型等。

（七）非理性用户模型

到目前为止，许多界面设计过程中都是以理性人用户为基础（即建立理性用户的思维模型和行动模型），这种用户行为符合理论行动过程（先建立动机和目的，然后建立行动计划、合乎逻辑的感知和思维、符合目的的行为，合乎逻辑的评价行动结果、情绪对行动没有负面作用等）。人的理性有一定限度，超过这个限度后，就表现为非理性行为。

1. 人的行为非理性

所谓“非理性”是指人的行为不再严格受行为目的、动机和行为规则控制，这种非理性表现在知觉、思维、情绪、意志和动作各个方面。主要可能被归纳成下列几点。

（1）用户有自己的操作使用习惯，不存在所谓的“标准”操作方式。

（2）情绪是个很复杂的因素，对操作使用过程有正面作用，也有负面作用。

（3）心理学中的“注意”有特定含义，它不同于日常口语。

（4）人操作机器时往往处在“心不在焉”的状态。

（5）人们往往不是专心致力于一件事情，而是同时干两三件事情，或者交叉干几件事情。

（6）人的知觉能力是非理性的。

（7）不存在“标准”逻辑思维方式。

（8）人很容易遗忘事情，忘记了要干的事情，忘记了操作方法，忘记观察显示器，忘记某个操作，忘记参数值，忘记了命令格式，忘记了存文件，忘记处在什么状态。因此，计算机“透明”、操作简单、给用户提供记忆帮助是人机界面设计中的三个基本要求。

（9）人的动作速度与准确性是矛盾的，要求动作速度越快，准确性就越差；要求动作高度越准确，速度就可能越慢。

（10）操作使用中常常出现错误，包括错误感知信号信息，错误判断机器状态，错误解释信息，采取错误操作行动或无意识的误动作，错误评价机器执行结果。

（11）人有时会糊涂，干事颠三倒四，甚至不可思议。

（12）人机的本质不同，人的思维想象不符合机器工具的状态和操作。

（13）周围环境存在许多干扰，包括紧张源和注意分散源。

2. 异常操作

异常操作指在不常见的、不习惯的情况下用户的操作行为和反应。设计师往往只考虑正常情况的操作行为，没有考虑异常情况下的操作行为。用户往往也只学习这些机器的正常技术行为规律，并通过大量操作熟练适应它。学习中往往不包含非正常过程和紧急情况的熟练处理。出错行为可能有两种类型：一是以机器为中心的设计引起操作错误。二是出错是人行为本质的一个重要方面，它是无意识的误动作。即使操作界面设计得符合人的行动过程，操作者也可能出现种种操作失误。尤其是与机器相比，人动作的准确度低，速度低，重复性不好。这就要求机器操作必须具有一定的容错能力，即使用户操作出错，也不应当引起机器事故、人身伤害以及严重后果。

3. 技术操作中的出错种类

技术操作中的出错种类包括：人行为本身就容易出错；行动过程中的出错；从人行为向机器行为转换中的出错；由人机界面的错误设计引起的用户出错；升级换代引起的人机界面不一致。

上述各方面构成非理性思想的要点。严格来说，心理学认为人的行为过程时时都可能从理性转变成非理性。

三、软件人机界面设计

实际上，软件界面的交互方式和硬件界面的交互方式基本一致。人机界面设计应当使用户能够时时控制系统，时时了解计算机的状态和行为。用户每输入一个操作后，必须能够及时得到系统的反馈。人机界面设计应当减少用户的视觉、记忆和逻辑思维负担，减少或防止用户出错，减少学习负担。并给有经验的用户应当提供简易操作方法。

（一）命令语言界面设计

命令语言界面是用户驱动的，用户必须按照命令语言语法向系统发送命令，才能让系统完成相应的功能。所以命令语言的使用比菜单要困难、复杂。

命令语言是最早广泛使用于人机交互的一种界面形式，是提供了控制形式的人机界面，用户通过他们来控制、操作计算机系统的运行。命令语言界面都是典型的用户驱动的界面，在系统提示符下，用户通过键入命令使用系统。

命令语言界面的优点是：功能强，灵活性强，快速、效率高，使用最少的屏幕开销。命令语言界面的缺点是：难以学习，难以记忆，需要一定的键盘输入技巧，出错可能性大，命令语言界面执行过程是不可见的。

（二）菜单界面设计

菜单界面技术是人机界面中近年来使用最广泛的一种交互方式，现在，几乎任何软件产品都使用了菜单界面技术。

（1）菜单界面的特点包括菜单形式对话是计算机系统驱动的；菜单界面适合于结构化的系统；菜单界面减轻了用户的学习、记忆负担，并简化了操作；菜单界面要占用屏幕空间和显示时间。

（2）菜单界面的组织结构包括分层菜单和网络菜单，以及多级菜单的深度和宽度安排。

（3）菜单的式样包括全屏幕文本菜单、条形菜单、弹出式菜单、下拉式菜单、移动亮条菜单、基于位图的图形菜单、滚动菜单。

（4）菜单界面的设计原则包括合理组织菜单界面的结构与层次；为每幅菜单设置一个简明、有意义的标题；合理命名各菜单项的名称；菜单项的安排应有利于提高菜单选取速度；保持各级菜单显示格式和操作方式的一致性；支持键盘以及鼠标定位器等多种设备来完成光标的移动、定位及对菜单的选取；为菜单项提供多于一种的选择途径，以及为菜单选项提供捷径；应该对菜单选择和点取设定反馈标记；在可能的情况下，提供缺省的菜单选择。

（5）文本菜单的设计和实现主要考虑菜单界面的数据结构，以及弹出式菜单设计算法。

（三）数据输入界面设计

数据输入是计算机系统运行时所需的数据。用户输入的过程实际上是一个完整的人机对话过程，它要占用最终用户的大部分使用时间，也是容易发生错误的部分。

数据输入的总目标是简化用户的工作，在尽可能地降低输入出错率的情况下完成数据的输入。一般包括以下设计规则：数据输入的一致性；使用户输入减至最少；为用户提供信息反馈；用户输入的灵活性。用户可以集中地一次输入所有数据，也可以分批输入数据，还可以在修改错误后输入。注意灵活性和一致性之间的抵触；提供错误检测和修改机构。

（四）直接操作对象

20世纪80年代以来，以直接操纵、WIMP（Windows，窗口；Icon，图标；Menus，菜单；Pointers，提示）界面和图形界面、WYSIWYG（What you see is what you get，所见即所得）原理等为特征的技术广泛为许多计算机系统所采用。直接操纵最早是由Shneiderman 1982提出来的，它通常体现为所谓的WIMP界面。直接操纵的基本思想是摒弃早期的键入文字命令，用光笔、鼠标、触摸屏或数据手套等坐标指点设备，直接从屏幕上获取形象化命令与数据的过程。就是说，直接操纵的对象是命令、数据或者对数据的某种操作，直接操纵的工具是屏幕坐标指点设备。

1. 直接操纵界面的特点

（1）直接操纵界面的特点包括：以物理动作或标记按钮代替复杂的语法；用指点和选择代替键盘输入；操作结果立刻可见，具有高度的交互性；提供了对用户出错的保护机制和强有力的帮助机制，支持逆向操作；新手通常只需经过观看系统运行的演示，就能很快地学会使用系统的基本功能。

（2）直接操纵的用户界面也会给用户带来诸多限制与问题，如直接操纵界面都基于图标，某些任务可以利用图标来完成，但也有令人不解的地方。一个图标对于设计师来说可能意义是丰富的，但这也意味着其含义不一定很明显，用户必须学习图标表示的各个组成部分的含义，可能需要更多的时间来学习。作为直接操纵界面元件的窗口、图标、按钮等要占用宝贵的屏幕空间，从而将有用的信息挤出屏幕之外，这需要进行多次的卷动操作。对专家用户来说，打字并不一定会比移动鼠标或用手指向触摸屏慢。

随着计算机硬件技术和软件技术的发展进步，直接操纵技术在图形人机界面中将展现出越来越重要的作用与魅力。

2. 图标

图标是可视的表示实体信息的简洁、抽象的符号，具有直观、形象、逼真等特点，在日常生活及工程技术中早就被广泛使用，如路标、气象标等。关于图标设计将在下一节中作详细介绍。

3. 窗口

计算机为了能同时显示多进程、多任务的运行情况，引入了虚拟屏幕设备，即窗口来完成这一功能。一般窗口是矩形的，并带有边框，窗口可以进行打开、关闭、创建、缩放、移动、删除、重叠等操作。

（1）窗口的分类。按窗口的构造方式，窗口可分为以下几类。

①滚动式窗口。通过窗口的滚动，能够看到全部信息。

②开关式窗口。这类窗口系统提供多个可滚动窗口，但每个时刻仅能显示其中的一个，系统可以通过开关选择当前要显示的窗口。

③分裂式窗口。允许对屏幕按水平进行分区，例如，可以分两个、三个或多个子区。每个子区宽度是固定的，并等于显示屏幕宽度，但高度是可以控制的，使在一个屏幕上同时显示几个过程的运行结果。

④瓦片式窗口。在水平方向或垂直方向规则地将屏幕划分成不相重叠的子屏幕，每个子屏幕对应一个窗口。瓦片式窗口可以看到各个窗口内显示的信息，每个窗口内的信息不会被其他的窗口遮盖。

⑤重叠式窗口。可以独立地改变窗口大小、位置，并允许叠放在其他窗口之上。

⑥弹出式窗口。当用户需要时显示出来的窗口，可以根据操作选择是否关闭。

（2）窗口的基本构成。在使用窗口的计算机系统中，窗口是应用程序运行的主要输入、输出设备，即所有与系统有关的操作与显示都通过窗口来完成。一个窗口外观上一般由窗口标题、边框、窗口菜单按钮、用户工作区、滚动条等部件构成。

①菜单区。位于所属窗口的上沿，菜单区内排列着若干个菜单的名字，每个菜单名字代表一组下拉式菜单项。

②图标区。位于所属窗口的左侧，内含若干个大小相同、排列有序的图标。

③标题区。用来显示所属窗口所代表的系统或者系统成分的名称，以及系统工作过程中的一些阶段性状态，还可以用来标志所属窗口内容的一些其他特性等。

④移动区。移动区通常与标题区相同。用户控制光标在屏幕上选

取了移动区后，就可以将所属窗口中的全部内容在屏幕上移动。

⑤大小区。置于窗口的右下角，用户可以通过光标点拖动它改变所属窗口的大小。

⑥用户工作区。是所属窗口中用来显示用户的应用系统内容的一个矩形区域。用户在这个区域进行应用系统的图形编辑、信息描述和显示等。

⑦弹出式窗口。仅当需要时它才被显示出来供用户使用，完成任务后用户可以关闭它。

⑧滚动区。有时一个窗口里放不下所有的内容需要滚动条上下、左右移动。

⑨退出区。通常安放在所属窗口内一个醒目的位置上，并饰以醒目的小图标。

（五）交互输入与输出界面设备

1. 输入设备

（1）键盘。直到今天，键盘依然是字符式输入的主要手段。它可以有不同的结构、外形及键码排列方式。目前，最常见的键盘是19世纪70年代由Christopher Latham Sholes设计的QWERTY键盘。键盘一般由字母键、数字键、专用符号键、光标控制键、修改键、功能键等组成。经过数次关于键盘的使用事故以后，一些研究者发现，标准键盘的手腕和手的位置令人尴尬，是不符合人机工程学标准的。重新设计的键盘分为左手键和右手键两组，其间相隔9.5cm，张开25°角且有10°倾斜面，并且为前臂和腕部的支撑提供了很大的空间，使用户可以保持自然姿势进行工作，减轻了疲劳和身体部位损伤。

（2）鼠标。今天的鼠标是由鼠标之父Douglas Engelbart在1964年发明的。鼠标尺寸大约为8cm × 5cm。它的底部有一个圆球，可以在平滑的表面上自由移动，当鼠标移动时，圆球随之移动，连接在圆球上的电位器可以检测出定位器在两个正交方向（X轴，Y轴方向）上的运动位移量。随着图形界面操作系统的流行和普及，鼠标已成为计算机必备的标准输入设备。屏幕上可以存在两类光标，一类是键盘光标，用来指示当前键盘输入操作位；另一类是定位器光标，用来指示当前图形区的激活位置，当选取该目标后，图形的操作将在该图形区域位置发生。鼠标一般有定位、单击、释放、拖动、双击等几种操作方式。现在的光电鼠标采用感应器代替了滚动球。

（3）操纵杆。操纵杆是间接的定位设备，是一个可以前后左右搬动的杆。它不是用来直接控制屏幕光标位置的，而是用来控制屏幕光标移动的方向和速率。所以不少的操纵杆或操纵开关就做在键盘上。操纵杆适宜于跟踪目标，是因为移动光标所需要的位移相对极小，同时易于改变方向。目前操纵杆较常见应用于游戏中。

（4）触摸屏。触摸屏是一种直接在显示屏上输入的装置。这类输入设备是在屏幕表面安装透明的二维光敏器件阵列，用户直接用手指接触它时通过光束的被阻断来检测位置。它可让用户把全部注意力集中在屏幕上，完成位置选择和目标点取。一般来说，触摸屏可以分为电阻式触摸屏、电容式触摸屏、表面声波式触摸屏、红外线扫描式触摸屏、矢量压力传感式触摸屏。触摸屏的优点是快速、高效，控制、显示比C/D=1，操作简单，缺点是人眼长期注视屏幕目标容易产生疲劳，用手指触摸屏幕易使屏幕留痕变脏，手指不能指点和定位细小目标。

（5）光笔。光笔是一种较早应用于绘画系统的交互输入设备，它能使用户在屏幕上指点以执行选择、定位和其他任务。光笔和图形软件相配合，可以在显示器上完成输入、绘图、修改图形和改变图形等复杂功能。

（6）输入板。又称图形输入板，它是间接的定位设备，由图形板和触笔指示器以及电子处理器三部分组成。指示器可以在图形板上移动。指示器上部透明的带十字标记帮助用户对准目标，下部带有的几个按钮供用户选取或输入命令用。有的数字化输入板的指示器可做成像铅笔一样的指示笔。用户可以通过指示器检测出放在输入板上的图形目标的坐标位置，并转换成显示于屏幕上的坐标数据输入。输入板可以完成精确的图形数字化，完成屏幕光标控制。现在可以在数字化输入板上附加字符识别软件，使它完成文本输入、定位、识别等功能。

（7）新型输入设备。包括浮动鼠标、手持式操纵器、力矩球、数据手套等。浮动鼠标类似于标准计算机鼠标，当它离开桌面后可以形成一个6自由度探测器。手持式操纵器包含一个位置跟踪探测器和几个按钮，适合于手中使用。力矩球也称空间球，它安装在一个小型的固定平台上，可以扭转、压下、拉出和来回摇摆。数据手套可以捕捉手指和手腕的相对动作，提供各种手势信号。它也包含一个6自由度探测器，用于跟踪手的实际位置和方向。数据手套广泛应用于虚拟现实系统中。此外还有眼动交互技术、手势识别等。

2. 输出设备

输出设备主要包括视觉输出设备和听觉输出设备，其中视觉输出设备主要包括显示器、打印输出设备等。在多通道人机交互和虚拟现实中，头盔式显示器应用得比较多。头盔式显示器除了在虚拟现实中应用以外，一种新的应用即头盔式计算机也逐步在普及。尽管头盔式计算机在重量以及人们的使用方式上还尚存争议，但它的出现却给人们的生活方式以及计算机行业带来一股清风。它的屏幕像镜片一样可戴在眼前，虽然只有普通邮票大小，但清晰度俱佳，主机挂在腰间；键盘一共有60个按键，可以戴在手腕上。这种新型计算机可以用来网上冲浪、收发电子邮件等。

四、典型软件界面

（一）Macintosh OS.X 的界面设计

苹果电脑公司是最早在其操作系统中推出图形界面的公司，是开启图形界面时代的领军企业。

2001年，苹果公司推出的Mac OS.X操作系统比现有的Mac系统更易使用，且用户界面相当友好。苹果的这项升级产品让公司的技术飞跃了二十多年，用户能依靠自己的爱好，在英语、法语和德语之间任意转换。

Mac OS.X界面叫Aqua（图4–34），在漂亮迷人、易于使用的外表下，是一个标准化的、以UNIX为基础的核心，称为Darwin，它是为取得卓越的稳定性及效能而全新设计的。Mac OS.X结合了UNIX的简单和Macintosh的高雅，其用户界面不仅令初学者更加容易使用，同时也为高手提供了先进的功能。另外，Aqua将一系列普通计算机的任务如Dock，Finder和系统菜单等进行了创造性的组织，使用户使用起来更加省时、省力。Macintosh为数字化生活提供了终极的平台，传递最高级的连接性。除此之外，它还内置了一些应用程序，使用户可以自己制作电影、管理数字图片、享受和组织MP3音乐、管理MP3播放器、欣赏DVD、制作CD和DVD等。

Macintosh的界面包括：Dock、最小化、系统菜单、苹果菜单、自定义工具栏、Finder、字体、搜索、菜单设计、运行过程显示、滚动条、按钮设计等。

图4–34　Aqua界面

（二）Windows XP 的界面设计

自从2001年Windows XP中文版在北京奥体中心体育馆发布后，

Windows XP和Office XP标志着微软软件已经从“应用型”向“体验型”转变。在微软操作系统的发展中，Windows XP将会是自从Windows 95以来一个戏剧性的变化。作为一个非凡的新操作系统，微软对XP进行了大量的改进，抛弃了Windows 95和Windows 98中不稳定的编码，使用更快更可靠的Windows NT内核，同时崭新的界面也让Windows更漂亮、整洁，更容易使用。它告别了Windows以往的灰色，迎来了色彩鲜艳、曲线柔和、梯度变化丰富、版面布局友好的界面，使之看起来令人激动。

Windows具有鲜艳、赏心悦目、操作的简便化、个性化、网络化浏览形式等特征，它包括欢迎界面、开始菜单、批预览、幻灯片预览、控制面板、了解关于色彩计划、字体设计、控制面板设计等。

（三）游戏的界面设计

游戏设计从简单的扑克牌到复杂的联网游戏，从小型的掌上游戏到多人联合的大型互动游戏，可以说是五花八门，无奇不有。游戏界面的设计参差不齐，总结起来有以下一些特点。

（1）高难度。游戏的难度设计越大，就越具有探险性和刺激性，人的求知欲就会越强烈。

（2）刺激性。平淡无奇的游戏激发不出人的探求欲，因此现在的游戏极大地加强了刺激性和惊险性。

（3）多通道交互。在玩的过程中，游戏往往是声、光、电样样具备，人要发挥全身各个器官的作用，手脚并用，精神高度注意，运用多个通道来进行交互。

（4）真实性。随着计算机速度的提高和容量的增加，游戏中的各种角色设计、动作设计、场景设计、声音效果设计、武器设计等越来越逼真，人物设计、动作更加细腻，建模和贴图更加真实，使人在玩的时候仿佛身临其境，也更激起了人们“玩”的欲望。

（5）故事背景。有些游戏有着深刻的故事情节和背景，如《三国志》。

（6）协作精神。有些游戏可以多个玩家同时在线进行，需要多个玩家紧密配合。

（四）Internet界面设计

从人机界面的观点，可以将互联网理解为一个用户和其他用户的知识之间的抽象界面。网站是一种新的信息传播工具，它没有改变信息生成的本质，只是用了一种新的信息传递通路。由于网页界面与传统平面设计不同、介质不同，且受页面大小的限制，具有交互性设计、多媒体功能，所以网页设计必须做到内容与形式的统一、特色明确、统一整体的形象、减少浏览层次、了解浏览者的心理状态。在网页设计中需要注意几个问题，包括内容与形式的统一；特色明确；统一整体的形象；减少浏览的层次；了解浏览者的心理状态。

（五）多媒体课件界面设计

网络多媒体教学以及远程教学是一个新领域。课件的基本设计思想不是美术，而是人机界面设计思想、互动式教学的思想以及认知学思想。

为了使多媒体课件适应学生，首先应观察他们的漫游方式。各人有不同的技能和目的，漫游网层文字时采用明显不同的方式。Homey（1993）发现用户采用五种漫游方式，包括线性游历、横向侧游、星形访问方式、扩展的星形访问方式、随机性访问各结点。Homey还总结了用户五种搜索策略，如扫描、浏览、搜寻、探测、漫迷。

在各个学习阶段，学生可能采用不同的学习方法，他们尝试使用各种方法使自己从迷茫到清楚，获得自己需要的知识。

在进行多媒体课件界面设计时要注意：能够把教学要点显示在屏幕上；在编制多媒体课件时，要采用网层文字；构化知识结构；课件分助教型、助学型、网上实验型；从多媒体显示看，教学知识包括目录、章、节、屏、链接、被链接的知识块；采用网上讨论的方式。

无论是传统产品的硬界面设计，还是信息化产品的软界面设计，其目的都是为“设计支持人们日常工作和生活的交互式产品”。在这些人机界面的交互设计中，在产品满足用户低级需要的基础上，还能够满足用户的高层次情感需要，关注点是用户操作使用产品过程中的需求、期望、行为习惯，通过丰富、加强交互手段，使产品带给用户更加愉悦的交互感受。因此，人机界面的设计主要以用户需求为核心。

第四节
以用户为中心的人机界面设计

一个有效优秀的人机界面设计就是“Don’t let me think！”即使用户能控制使用过程，满足用户需求。在人机界面设计中，产品的使用者是所有构想的坐标原点，界面开发设计中的所有元素应为这个目标服务。以用户为中心的设计方法（User-cente red Design，UCD）的基本思想就是将用户时时刻刻摆在设计过程的首位。

人机界面是人认知产品的“切入点”，同时也是人操作、使用产品的“接触点”。以用户为中心的人机界面设计，就是要使使用者能充分理解设计者的设计指导意图，进而正确地进行实验操作；设计者能从使用者那里得到有效的反馈信息用以改进设计，两者之间能有序、有效地实现双向互动。根据UCD方法以及人机界面设计基本原理，并结合笔者曾经研究过的剧本导引法，将以用户为中心的人机界面设计步骤扩充至以下几个方面。

（1）了解用户。识别和理解目标用户是开始人机界面设计的第一步，如发现一些潜在用户，了解用户需要什么，想做什么，知道什么之类具体而非抽象的问题。要对使用者进行宏观和微观的研究，前者主要是以使用者所处的大环境为主，了解未来情境；后者则是对使用者的更深入探索。用户研究的目的在于激发设计团队并让他们聚焦在某些关键点上，在时间和预算有限时，要沉浸在用户的环境中，了解实实在在的使用者的需要。可以对用户使用产品的过程做情节描述，考虑不同环境、工具和用户可能遇到的各种约束，可能的话，深入实际的使用场景中。设计师可以通过与用户交流，观察用户工作，将用户的工作过程录像，使用户在工作时边想边说，通过了解工作组织以及自我尝试等方法，了解用户执行任务的过程，找到有利于用户操作的设计，而不是硬要用户说出自己的想法。因为人们在描述和实际操作之间往往大相径庭，常常遗忘或省略一些例行任务或表面上无足轻重的细节，而这些细节有时往往是界面设计的关键所在。

（2）分析任务。完成用户模型定义后，需要定义和分析用户将履行的任务，寻找与任务相关的用户心智和概念模型。对观测来的结果进行分析，并总结出几个主要的设计主题。通常用视觉化的形式（视频、图画、剧本等）来展示给设计团队，以便突出重点，让他们有思考的基础。笔者推荐使用需求剧本的方式，撰写的剧本可以包含麻烦的片段、期待的片段，即人与产品交互使用情境中避免出现及期待出现的情境。通过创建一张人物的面孔和名字的网络，可将调查及用户细分过程中得到的分散资料重新关联起来。这些人物角色可以帮助设计师确保在整个设计过程中把用户始终放在心里。任务分析既为设计决策提供依据，也为系统实现后的评估提供依据。它是一种经验性的方法，利用它能产生一个完整、明确的任务模型，使设计者明确系统应完成的用户任务和目标，以及系统是怎样支持用户去完成这些任务和目标的。

（3）架构原型。在完成用户目标和任务分析之后，使用这些关于任务及其步骤的信息构建草图，进而发展成产品原型。本文所指的原型并不是工程意义上的模型，而是所谓的“低保真原型”。其优点是简单、易于操作，可以使用各种各样的办法构建原型。例如，可以用故事板、剧本等可视化地展现用户使用产品的过程，也可以使用原型工具来模拟过程，以此说明产品是如何运行的。在架构人机界面的原型时，也应考虑使用者界面的设计标准来架构技术框架。再如，用户机能及其生理特征是在以用户为中心的设计中应该考虑的问题。原型是很好的测试设计的方法，它能够帮助检验设计在多大程度上契合用户的操作。笔者一样采用剧本方式，此时可称为方案剧本。方案剧本是从需求剧本中了解用户对产品的麻烦、期待来获得对产品设计的重新认识。剧本透过“角色—环境—任务”的互动，充分考虑人机交互使用细节，同时以有趣的故事线索和时间线串联整个故事。“……生活中的一天”是想象一种新产品可能适合自然生活方式和潜在用户态度的常见方式。

（4）用户测试。一个成功的产品离不开一个成功的用户界面，而成功的用户界面离不开对界面的评估。人机界面评估就是把构成人机界面的软、硬件系统按其性能、功能、界面形式、可用性等方面进行评估，这里不仅要与人机界面预定的标准进行比较，更重要的是进行用户测试。随着人机学研究的发展，用户研究与测试关注的不仅是可用性，更是超越了单纯的可用性的方法，对产品“愉悦生活”的功能方面也进行深入的探讨，使产品成为一种充满了愉悦、乐趣、感动和满足的体验。UCD对终端用户进行测试，而不是采用专家意见。虽然可用性专家能一针见血地指出新产品的问题所在，但专家意见可能只反映了有限的情况。尤其在设计复杂产品或服务时，由于它面向的用户群非常广泛，专家就容易漏掉某些重要的问题，可能会造成比用户测试的花费更多的损失。不过，在因保密需要及在预算有限时，结合专家意见和小部分不同用户的测试也可以降低成本。初期用户测试针对的是作为低精确度原型的图纸及样型，高精确度的原型将在之后的流程中出现。

在进行用户测试时，应仔细地观察、倾听，最好录制下用户在执行特定任务时的反应，看是否与设计定义相一致，着重对设计阶段分析任务的检验，对参与者的指导必须清晰而全面，但不能解释所要测试的内容。测试没有用过产品的用户以获得新的看法，并向他们承诺研究的保密性，告诉他们是在帮助改进产品，控制交流的气氛。可以使用测试记录获得的信息来分析设计，进而修正和优化原型。当有了第二个原型之后，就可以开始第二轮测试来检验设计改变之后的可用性。随着原型的发展，人机界面的细节设计不断加入，在易学性和易用性之间达到一个平衡，在造型、色彩、材质等方面进行深入。这些原型能让用户提出整体上是否满足用户的需要，以及反馈它的可操作性。可以不断地重复这个循环迭代的过程，直到满意，进而形成最终的方案并实施。

在人机界面设计中应用以用户为中心的设计方法，可以更好地满足用户的需求。界面中介绍的概念、图像和术语等能适合用户的需要，符合用户的特征和各系统运行所在的环境，更好地进行人机交互。另外，关注用户将提升产品和服务的竞争力，让用户觉得得到真正需要且有价值的产品或服务，直觉上感到好用。用户对使用体验的肯定造就了顾客的忠诚度及公司名誉。毋庸置疑，未来的人机界面设计将更加关注用户。

第五节 人机界面设计的评价与测试

人机界面是否好用、是否友好、是否自然，都必须经过一定的评价和测试。界面的操作是否简单、方便、自然，直接关系到人们的工作效率。人机界面评价就是把构成人机界面的软、硬件系统按其性能、功能、界面形式、可用性等方面与某种预定的标准进行比较，对其做出评价。

一、评价与测试的意义

一个成功的计算机系统离不开一个成功的用户界面，而成功的用户界面离不开对界面的评估。

（1）对用户界面的测试和评估的作用。降低系统技术支持的费用，缩短最终用户训练时间；减少由于界面问题而引起的软件修改和改版问题；使软件产品的可用性增强，用户易于使用；更有效地利用计算机系统资源；帮助系统设计者更深刻地领会“以用户为中心”的设计原则；在界面测试与评价过程中形成的一些评价标准和设计原则，对界面设计有直接的指导作用。

（2）评价用户界面需要明确的两个问题。一是评价的对象是开发工具还是目标系统，不同的对象有不同的评价指标；二是评价的主体是开发人员还是终端用户，不同的主体导致不同的评价方法。

二、评价的科学方法

界面评估采用的方法已由传统的直觉经验法，逐渐转为科学的系统的方法。传统经验方法有以下几种。

1. 实验方法

在确定了实验总目标及所要验证的假设条件后，设计最可靠的实验方法是随机和重复测试，最后对实验结果分析总结。

2. 监测方法

监测即观察用户行为。观察方法有多种，如直接监测、录像监测、系统监测等。执行时一般多种方法同时进行。

3. 调查方法

这种方法可为评价提供重要数据，在界面设计的任何阶段均可使用。调查方式可采用调查表（问卷）或面谈方式。但是这种方法获得数据的可靠性和有效性不如实验法和监测法。

4. 形式化方法

形式化方法建立在用户与界面的交互作用模型上。它与经验方法的区别在于，不需要直接测试或观察用户实际操作，优点是可在界面详细设计实现前就进行评价，但无法完全预知用户所反映的情况，所以目前多用比较简单可靠的经验方法。

三、人机界面设计展望

人机界面的发展将体现“以人为本”的设计思想，我们通过对人的进一步认识，更深一步加强对人的认知的研究，使我们设计的界面更好地适应人。同时应用先进的人机界面技术，更好地完善人机界面设计。下一代人机界面将是产品适应人的知觉，提供自然信息，与人日常的知觉经验一致。

对人机交互中人机关系的认识问题由来已久，并随着人们对人机关系基本观点的变化而变化。在计算机出现不到半个世纪的时间里，人机交互技术经历了巨大的变化。我们可以从几个不同的角度，来观察和总结人机交互风格发生的变化和未来的发展趋势。

就用户界面的具体形式而言，过去经历了批处理、联机终端（命令接口）、菜单（文本）等阶段，目前正处于以图形用户界面和多媒体用户界面为主流的阶段。未来的发展趋势是多通道—多媒体用户界面和虚拟现实系统，从而最终进入“人机和谐”的最高形式。

就用户界面中信息载体类型而言，经历了以文本为主的字符用户界面、以二维图形为主的图形用户界面和多媒体用户界面，计算机与用户之间的带宽不断提高。

就计算机输出信息的形式而言，经历了以符号为主的字符命令语言、以视觉感知为主的图形用户界面、兼顾听觉感知的多媒体用户界面和综合运用各种感官（包括触觉等）的虚拟现实系统。在符号阶段，用户面对的只是单一文本符号，虽然视觉的参与必不可少，但视觉信息是非本质的，本质的东西只有符号和概念。在视觉阶段借助计算机图形学技术使人机交互能够大量利用颜色、形状等视觉信息，发挥人的形象感知和形象思维的潜能，提高信息传递的效率。

思考与练习

1. 人与物交流信息的本质是什么？
2. 产品硬界面与软界面的区别有哪些？
3. 人机界面的设计需要情感化的考量吗？为什么？

第五章
产品的可用性与共用性设计

在研究人机工程学的过程中，产品设计有可用性与共用性两个概念，这两个概念归根到底都是“以人为中心”“以用户为中心”的设计理念。掌握产品中的可用性设计，如易用性、自然匹配、容错性和可调节性以及共用性设计的概念和特点，可更好地实现“以人为中心”“以用户为中心”的设计理念。

第一节

以用户为中心的设计

一、以用户为中心的设计意义

产品的开发者有责任确保产品不会危害用户的健康和安全，保护用户免受危险的影响，并能更好地满足用户的需要。对产品强调其以用户为中心的设计有利于保证产品实现上述目标，并具有明显的经济与社会效应。

具体表现在：使产品更容易被理解，这样能减少训练和支持成本。改善用户的满意程度，减少不安和压力。追求使用的方便性，改善用户在使用产品和机构时的操作效率。改善产品质量，增强产品对用户的吸引力，提高产品竞争优势。

二、以用户为中心的设计原则

以用户为中心的设计，是多元设计方法中的一种，它提供了一种以人为本的设计观点，这种观点在某种程度上可以看作不同设计过程的综合。无论采用哪一种设计过程、责任与任务的分配方法，以用户为中心的设计方法都由以下几部分结合而成。

（一）创造用户积极参与设计过程的条件，明确理解用户和操作任务的具体需求

在产品开发过程中，用户意见提供了有价值的信息来源。这些信息涉及使用目标、任务以及用户将可能如何使用未来的产品和系统。增加产品开发企业和用户之间的交流，可使设计师更了解其设计产品的未来使用者的状况，更明确理解用户和操作任务的具体需求。用户意见的分类则依据正在进行的设计因素而定。

在定制用户或用户需要的产品时，用户或合适的用户代表参与制定过程是十分必要的，尽管分散在用户群中能够提供信息反馈的用户数量可能不易达到，但这是为了使相关的用户和任务需求在系统说明书中达成共识，也是为了能提供反馈，从而测试已具有设计可行性的全过程。

（二）合理分配用户和技术两者的功能

以用户为中心的设计方法中，最重要的原则是合理分配功能的原则。在这些原则中详述了哪些功能应由用户完成，哪些功能依靠技术完成。这样的设计决策在某种程度上决定了一件特定的工作，任务功能或责任是自动操作或是由人来完成。

这个决策取决于很多因素，如人类的相关能力及限制和技术在可靠性、速度、精确性、力量、反应能力、经济花费、成功的或及时完成任务的可能性以及使用者的安全性上的比较。这些因素不是简单地决定哪些工作技术能够完成，然后将剩余的工作分配给用户，而要依据工作的复杂程度来完成系统工作，人的工作应该是完善这一整套任务。在典型的工作中，用户一般都会被考虑在这些决定中。

（三）随时接受用户的反馈意见

在交互设计方法中，用户的反馈意见成为信息的评价来源。结合有效的用户意见，反复调试，是个有效的方法，它能将系统不符合用户和组织要求的风险降到最低。反馈方法允许原始的设计方案在不同于真实世界的环境中测试，再根据反馈信息进行调整，结果得到日益完善的设计方法。反馈的方法能体现在其他设计方法中。

（四）多学科领域的合作

以用户为中心的设计需要多种知识与技巧。为了完成设计需要一系列人员，这意味着以人为本的设计过程还应该包括多学科领域的团队合作，这种合作可以是小范围的，也可以是根据设计需要及时调整所需学科领域的动态的合作，并且仅用于延续工程的生命。这支团队的组成部分应该能反映出组织者在技术发展上的责任和顾客之间的关系。这些角色包括：最终使用者，购买者和使用者的管理人员，应用领域的专家，商业分析人员，系统分析专家、系统工程师、程序员，市场营销人员、售货员，用户界面设计者、可视化信息设计人员，人机工程学专家、人机交互专家，技术权威、训练和支持人员，团队的各个成员，覆盖了不同的技术领域和观点。多学科领域的团队不一定很大，但是它要有充分的分工以形成适当的设计决策平衡。

三、以用户为中心的设计过程

以用户为中心的设计过程应从设计的最初阶段就开始（如当阐明产品或系统的原始概念时），而且应该反复，直至系统符合要求。

以用户为中心的设计方法，需要通过系统的操作目标来确定，例如，满足顾客在可用性上的要求。在计划一个系统开发项目时，应该仔细研究每一项人的因素，并把其当作指导来设计和选择以用户为中心的设计方法和技术，这样不仅可以实现这些因素，还能有进一步的发展和发现。在以用户为中心的设计过程中，包括以下四个主要环节。

（一）理解并详细说明使用状况

用户与作业任务的特点、企业组织与物理环境的特点限定了所设计系统的使用状况。为了对早期的设计决策起指导作用并提供评估基础，充分理解和限定这一使用状况的具体细节非常重要。

收集信息会面临两种情况，一是现存系统的优化或升级，这很容易获得；二是较分散的用户反馈意见，应借助工作报告或其他数据，来帮助用户修改系统。

对系统未来用户对象和使用状况的描述应包括以下4个方面。

1. 有意向用户的特点

用户的相关特点可归纳为知识、技能、经验、教育程度、培训、客观品质、习惯和能力。如有必要，还应详细说明不同用户的特点，如，经验水平的差异或不同的专业等。

2. 用户要完成的任务

这部分的描述应包括系统使用中的所有目标，应提及会影响使用性的任务特点，如使用频率与周期。如果还存在健康与安全隐患，如控制数控机床的运作，也必须进行描述。

3. 用户使用产品系统的环境

该环境包括硬件、软件和使用材料。它们的描述可以依据一组产品：它们是一个或更多能够体现以人为中心的说明或评估的产品；或依据硬件、软件及其他材料的一组属性或特性特征。

4. 描述自然和社会环境的相关特征

自然和社会环境的相关特征包括一些环境的相关标准和属性，如更广阔的技术环境、物理环境、周边环境、法律环境和社会文化环境。而这样的描述不是一次就够了，在设计和发展过程中，还需要不断反复、维护、扩充与更新。所描述的内容应该具备：可详细划分潜在用户、任务和环境的范围，以支持设计事务；合适的来源；经过客户确认，当无法获取客户确认时可由那些对该过程感兴趣的人士来确认；有充足的文件证明其可信；能够以合适的形式为设计团队所获取，以支持设计事务。

（二）详细说明用户及组织的需求

对于以用户为中心的设计而言，应该结合用户描述的概念将其说明延伸，以创造一种针对用户和组织需求的清晰表述。

传统产品开发和设计方式与UCD方式相比，以用户为中心的设计的特点包括：更易于理解和使用，从而减少了学习和技术支持的成本；减少客户的不满和压力，提高他们对产品的满意度；提高用户的生产效率，提高购买本产品的公司的运营效率；提高产品的质量和美感，增强产品的影响力；提高产品的竞争力。

第二节　可用性设计

研究人机工程学的重要目的之一在于，运用人机工程学的数据和基本原则在产品设计中提高设计的合理性，这种合目的性最集中体现于设计的可用性上。可用性设计就是以提高产品的可用性为核心的设计。可用性设计也可以理解为一种“以用户为核心的设计”，因此，可用性设计包括两个重要的方面，一方面是以目标用户心理研究（用户模型、用户需求、使用流程等）为核心的可用性测试；另一方面就是将认知心理学、人机工程学、工业心理学等学科的基本原理灵活运用于设计行为中。

一、用户与目标用户

用户是产品的使用者，拓展到整个艺术设计的范围内，还包括环境的使用者、网页信息的受众等。用户不一定是产品的购买者，因为许多产品并不直接针对用户出售，例如儿童产品的购买者是他们的父母，大型公司的购买者是专门的采购部门，而家庭采购可能是由家庭主妇一人完成的。这里之所以强调“用户”这一概念，主要是为了说明可用性工程及可用性设计都主要针对设计的直接使用者，因为当购买者与使用者不一致时，购买者对产品关注较多的部分可能是美观、价格、包装、品牌效应等，而非与产品本身使用相关的各种属性。

目标用户也称典型用户，是指产品设计开发阶段中，生产者或设计者预期该产品的使用者。可用性研究的目的是辅助设计，提高产品的可用性。而在设计开发这一阶段，可能还没有真正意义上的用户，因此可用性研究所涉及的对象常常是预期将要使用该产品的人。确定目标用户是进行可用性研究的第一步，也是建立用户模型的必要条件。虽然设计师可以在一定范围内通过提高产品的灵活性、兼容性等通用指标以扩大产品适用范围，但众口难调，没有任何产品能适合所有用户，因此只有首先明确定义“为谁设计”，才可能设计出最适宜这一群体的产品。例如，设计适合老年人阅读电子读物的阅读器，能阅读的老年人就是这项设计的目标用户，设计师必须充分考虑老年人操作浏览器以及阅读的相关特点，如视觉能力下降，可能带有老花眼镜或双光眼镜；容易疲劳；难以长时间集中注意力；对于数字界面的操作适应性较低，难以学习和掌握等。

二、可用性概述

可用性是目前国际上较为公认的，衡量产品在使用方面所能满足用户身心需要的程度的量度，是产品设计质量的重要指标。大致包括两个方面：一是对于新手和一般用户而言，学习使用产品的容易程度；二是对于那些精通的、熟练的用户，当他们掌握使用方式后使用的容易程度。可用性包括效率、容错性、有效性等方面的指标。根据国际可用性职业联合会（Usability Professional’s Association，UPA）的定义，可用性是指软件、硬件或其他任何产品对于使用它的人适合以及易于使用的程度。它是产品的质量或特性；是对于使用者而言产品的有效性、效率和满意度；是可用性工程师开发出来用以帮助创造适用的产品的一整套技术的总称；是“以用户为中心设计”作为核心而开发产品的一整套流程或文献的简称。

在人类工效学国际标准定义中，“可用性”是指产品在特定使用环境下为特定用户用于特定用途时所具有的有效性、效率和用户主观满意度。有效性是指用户完成特定任务和达到特定目标时所具有的正确和完整程度；效率是指用户完成任务的正确和完整程度与所使用资源（如时间）之间的比率；满意度是指用户在使用产品过程中感受到的主观满意和接受程度。

三、可用性测试

可用性测试是对产品的功能、技术及人与产品间的关系进行检验的过程。通过对设计，包括图纸、产品原型或最终产品的评价，为改进产品设计提供必要的依据，减少设计漏洞，并且检验产品是否符合预先设定的可用性目标和要求，它是可用性工程整体流程中的一部分。

可用性测试目的在于，告诉设计师用户是否能更快、更好、更准确地使用产品。而这也能充分体现人机关系处理得好与坏。之所以要将可用性测试作为产品设计开发的必要流程，原因在于：设计师和工程师对于产品的直觉并非总是很正确，他们设计的产品、符号、操作过程并不总是符合用户的需求，有时甚至存在错误或遗漏。特别是当设计师对于设计目标非常了解的时候，如软件工程师所做的界面设计或工程师设计的产品操作面板，当他们对于一切原理和流程都了如指掌，反而很容易忽视一般用户的需要。不同群体的用户存在差异，必然导致其对于产品的可用性的要求各不相同。诸如问卷、访谈等一般途径获得的用户反馈不够全面，特别是关于某些细节上的问题。很多产品的设计是在工作室中完成的，对于现实的使用场景，考虑得并不是很周到，而当产品被放置于真实的使用情境下时，就可能出现意料不到的问题。例如，插排的插口布置，当我们把形状尺寸不同的插头同时插在插排的多个插口处时，就会发现它们很有可能彼此互相干扰，或者根本插不进去，导致不得不错位插入，这样既浪费了很多插口的空间，也使插排本身很占地方（图5-1）。

图5-1　空间太小的插排

四、设计的可用性

可用性工程的核心部分是可用性设计——以用户为中心的设计，它贯穿于整个产品生命周期的始终，包括从需求分析、可用性问题分析到设计方案的开发、选择和测试评估等。从设计艺术的角度而言，可用性设计是“可用性”理念在设计艺术中的体现，也是可用性工程作为一整套工具与方法在设计中的运用，是设计艺术中“合理性”要素的集中体现。

（一）产品设计、环境、建筑设计中的可用性

1.无障碍设计与易用设计

所谓的“障碍”是指一切由于先天遗传、后天事故、疾病以及其他特殊情况所造成人的生理或精神方面的能力不足。障碍包括残障，但也包含其他非残障而造成的能力不足，如语言差异所带来的沟通不便，或者由于身体尺度超出常人而引起的能力不足等。

无障碍设计最初是指通过工具、设施或技术手段，为残障人士提供方便，减轻或消除“残障”对他们的工作和生活带来的不便。无障碍设施问题的提出是在20世纪初，由于人道主义的呼唤，当时建筑学界产生了一种新的建筑设计方法——无障碍设计，它的出现旨在运用现代技术改进环境，为老年人、残障人士、妇女、儿童等提供行动和安全的空间，创造平等参与的生存环境。

由于无障碍设计不仅能方便残障人士，更能减轻工作负荷，提高设计的使用效能，同样能给健全人士带来便利，因而逐渐成为一种通用的设计理念，其目标是减轻作业负荷，帮助人们更加有效、高质量地执行任务，也称“易用设计”。目前，无障碍设计在建筑和公共设施领域中的发展最为完善，且作为一种较为成熟的设计理念，在工业设计、视觉传达设计、标识设计、网页设计、软件界面设计等领域中均有所体现。

既然最初的易用设计主要是针对残障人士的设计，所以要从不同的障碍类型的角度出发，对易用设计中的具体表现加以分析和说明。常见的障碍一般可以分为四类，即视觉障碍、听觉障碍、肢体障碍和认知障碍。

为了能给残障人群，如盲人、肢体残缺的人、失聪或有听觉障碍的人；或者其他非残障而造成的能力不足的人群，如年长、年幼等有认知障碍的群体；又或者为有明确目的的人提供更好的使用体验，无障碍设计应主要考虑以下5个主要方面的内容。

（1）视觉障碍，包括色盲、弱视以及失明。色盲是指不能从混合并置的色彩中分辨出某种颜色的障碍患者，据统计约有8%的男性及5%的女性存在色盲或色弱现象，其中红绿色盲最为普遍，其次是蓝黄色盲。由于色盲人群所占比例不小，其可用性设计应是设计师需着重加以考虑的方面。克服色盲障碍的设计要点在于，使颜色不作为分辨目标物体的唯一途径，用户无须命名色彩或根据色彩名称辨别目标。如使用不同明度的颜色，或提供图形、文字上的注释，并运用灰度界面检验设计，以确认它们的可用性。目前，因为色盲患者无法分辨红绿灯等交通指示设备，他们通常不允许驾驶车辆，设想一下，如果红绿等色能改变一定的色彩明度，或者在形状上有所区分，那么也许色盲也能执行驾驶任务。弱视指并未完全失明，但视力很差者。如近视、视力模糊，有限视角，视觉斑点，视觉形象断裂等。弱视的可用性设计原则在于简洁、明确、较大尺度的产品

图 5-2　为弱视者或盲人提供的公共设施设计

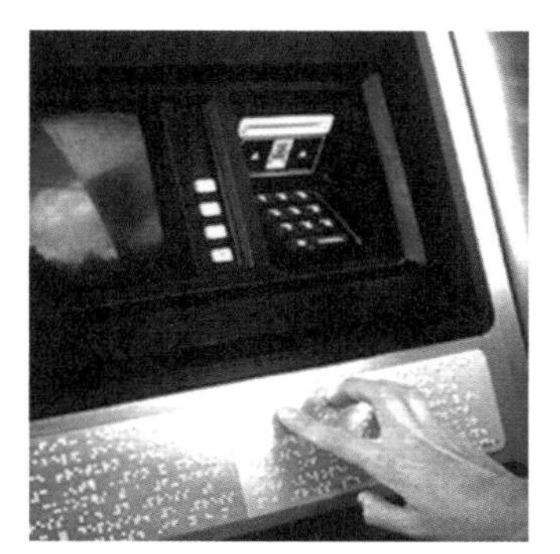
图 5-3　盲人可用的 ATM 机

界面布局，并且最好能使视觉目标的大小、色彩、对比度可调节或提供适当的放大工具。失明是最严重的视觉障碍。在完全没有视觉的情况下，设计必须充分利用其他感觉通道来提供用户刺激和信息，如听觉、触觉等（图 5-2、图 5-3）。

图 5-4 是一本专为视障人士或盲人准备的混音带，名叫“Note”。“Note”可以说是一个智能扬声器，但它的形状却像一本书。为什么形状像书？由于盲文在全球范围内的使用，这是视觉障碍或者盲人群体可能会接受教育或娱乐的开始阶段。因此，Note将固有的行为，也就是阅读书时的手势与他们所知道的语言相结合，使他们能够听音乐而无须“看”应用程序的屏幕。

可能有人会问为什么不直接使用语音控制呢？设计师希望制造一种具有个人风格的设备，而不是依靠用户可能拥有或者可能没有的语言能力。因此，为了使每个视障者都可以使用这个设备，Note被赋予了独特的形式和功能。每个页面都有盲文的详细信息，因此用户可以独立欣赏音乐。

图 5-5 是世界上第一款安装了盲文显示系统的智能手表，名叫“Dot”。它与其他智慧型手表一样，能够佩戴在手腕上。不过它的功能面不是普通的触控屏幕，而是一连串的突起。它能够与手机配对，手机收到文本讯息后，会翻译成盲文发送给Dot，Dot则通过震动提醒用户。那些突起能够上下浮动展现盲文变化。屏幕上最多能同时显示4个盲文词汇。而文字显示的速度可以根据用户需要，进行个性化定制。

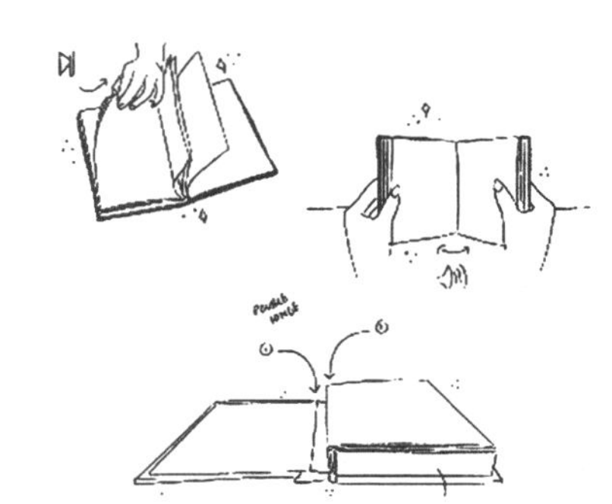
图 5-4　视障人群使用的混音带

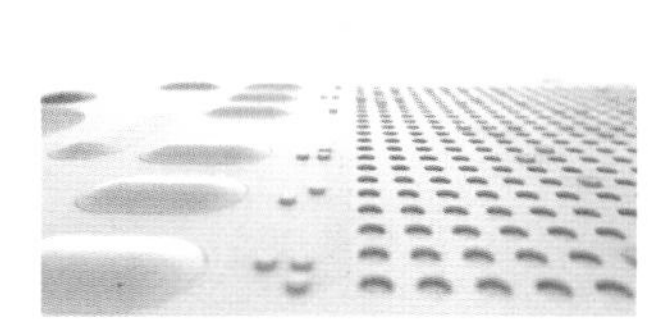
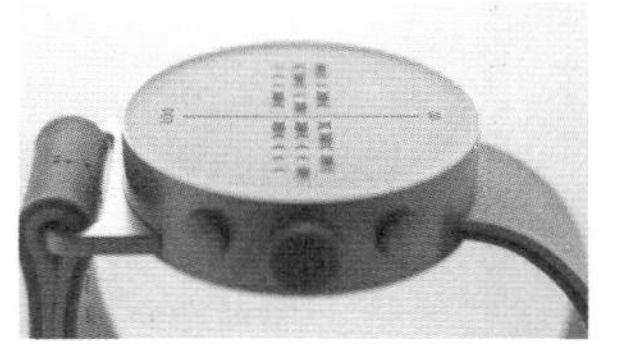
图 5-5　盲文显示系统智能手表

（2）听觉障碍，包括弱听或耳聋。对于弱听者，可以使用一定的听觉辅助工具，如助听器等，其使用的音频装置能够调节音量，可插入耳机，话筒的位置和方向均可调节。对于耳聋或局部耳聋，则应能同时提供其他方式传递信息，如字幕等。此外最好使用易见的警告图示补充或代替声音警告等。这些帮助听觉障碍者的设计也同样适用于那些不得不在噪声环境中作业的人，以及那些希望避免其发出的声音打扰周围环境的用户。

（3）肢体障碍，包括移动障碍，手部运动障碍，肌肉萎缩、失调，关节炎，瘫痪、麻痹，某些言语困难，重复肌肉紧张造成的损伤等。最极端的肢体障碍就是全瘫患者，他们除了眼球转动以外不能主动移动身体任何部分，但意识和知觉正常，这样的患者交流通道非常有限，脑电波是他们唯一能用来交流的方式。而当前的最新科技制造出一种脑计算机，它可直接由脑电波进行控制，但目前能识别的语言有限，因此通常只能做“是和否”的判断。

图5-6是一款为肢体有障碍的人群设计的水槽。设计师通过在水槽底部设计的一个简单的斜切面，便可使水槽在轻微受力下向外侧倾斜到一定的角度，大大方便了儿童或身残人士使用。

图5-7这辆巴士设计为旅客提供了足够的空间。残障人士也可以在公共汽车上轻松地移动，像所有其他乘客一样进入公共汽车。

图5-8是一款自平衡轮椅，除了拥有其他电动轮椅的一般功能之

图5-6　为肢体有障碍的人群设计的水槽

图5-7　残障人士可乘用的巴士

图 5-8 平衡轮椅

外，它还可以帮助残障人士独立平稳地上下楼梯，被认为是轮椅技术领域一项突破性的产品。这项创新设计是行动不便人士的福音，轮椅底部安装了多条橡胶履带，可以穿过障碍物，还能在楼梯上平稳、安全地前行。

（4）认知障碍，包括学习障碍、诵读困难、语言理解和生成困难（失语症）、失忆等。语言理解和生成障碍是一种比较普及和常见的认知障碍。最普遍的可用性法则在于降低语言的复杂性，提高文本的易理解性，降低语言输入和输出的需要；还可以设计"选择性交流"系统弥补语言交流上的障碍，即提供一些选项，使失语症患者能通过简单的选择来组合各种指令进行交流，如常见的菜单控制。

图5-9是手语互动装置，是一个由听力障碍者手语交流启发的互动装置。它能实时地对使用者的手做出反应，允许声音和轻的句子通过他们的动作进行互动。

失忆症也是较常见的一种认知障碍，是指存在比一般人更加难以记忆信息或更容易遗忘的障碍。为克服失忆，最重要的设计准则是减少用户对记忆的依赖程度，其操作能获得即时的反馈和提示。

（5）其他障碍，除以上常见的障碍以外，用户还可能存在许多其他障碍。如触觉障碍，一般是由于用户对于某种温度、肌理或材料等物理条件存在敏感或心理厌恶所导致，使用一定的防护措施（手套、间接控制装置）就可以避免此类障碍。

2. 自动化设计与智能设计

自动化设计是指用机械、电子、数字等方式完成以往需要人来执行的工作的设计。它能代替完成因人的某些局限而无法执行的任务，如复杂运算、对有毒材料的处理、飞机驾驶、交通导航系统等，这些工作是人亲自执行时存在一定困难或需要高代价并容易出现问题的工作。自动化运用在作业中，具有节约成本、扩大工作绩效、拓展人们的能力、减少人的工作负荷的作用。

3. 自动化设计与智能设计的民用体现

随着数字技术、网络技术、人工智能技术等高科技技术的不断发展，自动化设计正逐渐从工业转向民用。

（1）远距离遥控，用户能运用任何与网络连通的数字设备接通屋内的中央计算机，执行诸如放洗澡水、开启空调、基本烹煮等功能。

（2）通过发讯器、感应器和中央计算机，打造完全的“个人化”环境，即系统能根据来访者胸前貌似胸针的发讯器识别来访者，再通过屋内计算机按照来访者的个人喜好调节屋内的温度、灯光，并指挥音响播放其喜欢的音乐、节目。

（3）整个家居设备通过网络连接为一体，用户可以通过任何一个网络的节点控制家中的各项设施。

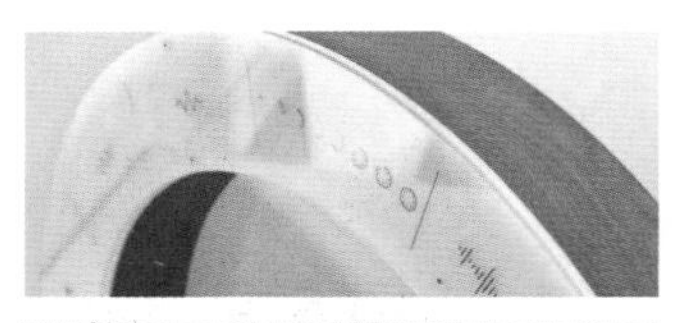

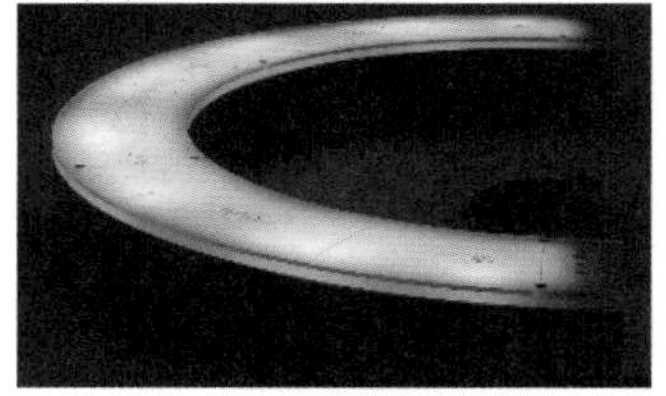

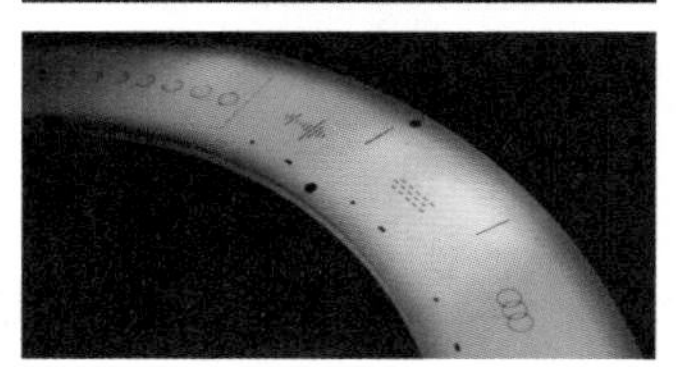

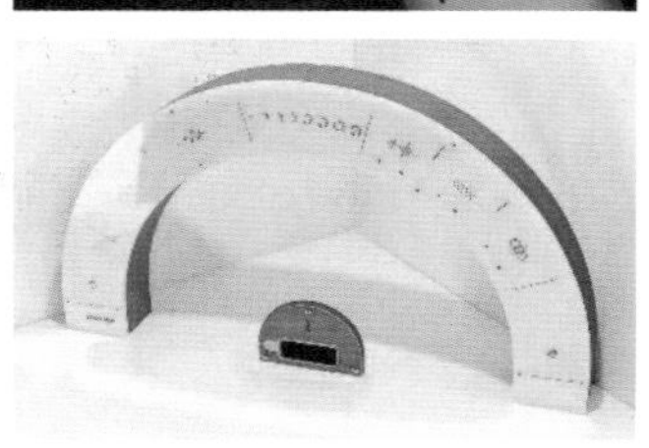

图 5-9　手语互动装置

4. 自动化设计的特征

由此可见，自动化家居生活的主要特征包括以下几点：

（1）它是能提供高度个性化家居生活的设计方式，使用户凭借自身喜好、习惯制定独一无二的生活方式。

（2）它使另一种“通用设计”成为可能。工业社会的“通用设计”是通过几种模型的有限“变种”提供给消费者一定范围内的自由选择，这种通用设计本质上是一种平均设计，用户仅能获得基本的满意，而距离完全的“个性化需要”仍很遥远。与之不同的是，数字化社会情境下出现的这种新的通用设计，不是提供给人平均设计，或者“母体设计中推导出来的变体”，而是利用计算机的不断更新、定制、变化的能力，为人们提供无限的可能。

（3）设计将以网络为基础，密集连通，高度灵敏，使家居环境与用户需要之间形成完全通畅、灵敏的互动，使用户能跨越时间、空间完成工作或生活中的各种活动。

5. 自动化设计的隐患

在研究自动化设计的优势时，我们发现自动化设计也存在两个方面的隐患，即可靠性与灵活性。

（1）从可靠性方面看，自动化可以部分取代人的工作，消除人的差错，但过度依赖非人控制的现代技术，依赖其软件和程序，有时也会担心软件中的“BUG”会使整个系统缺乏稳定性。而被隐藏的运行程序，会使用户对其无法看到的工作过程更感惊奇和怀疑，这是一种信任不足的表现。另外，过度依赖和信任，反而使人的敏感度和技能降低，导致了不信任自己的记忆。

（2）从灵活性上看，虽然目前的自动化正走向智能化，但高智能性的自动化设备仍不够灵活，缺乏对外在复杂环境的应激和适应能力。而对于自动化给日常生活带来的方便、舒适、多样化与个性化，许多用户却不以为然，因为过于自动化会使人失去许多生活乐趣，使物与人之间本该有的和谐互动、本该获得的满意和愉悦变得荡然无存。

因此，在产品的可用性设计过程中，需综合考虑自动化与文化、习俗、仪式、符号等方面的矛盾冲突，从而实现自动化设计。

（二）数字产品界面的可用性

网页、软件、多媒体音像等数字产品是崭新而重要的产品门类，由于这些产品界面没有具体的物理形态，属于非物质设计，它们能作为客观现实而存在，并与用户发生交互的唯一途径就是由一种以上媒体信息（图像、声音、字幕）组成的界面，因此这些产品中的艺术设计主要体现于其界面设计的方面。它们的界面设计，既是一个内部功能合理外显于用户、使其能正确理解和使用的过程，也是一个加以美化使其更加符合人情感需要的过程。

如同硬件产品也存在消费品与工业品的区别那样，数字界面也可根据其使用目的分为三类：第一类是主要功能在于快速、有效、低误差地执行特定任务，例如办公软件、控制工业生产的软件等，可称为“作业型数字界面”。第二类是那些以信息检索、提取和收集为主要目的的界面，它的可用性在于帮助用户有效、迅速、轻松地在大量信息流中过滤垃圾信息，提取有用的资料，其“导航”的有效性尤为重要，即保证用户不致迷失在密布的网络空间中，此类界面可称为“信息型数字界面”。这两种界面都是以提供直接或辅助执行某些任务为目的的界面，可以统称为“功能型数字界面”。第三类是称为“娱乐型数字界面”，对这类界面而言，为用户提供娱乐和愉悦是其最重要的属性，其中最典型的就是游戏界面。

与实体的产品相比，数字产品（这里主要指其中的软件部分）具有“界面设计为主”和“常通过网络相互链接”的特殊属性，其可用性设计不仅遵循易用设计和无障碍设计的通用法则，而且具有一些特殊的原则。

1. 功能型界面的可用性

功能型界面作为非物质的设计，实现通用可用性原则的方式具有以下特征。

（1）协议。各种数字界面设计与硬件设计相比都具有一个显著的特点，就是形成协议，这里的“协议”不仅是技术结构上的，同时也是界面形式上的。协议是一种系统性设计的方法，即设计组块相互一致。协议不是强制性的标准，它通常是由某些专家提议，为从业人员自动遵守和模仿而形成的。那些得到最多设计者认可的协议，通过完善和修正会逐步形成通用标准，目前各类数字界面基本上都已经形成了一定的标准。例如，操作系统的快捷键具有统一的设定；网页设计中常将网页导航条放在上部或者左侧（图5-10）；软件工具的图形设计不像一般的平面设计那样随心所欲，也需要遵守一定的协议，比如框选工具、铅笔工具、橡皮工具等，即使不同公司的软件或者针对不同经验能力用户的不同难度的软件，同一功能一般都会使用类似的图形作为图标，如Ps和Ai两个软件的工具栏中的工具（图5-11）。

图5-10　网页设计的导航条在上部和左侧

图 5-11 Ps 和 Ai 软件中类似的工具栏

（2）定制。前述协议及标准使功能型界面设计的自由度变得非常有限，但是用户毕竟存在种种差异，特别是对于外观的偏好，因此定制是所有功能型数字界面所必备的一种功能，即用户根据自己的喜好和需要来制定系统特征的能力。例如，许多软件可以选择界面外观，某些网站允许用户根据个人的视力选择小字体、大字体的设计等。但目前很多软件定制功能的可用性并不理想，如软件中常使用“Preferences（偏好设置）”执行定制功能，然而非专家的用户往往无法理解那些复杂的功能设置，使定制能力形同虚设，这是定制设计需要改进的方面。

（3）拓展。作为非物质设计，软件、网页的更新不会如同硬件更新、升级那样困难且耗损资源，并且现在软件技术发展速度很快，因此软件、网页都有一定的升级期限，例如，网站每隔一段时间需要更新页面，软件需要定时升级，随着功能或信息的更新升级，其页面的布局和设计也需要相应变化。因此，设计师应该尽可能预测未来发展方向，使设计在不同情况下仍能延续使用，或者通过简单修改就能适应新情况。例如，界面布局应考虑以后增加功能组件的需要，网页设计则需要考虑如何适当地在原有页面布局中增加或减少内容而不影响美观。许多网页的界面设计中会以主题版块的方式来预留后续需要增加的内容，或以循环滚动的界面设计来适应新内容的增加。

（4）速度。这也是数字界面所特有、需要加以考虑的可用性设计准则，即用户应在其预期的时间内获得所需要的信息。艺术设计师经常以为，只要网页美观有趣，用户就会耐心等待。而事实并非如此，IBM公司在20世纪70~80年代所做的研究发现，如果按下相应的功能键后得到的所需屏幕转换时间小于1s，大型机用户会更加高效地工作。美国可用性设计专家尼尔森（Nielsen）提出网页的响应时间应不超出10s，否则人们很难保持等待。

通常情况下，网页速度的设计应针对主观和客观两类因素进行。在客观条件中，网络速度、软件本身响应的速度、用户硬件配置，以及软件平台的兼容程度都不同程度地影响界面所呈现的响应速度；用户本人因对数字界面的目的性需要所导致的期望（娱乐还是实现某一特定功能）以及用户本人的个性特征也影响了他们对于速度的感知。相关用户调研结果显示，一位用户通过网络购物时，在商务网站各页面所感知的内容包括需要的商品类型——浏览备选商品——有兴趣的商品，在这一过程的观察中，那些目的明确的用户往往更难忍受由于浏览图片和媒体文件所导致的较长时间的等待，而更希望能尽可能快速直接地找到他们所需要的内容。个体特征则包括了用户的生理特征（性别、年龄等统计因素）对计算机和数字技术的掌握程度，如青年人，感知能力较强、对所操作的数字界面熟悉度高，性格急躁的用户对速度要求比较快；而这些要素处于反向的用户可能反而希望响应速度慢一些，因此对于目标用户的了解也是使系统响应速度更合理的重要研究步骤。

（5）无障碍设计。同样，功能型数字界面设计中也存在与有形产品设计中类似的“无障碍设计”，它是将对用户心理研究的规律和原则运用于功能型数字界面设计的集中反映。自20世纪90年代以来，美国的研究者将这些特殊原则总结起来，开始制定协议性文件，其中较完备的是《Web内容无障碍指南》，这是交互界面无障碍设计的典型体现，它详细规定了功能型界面的可用性基本法则，核心部分包括可感知性、可操作性、可理解性及可拓展性4个方面。

①可感知性。即内容应易于察觉。包括所有非文本内容应配有可更替的文本说明，为多媒体的内容提供同步的文本说明，确保信息、功能型和构架与展示出来的内容相分离，确保界面上的前景信息易于与背景图像或背景声音分离。由此可见，实现“可感知性”最重要的一点即需充分利用用户的多感知通道（音频、视频、触觉、味觉、嗅觉、动觉等），使各感觉通道形成自然的互补。这一策略利用了人大脑对于各信息通道的加工处理不共用同一部分大脑资源的特点（虽然在通过思维加工处理时可能存在相互干扰），例如，人们能一边看图像一边听音频，也可以一边吃美味的食品一边闻到诱人的气味，同时利用人们多感知的多通道，减轻了单一通道认知的负荷，提高了人们对信息感知的能力。

②可操作性。界面与内容相关的要素必须可操作。包括：保证利用键盘或键盘界面即可完成所有功能；允许用户根据自己的阅读或交互习惯控制操作时间；允许用户避开阅读可能引起感光性癫痫效应的内容，提供相应的机制以使用户在界面能得到适当的导航，并搜索到所需内容；帮助用户避免错误或者易于校正错误。

③可理解性。界面上的内容和控制必须可理解，具体包括：确保界面内容可以被正确解读，界面的各个子界面和窗口应保持风格一致，并且交互性控件应按照可预期的方式对用户指令和操作产生反应。可理解性对于艺术设计师而言，是一条需要着重斟酌和注意的原则，以往艺术设计师往往按照广告、招贴等传统平面设计的方式来进行功能型数字界面的设计，这样很容易忽视“可理解性”原则，将广告设计中出乎意料、夸张等典型表现手法移植到界面设计中，这种方式对于那些以“广告”为目的的宣传性界面（如企业主页面）而言较为适合，但是对于典型的功能型界面，如软件界面、信息检索主页则违背了“可理解性”“可预期性”的原则。

④可拓展性。界面必须具有充分的可拓展性以能适应当前和未来的技术。包括：按照规范和协议使用技术；确保界面易于学习和使用或者同时提供易于接受和使用的版本。

以上准则可用于评价各种功能型数字界面的可用性，许多界面设计领域中的可用性专家据此设计了相应的测试和评价方式。目前国际上较为通用的软件界面可用性调查问卷是一种可用性标准测试量表（图5-12），被测试者需根据这个量表中给出的问题，进行划分等级的打分，根据最终得分来判断其可用性的高低，而其提出的问题基本上涵盖了可用性的原则。

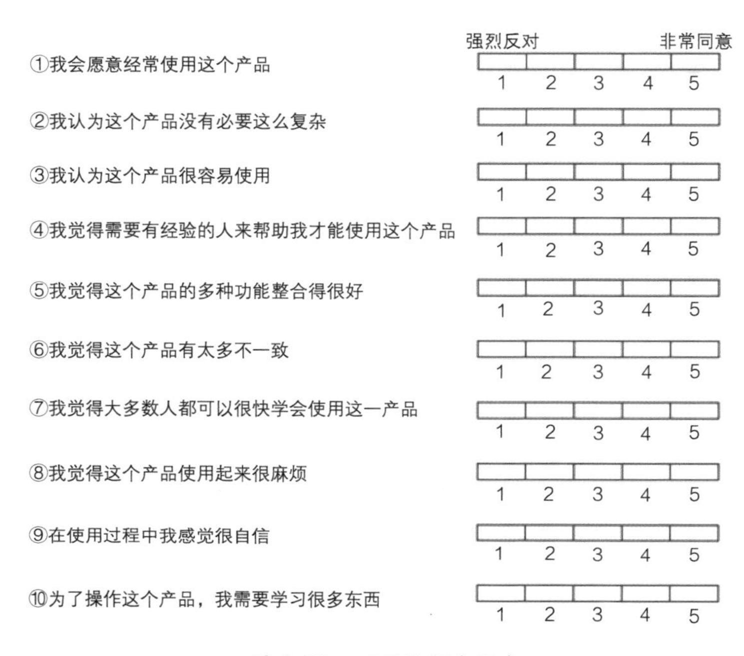

图 5-12 可用性调查问卷

2.娱乐型界面的可用性

除了上述功能型数字界面的通用性特征，这里还需对游戏界面的可用性设计进行单独阐述。游戏界面与其他界面不同，它的目的是娱乐，虽然大部分交互界面的可用性原则也同样适用于游戏界面，如有效性、易学性、容错性等。但是某些原则则不那么重要，如效率原则，既然游戏用户有时并不需要在尽可能少的时间内执行某些任务，而可能更愿意花费大量时间沉浸其中，因此研究者提出了游戏界面的特定可用性指标——可玩性（playability）。可玩性是指一个用户对于某个游戏的全部体验，定义包括该游戏的有趣程度，使人们愿意沉浸其中的程度等。

（1）五大要素。影响可玩性的要素是有趣、具有挑战性、能娱乐用户的游戏，至少包括五大要素：游戏的情境、界面可用性、故事、交互性以及技术要素，每个要素还包含多项具体内容。

①情境是指游戏行为发生的外部要素、周围环境等。首先，游戏的目的，即游戏是为了开发智力的教育游戏、便携设备上消磨零散时

间的小游戏，还是为了刺激用户感官的战斗游戏，不同目的将决定整个游戏的设计风格，乃至界面设计。其次，游戏应如何适应用户的心理状况，不同群体的用户，他们游戏的感受差别显著，年幼的孩子可能更多受到鲜艳画面的吸引，而成年男士则比较喜欢战略性、挑战性强的游戏，女性用户则可能更享受游戏的情节。再次，游戏行为所处的环境，如便携工具上的游戏与计算机上的游戏相比，前者可能需要放弃对音频和视频质量的部分要求，而应更简洁，容易随时中断或重新开始。最后，游戏的硬件设施，如有些游戏高手可能更喜欢使用游戏操纵杆追求更优的控制能力，而常使用便携设备的游戏用户可能仅使用手机的狭小键盘进行控制，因此如何提高游戏的控制能力是游戏设计师应该考虑的一个方面。

②界面可用性与其他功能型游戏界面类似，主要包括一般可用性原则，如满意度、控制的有效性、易学性、容错性和可记忆性等。

③故事是游戏设计的灵魂，特别是那些依靠故事情节吸引用户的网络游戏，有时故事优美、逼真的游戏能使用户沉浸其中，而几乎无法辨别现实与网络虚拟世界之间的差异。我们常常发现那些耳熟能详的故事被改编成为游戏或者某些故事情节曲折的游戏被改编成为电影、电视，前者如三国志、风云等，后者如古墓丽影等，这说明人们对于那些具有文化认同性、与所掌握的知识和经验具有某些关联、容易产生同感、回忆和遐想的故事更有兴趣。

④交互性是任何交互界面共同需要重视的要素。游戏的交互性设计主要体现在三个方面，包括交互密度、速度以及响应。密度是指交互的频繁程度，速度是指人机交互的快慢，交互密度越高、速度越快越容易给人带来疲劳，设计师应注意如何能使用户在密集的交互行为中保持警觉和兴奋，并提供用户随时休息并再次开始的可能，以及根据个人需要设定合理的难度，即交互的密度和速度。响应是指游戏对于用户操作行为的回应，这是一切产品可用的通用原则，合理、明确的响应是好的交互性的必要条件。

⑤技术要素是指游戏界面背后的技术支持，技术要素主要反映为图像质量、音频效果、系统意外差错出现频率等，这些是游戏可玩性的保障要素。

（2）设计原则。设计一个好游戏，提高游戏的可玩性除了应在以上要素的设计上着重注意外，还应注意以下原则。

①简化，即简化基本操作，提高易学性。游戏设计界存在这样

的说法；好游戏“让用户花一分钟学会玩你的游戏，花费一生的时间精通它”，即游戏的基本规则应尽可能简单明确，易于掌握，使那些经验并不丰富的用户也能快速掌握；而过多的游戏规则只会使游戏更加复杂，但并不见得更加有趣。事实上，游戏简化增加了设计师的工作难度，一般而言，提供用户真实的环境或利用他们已有的知识的设计优于迫使他们学习新的知识的设计。那些流传最广的往往是规则最简单的小游戏，如俄罗斯方块、贪吃蛇等，这些游戏无须用户学习，但却能通过不断刷新分值而引起用户的征服感，满足自我实现的需要。

②挑战和成就感。首先，游戏应该具有一定的难度，并能随着用户游戏技能的提高而不断升级；另外，难度应该适中，过大会带给用户过多挫折感；过小则使用户缺乏成就感。其次，这种难度不应来自变化规则、故事情节这些延续性的要素，而应来自任务难度的不断增加，如要求游戏用户提高任务执行的效率等。最后，游戏还应提供高分记录，它是游戏中的奖励，是游戏用户成就的体现。并且最好能提供一些方式，使这些游戏用户能相互交流，分享成功，例如在某个网站上给予高分记录等。

③控制。游戏控制应与用户的行为形成自然匹配，如左键代表“确定”，右键代表“退出”“取消”“清理”“查看属性”等；用户能随时控制游戏，其控制行为应该能得到及时反馈，而不应出现不知如何反应的情况；用户还应能控制游戏的进度，特别是在开始和终止时，能自行调节间隔的时间。另外，应该提供暂停功能，除了那些很短暂的游戏外，可以存储游戏的进度，这样游戏用户可以随着游戏技能的提高而不断挑战更高难度，无须总是从单调、缺乏挑战性的低级阶段开始。游戏中的音乐应与画面协调，并能够随时关闭。

④界面。目前的游戏界面已形成了比较成型的菜单、结构模式，这使多数游戏界面看上去就像是一个游戏界面，这对于“玩家”而言非常重要，是衡量游戏是否成熟、专业的重要标志。此外，可用性测试表明，游戏界面应该尽可能避免使用过多层级菜单，还应该避免滚动的界面。

⑤帮助。游戏应随时能提供必要的帮助，但帮助无须自动呈现，而应根据用户的指令出现，并不一定需要同时终止游戏。

五、可用性设计准则

可用性设计关键在于通过运用心理学、行为学等学科知识，分析和理解用户关于使用及与使用相关各要素的需求，使之巧妙地反映于设计作品中。可用性设计最具普遍性的设计准则有以下几个方面。

（一）人的尺度

人的尺度是指人体各个部分尺寸、比例、活动范围、用力大小等，它是协调人机系统中人、机、环境之间关系的基础，人的尺度通常是基于人体测量的方式获得的，它是一个群体的概念，不同民族、地区、性别、年龄群体的尺度不同。它也是一个动态的概念，不同时期同一类型群体的人的尺度也存在很大差异。

（二）人的极限

1. 人的能力非常有限

虽然人类是地球上最聪明的动物，能通过各种方式来揭示自然规律，发明工具，强有力地改造周边的环境，但仍然不得不遗憾地承认，人类即使能够通过不断发明各种各样的工具拓展其作为地球主宰者对周围环境的控制能力，但是适应范围仍然非常有限。这一点在前文关于尺度的问题中有一定数据的支持。例如，人的身体有一定的高度；人对空气、温度、湿度都有一定的适应范围；光线、可见度和环境对人的视觉都有很大的影响；人会疲劳；人的注意力具有一定的阈限，低于或高于阈限的刺激都难以被人所感知，那些不能达到的范围即是超过了人的极限数值。人的知识和记忆既不是非常精确，也谈不上可靠；人的动作重复性低，稳定性差；人的操作受个性、情绪的影响极大，它们会导致人能力的剧烈变化。以我国人体调查数据为例，男性（18~60岁）平均身高为167.8cm，女性（18~55岁）平均身高为157.0cm；男性双手上举最高能达到210.0~224.5cm，女性能达到196.8~208.9cm。如果设计师设计一扇低于180cm的大门，或是将常用的控制器安装在高度超过210cm的地方，都会或多或少地给人的作业活动带来一定的不便。由此可见，我们在设计时必须关注人的局限，避免设计超出人有限的能力范围。

2. 人与人的差异巨大

人与人之间由于性别、年龄、成长背景、生活环境、文化前景等许多因素所造成的巨大差异，使设计工作变得异常复杂和困难。同样一件产品，对某些人好用，不一定对所有人都好用。因此设计必须尽可能充分地考虑人的身心极限。人机工程学的研究为我们提供了很有用的关于人的局限的数据和知识，设计师在设计时应运用这些知识，同时也要根据不同的设计要求来灵活处理这些数据和知识。

图 5-13　座机按键设计

图 5-14　博朗 ET33 袖珍计算器

（三）易视性和及时反馈

易视性是指所有的控制件和说明的指示必须显而易见；反馈，即使用者的每个动作应该得到明确的、及时的回应。如我们打个电话，电话的形式告诉我们应该抓住话柄部分，排布在电话面板上的按键从0到9，显然是用来拨号用的；同样的设计还有计算器的界面设计，这就是“易视性”设计（图5-13、图5-14）。如果我们将按键藏在某个面板下，这样的设计也许是新鲜和有创意的，但可能会对初次使用它的用户带来不便。

当我们开始拨号时，可以听见按下数字所发出的拨号音，这就是反馈，如果没有这种提示，我们很可能不知道按键是否被按到了，造成操作失误。常见的反馈有位置反馈、声音反馈、亮度反馈、色彩反馈等。在同一个操作执行后，设计师可能同时运用几种反馈，以适应不同的使用场合，例如，许多软件界面上的控制按键被激活后，既能发出声音反馈，还有颜色的改变等。

目前，越来越复杂的产品功能使“易视性”设计越来越困难了，一个指令常常需要经过一个非常冗长、烦琐的过程。如何解决这个问题？一是利用高科技来提高产品的“智能”化，对于一些非专业的用户提供标准化的定制模式，如音响控制用“柔和”“古典”“激情”“低音”“摇滚”等标准模式按键替代了不明所以、相互雷同的调控条，照相机的设置用“自动”“室内”“户外”“人物”等替代了光圈、快门速度等术语，以提供给用户简单的“傻瓜”控制模式。二是提供操作助手，如许多产品的LCD上会指示机器的工作状态，以及下一步应该怎么做，如CD机、MP3的显示器会显示当前的曲目、进度以及曲目列表；在等待状态会提示“插入光盘”等指示。在目前的软件设计中，还会增加一个“个人助手”的插件，指导用户操作，如office办公软件。

（四）自然匹配

在设计之中，当物品的设计与用户头脑中的心智模型，或者是固有认知相一致时就会形成“自然匹配”，从而让用户容易学习、容易使用产品，进而使产品具备较高的使用效率和用户满意度。“自然匹配”节省了大脑信息资源被加工的时间，提高产品易学性、减少差错和失

图 5-15　电纸书

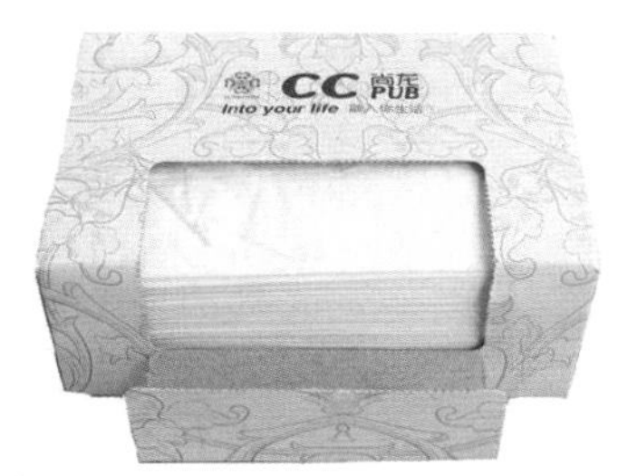

图 5-16　外包装上的两条虚线

误。它是满足用户的可用性设计的一种体现。

自然匹配是指人在使用物品时，能够很容易地从操作本身看出它将产生的结果，或者能够理解操作及其结果之间的对应关系。这种对应关系越是显得自然，人们就越容易记住它的操作方法。

实际上，这种“自然匹配”是产品的设计者头脑中的心智模型与用户头脑中的心智模型相一致的必然结果。

生活中，关于自然匹配原则的应用有很多，例如，电纸书（图5-15）。电纸书的阅读方式保持了与传统的纸制书的阅读方式的一致性，也就是说，电纸书会以翻看纸制书的行为习惯去操作，并且还伴有翻书时纸张发出的摩擦声，使读者“身临其境”；我们也常会看到某些产品的外包装上有这样的两条虚线（图5-16），我们下意识的本能反应是可以沿着这两条虚线撕开它；而对于汽车方向盘的操控，是最具自然匹配原则的案例之一，因为对它的操控和我们对于身体的左右转向的操控习惯是完全一致的，即如果想操控汽车向左转就把方向盘向左打，同理，想让汽车向右转就向右打方向盘（图5-17）。

在自然匹配的设计原则中，最重要的就是能够使人在使用物品时，从操作本身很容易地看出它将产生的结果，使用户无须语言说明就能理解操作与结果之间的对应关系。例如，我们常会用“按、旋、拨”的形态来体现设计本身的功能语义，其目的就是要让使用者能够直接通过按键的形态解读按键的操作方式。

例如，图5-18中这个音量调节旋钮，圆形底盘暗示了按钮是旋转操作的，其音量的变化规律通过“-”和“+”两个符号来提示，而这刚好与顺时针方向的习惯性认识规律相吻合，因此，两者之间的对应关系自然，操作很容易上手；摩托罗拉新型折叠手机（图5-19），其转轴结构自然匹配了可折叠的功能语义，它的操作方式与结果的对应关系很明显；图5-20中这把箭牌的智能锁，下方“把手”部分处理成

图 5-17　手打方向盘

图 5-18　音量调节旋钮

图 5-19　摩托罗拉折叠手机

了“L”型，当指纹解锁后，手就会自然地握住这个部位用力去打开门，这个形态中没有任何旋转、提拉的语义提示，并且开门通常是向外打开，因此，操作上很自然地会有向后拉的意识，这与用户头脑中的固有认知是一致的；可推拉橡皮（图5-21），其推拉部位的轨道结构明显说明了推拉操作与结果之间的对应关系，让人一看就知道怎么用。因此，正确建立“自然匹配”的对应关系，将大量节省大脑信息的加工过程，提高产品易学性，减少差错和失误，进而提高人对产品的使用效率和用户满意度。

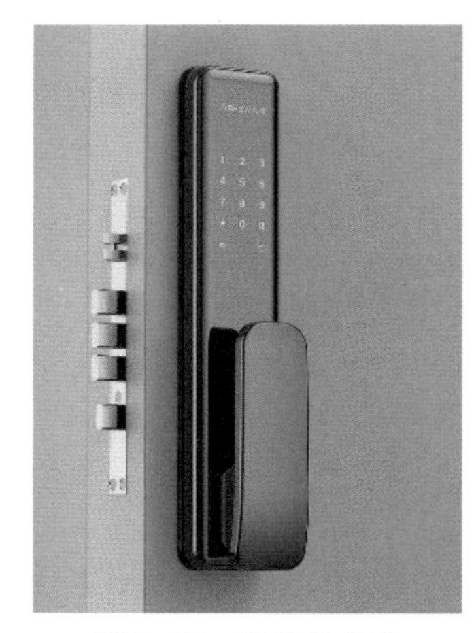

图 5-20 箭牌智能锁

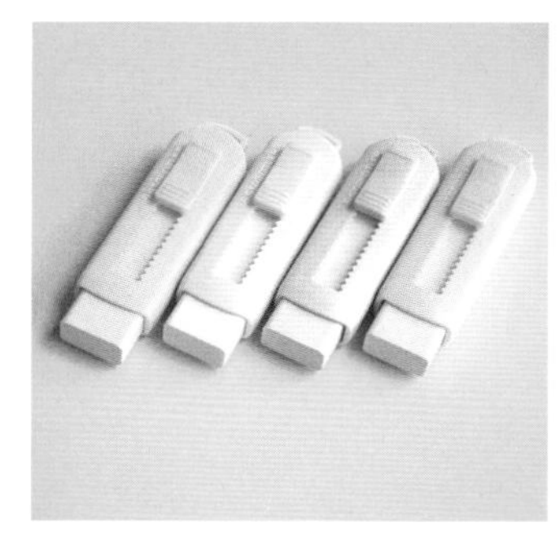

图 5-21 可推拉橡皮

（五）容错性

1.错误和失误

错误和失误，两者之间还是有区别的。错误，是有意识的行为，是由于人对所从事的任务估计不周或是决策不力所造成的出错行为，如著名的切尔诺贝利核电站爆炸事件，就是由于操作人员对情况的错误判断造成的。而失误是使用者的下意识行为，是无意中出错的行为，如收到一条短信息，本想要去按“阅读”键，却按到“取消”键等。因此，两者的区别在于，如果用户针对问题建立了合适的目标，在执行过程中出现了不良行为，就是失误；而错误是根本没能确定正确的行动目标。

失误的发生往往是不可预计并难以杜绝的。常见的失误包括以下几种情况。

（1）漫不经心的失误，如在操作某软件时，忘记存档就退出。

（2）记叙性失误，如把水瓶盖盖在旁边的杯子上。一般并置、相似的东西比较容易引起这种失误。可能是由于对该动作很熟悉，但不够全神贯注或过于急切所致。

（3）环境刺激产生的失误。受到外界干扰，可能会出现此类失误，如一边打字一边说话，有时无意间会将说了的内容“打”出来。

（4）联想失误。当你正在全神贯注地思考一件事时，忽然受到一个刺激，如被人拍了一下，你可能会将想着的事情脱口而出，这是由于内在的意识和联想造成的。

（5）迷失目的的失误。这种失误最常见的例子是，很多用户使用网络查某些的信息，但最终却迷失在“信息丛林”中，最后发现已经忘记了最初的目的。

（6）功用的失误。这种失误常发生在一项设备有多种功能或一种控制可能实现几种功能的情况下。如计算器中的四则运算，你想计算

“1+2×3”，如果你不假思索地直接按算式输入，你发现“1+2”后按下“×”，就自动得出了3，结果成了“（1+2）×3”。

由此可见，错误常常是由于信息缺乏、考虑不周、判断失误、不良设计或是对问题估计不足造成的，后果有时非常严重，因此应该尽可能通过合理周密的设计和预检验来避免；而失误是由人的思维特征所造成的，是不可能彻底避免的，只能依赖设计方式以减少失误或在事后弥补，减轻损失。

2.差错应对

差错既无法完全避免，又可能对作业产生极大的影响，因此，设计师在“可用性”问题上必须考虑应对差错。差错应对一般包括两个方面，一是在差错发生前加以避免；二是及时觉察差错并加以矫正。

差错应对常见的设计方式有以下几点。

（1）提供明确说明。如遥控器上的按键，每个按键都有明确的功能说明，且重要的几个功能键设计成不同的造型或者颜色，加以提醒和区分（图5-22）。

（2）提示可能出现的差错。如数码相机在删除照片时，都会提示“确实要删除照片？”这类的提示语，且“确认”删除的按键会出现左、右位置的变更，以提示你是否真的确认此操作行为。另外，在计算机中做删除处理时，计算机都会先把要删除的文件先存储在“回收站”内，必要时使用者可以从“回收站”中找回文件。

（3）失误发生后能使用户立刻察觉并且矫正。经典案例就是美国的自动提款机，为了防止用户将卡忘在机器上，它会要求用户抽出卡来才能提取现金，这种应对方式也被称为“强迫性机能”（即人如果不做某个动作，下一个动作就没办法执行）；另外一种是“报警性机能”，如有些汽车的设计，一旦用户将钥匙忘在上面，汽车能发出报警声。

（六）易用性

易用性是指产品易于使用的特性，它是可用性的一个重要方面，指的是产品对用户来说意味着易于学习和使用、减轻记忆负担、使用的满意程度等。产品易用性好，很可能是因为产品功能少，界面简单；也可能是用户认知成本低等因素。总之，同样的产品，功能、界面和环境都相同，对于不同的用户而言，易用性也是不同的，因为用户的认知能力、知识背景、使用经验等都不同。如说Word 2007，有的人认为很好用，很顺手，但是也有人觉得很复杂，没有Word 2003易于使用。

图5-22　功能区分的遥控器

通常我们会通过易用性测试来证明产品是不是易于用户使用。对于产品的易用性来说，这个测试的内容不仅包括软件界面，还包括硬件也就是产品的外观，如按钮形状、图标是否易懂、菜单是否容易找到等。

易用性的评测点包括以下3个主要的子特性，那就是易理解性、易学习性、易操作性。

1. 易理解性

因为用户的认知能力、知识背景、使用经验等都可能存在不同，因此，使用户减少认知负担，尽量使产品传达的信息与用户的知识背景有更多的交集，看得懂、能明白是易于理解的重要指标。

2. 易学习性

易学习性是指产品、界面应能使人快速而有效地学会使用。衡量产品易学性的度量单位是学习时间。根据人“记忆”和“学习”的基本生理、心理机制，学习和形成技能从认知角度而言，是形成“组块”的过程。通过记忆中的组块，人们能不经思考、自动地按照一定程序工作。形成记忆组块的方式通常有两种：一是通过不断重复加以强化，并且每次重复后应获得可察觉的后果。二是使学习内容能迅速与原有的知识结构发生联系。如功能有提示，或者复杂操作流程简化处理，都是降低学习成本，减少学习时间的途径。提高产品易学性的具体做法包括：减少认知负荷；学习和运用适当的训练方式；增加向导，减少学习。这也是核心，即不依赖于用户记忆和其习得的技能，而应保证他们随时可以获得必要的帮助、指导，而无须经过过多的学习或形成某种技能。

3. 易操作性

易操作性是指用户可以快速上手，无论是交互界面（软界面）还是功能按键（硬界面）的排布，都能清楚表达，显而易见，使用户容易上手操作。

（七）简化性

从20世纪50年代开始，人们就对科技力量的神奇和强大惊叹不已，还出现了一种叫“高技派”的设计风格（图5-23），那时的设计师喜欢将普通家用电器设计得像精密仪器，以密布的显示器和控制器体现产品功能的强大和高技术含量。但随着科技所提供的越来越多的“可能性”有增无减，我们的确可以用同样的代价获得更多的使用价值，一款手机可以集数码相机、MP3、游戏机、上网等功能于一身，但不可否认，复杂功能的产品不仅导致许多功能被闲置，还造成了用户学习和使用的困难，这些日趋复杂的产品对于用户的意义，更多的

图5-23 “高技派”风格的收音机

在于一种心理上的满足和高科技的符号化象征。

从可用性设计的角度出发，更适宜的做法是：简化功能或按功能重要程度予以显示。

1. 简化不必要的功能

对某些产品设计限制或避免那些不必要的功能。虽然通过对用户多层次需求分析显示，基于人们购买动机的复杂性，完全避免功能“冗余”是不现实的，但应设计“部分简化”的产品，突出必要的、重要的功能，以更好地满足用户的有效需要，如丹麦设计师设计的一款反智能手机“John' s Phone”（图5-24），就是将手机的功能减至最基本的几个功能，仅支持接打电话、收发短信，以及几个简单的纸上游戏。

这个看似与如今智能手机时代背道而驰的案例实则是一种对“过度智能”的反抗，从可用性角度降低了产品的学习和使用难度，满足了多层次用户（特别是不需要太多智能功能的用户）的需求。IDEO公司设计师深泽直人设计的CD播放器也是功能简化设计的典型代表，这个曾获得IF大奖的设计，将所有控制任务简化为一个拉绳的动作，操作达到极简又带有复古的意味（图5-25）。

图 5-24　John' s Phone

2. 按需求显示功能

采取折中的做法，将必要的和最常用的功能放在最显眼的位置，而将一些使用较少的功能隐蔽起来或放在不显眼的位置。这种做法非常普遍，许多移动通信终端、数码摄像机都使用了此类设计，以标准化操作模式来简化学习过程，防止操作指令变化过多而导致容易遗忘，使学习时间拉长。

（八）灵活性、兼容性与可调节设计

那些能较为灵活地满足用户行为多样性需要的设计更符合消费者的需要。因为用户并不见得总是严格按照设计师预设的行为模式来学习和使用物品，虽然对于用户使用行为、流程的分析是越细越好，但针对他们所做的设计却并非越细越好。事实上用户对设计师自认为非常谨慎认真的分析与设计并不心存感激，也不觉得是体贴入微的设计，因为符合多数人使用行为的标准化、细节化设计对于行为习惯不尽相同的个体而言反倒是一种约束。因此，设计应为用户多样化的需要和使用习惯留有可调节的余地。

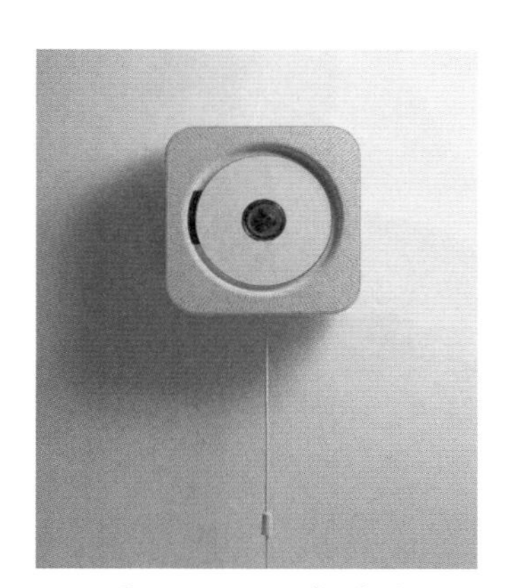

图 5-25　CD 播放器

1. 尺度上的兼容度

尺度上的兼容，如减少空间的分割或者使空间分割灵活可调，以最大限度满足各用户不同的尺度要求。这也说明了产品的可调节性。

生活中常见的现象，如马桶圈通常的问题是成人坐刚好合适，6岁以下的儿童由于臀部小，坐着就会太大。而图5-26这款马桶圈有儿童和成人的区分，在正常尺寸马桶圈的后部有一个小挡板，当儿童如厕时，翻下小挡板，刚好卡在马桶圈内边缘上，这样就缩小了马桶圈尺寸，使儿童能安心如厕，并提高了舒适性。

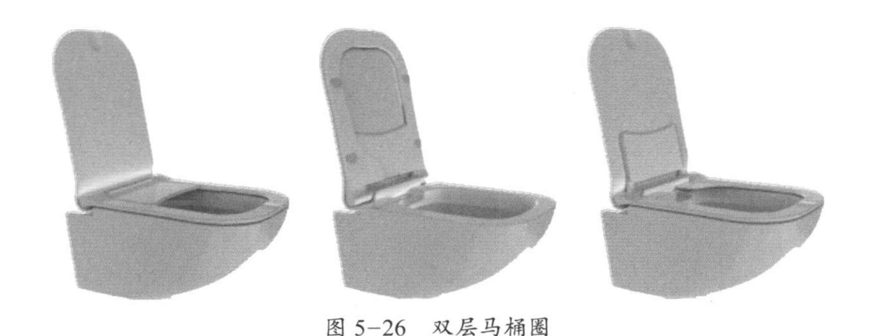

图5-26 双层马桶圈

2.行为流程上的兼容度

除非不按照一定程序操作可能会导致意外事故和危险，否则设计师应允许用户按照自己的习惯、情景需要来安排自己的使用行为。目前大多数界面设计师会接受和运用到实际设计中。如电子游戏中的设计，当游戏正在进行时，如果有任何事情发生，不需要刻意进行任何操作，只需要将鼠标移开游戏界面，游戏就自动暂停了，这样就能使游戏者随时中断游戏而进行其他行为。再如，现在的洗衣机都是智能控制面板（图5-27），用户可以一键清洗，但有时也可以根据需要中途加入衣服，或者在中途进行多次洗涤和脱水甩干。这些行为流程上的灵活兼容，使产品满足了用户多样化的需要和个性化的使用习惯。

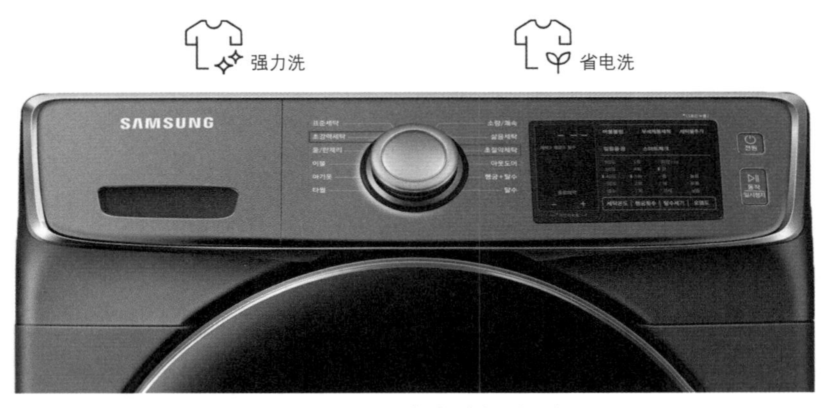

图5-27 洗衣机智能控制面板

3. 使用方式上的灵活性和兼容性

这个问题最初应用在标准化的产品设计中，既保证了产品的灵活性，同时也满足了兼容性的需要。因为，要使不同部件的更换与组合成为可能，就必须要考虑尺度上的一致，这种一致才能使产品主体与不同部件之间的配合保持良好的兼容度。

而最早的“标准化”技术其实起源于中国。所谓标准化，是指同类产品部件必须能够互换通用，以便于大规模生产和检验管理，同时也便于更换和维修。在2200多年前，我国秦代兵器的标准化就已经取得了惊人的成就。秦俑坑兵器实测的结果是，数百件弩机的牙、栓、悬刀和其他部件，完全可以通用互换，轮廓误差不超过1mm。可见秦代兵器的生产型号、式样已经初具标准化。

图5–28中的键盘，是可以根据用户使用左右手的习惯来灵活安排的组合式键盘。图5–29中飞利浦的三面独立刀头剃须刀，三个独立的刀头可根据使用者的脸型与弧度灵活调节刀头的贴面角度，为使用者带来全方位的清洁。又如B&O的遥控器，用它可控制B&O所有相关的产品，这被称为“B&O万能遥控器”，其家族产品的开关控制具有一定的兼容性，使一个遥控器可以控制几乎所有其下的产品（图5–30）。

图 5–28　组合式键盘

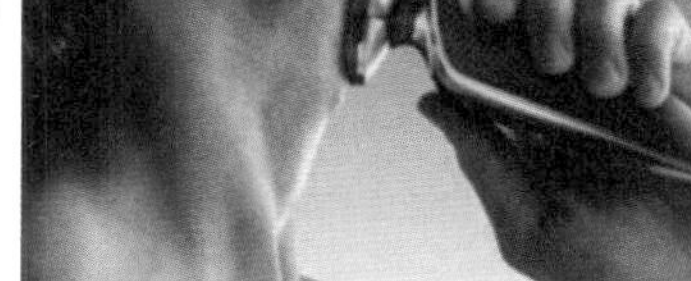

图 5–29　飞利浦剃须刀

图 5–30　B&O 万能遥控器

4. 使用环境和使用平台的兼容性

使用环境和使用平台的兼容性是指某一产品不应该是需要过多的配合条件或条件限制才能使用。如有些用户之所以选择某一款手机或笔记本，原因只有一个，就是它们的电池性能较好，待机时间比其他产品更长。这样特别适合那些经常出差的用户，一旦处于无法充电的环境下仍能保持工作和联系。使用平台的兼容性主要是针对软件产品提出的，即软件应确保在不同硬件设施和软件环境下都能正常使用。

不同品牌手机的充电口是不一样的，那是因为，充电器作为手机的附件也具有很大的市场，如果大家的充电器都是通用的，市场份额必然也会流失掉，但对于用户来说，产品使用环境的兼容性越强其利用率会越高。

我们熟悉的安卓系统（图5-31），是美国谷歌公司开发的移动操作系统，是一种免费使用和自由传播的类UNIX操作系统，由于它的免费使用和自由传播，让越来越多商家得以应用，也使得它成为兼容性最好的使用平台。

图5-31 安卓系统界面

第三节 共用性设计

共用性设计是人机工程学“以人为中心”的另一个高级层面的设计理念。20世纪70年代最先由美国设计师罗恩·麦司提出，它最早是在无障碍设计的基础上发展起来的。近年来，共用性设计被应用于多个领域，包括产品设计、环境设计、通信设计等领域。共用性设计是对无障碍设计的发展与完善，它包含了无障碍设计对弱势群体的关爱，同时弥补了无障碍设计将弱势群体与大众分离的不足。

从另一个角度来讲，如果将整个人类视为完整的群体，那么，在使用产品的过程中如果有人觉得存在一定的障碍，这就是设计师的责任，因为是他疏忽了相关的人的因素。美国残疾人就业委员会主席Task Force曾说："在这个社会中，我们被称为有障碍者。实际上，是一些不良的设计使我们有了障碍。如果我在街上找不到门牌号，那是号码太不显眼；如果我上不了楼，那是楼梯挡了我的道。"

共用性设计的理念就是消除这种不良设计的手段与方法。共用性设计不但将成为产品和环境设计的发展方向，而且将成为社会文明和社会进步的重要标志。

一、理念来源

随着整个社会生活水平的提高和医疗技术的进步，人类的生命期望在不断增加。公元前1000年之前，人类的生命期望不足20岁；直到19世纪，人类生命期望才达到40岁，而在一些殖民统治地区，生命期望则为35岁。到了20世纪，人类的生命期望迅速增长，在欧洲和北美，1900年约为50岁，1990年则为75岁，现在已经达到80岁。

根据联合国老年人口系数的计算，60岁及60岁以上的人口占总人口的比例达到10%即为"老年型"社会。按这一通用标准衡量，世界上许多国家早已是老年型国家了。目前高龄人口所占比例最高的国家是意大利和希腊，已经达到23%。其次是日本、德国和瑞典，均为22%。

此外，同样由于医疗技术的进步，使过去无法生存的残障人士得以生存，大大增加了残障人士的数量。据国际劳工组织公布的有关报告，目前全世界的残障人士总数已经超过5亿，约占世界总人口的10%，现在每年平均增长1500万；目前中国有残障人士6000万，占全国总人口的5%，是世界上残障人士最多的国家，他们的生存状况还影响近3亿的亲属和各方有关人士。

老年人和残障人士由于特殊的生理、心理条件，应该得到社会更多的关爱。自20世纪60年代以来，随着人类老龄化的趋势以及众多残障人士存在的现实，一些经济发达的国家和地区在建筑设计、公共设施设计上制定了方便残障人士和老年人的有关规定和条例。目前，中国一些大城市已经进入老龄化社会，中国城市建设不得不开始面对老龄化社会所必须要考虑的一系列后续问题。本着"以人为中心"的设计原则，中国城市建设有关部门已经着手制定为弱势群体在建筑安全设计方面的有关规定和条例。

但我们不得不承认，许多产品（广义上的）的设计仍然有意、无意地把老年人和残障人士等弱势群体排列在使用对象之外，从而限制了他们潜能的发挥，损害了他们的自尊，剥夺了他们平等参与社会生活、平等享受现代文明的权利。更重要的是，老年人、残障人士这类人群在内心并不希望把他们与其他人群明显地割裂开来，要求设计师做只适合他们自己的特别设计，而是希望尽可能地和大家一样享受产品带来的快乐。事实证明，一些造价昂贵的老年人或残障人士专用设施利用率很低，而老年人或残障人士能与健全人一起使用的设施和设备的利用率却很高。

以老年人和残障人士为主体的弱势群体的增长，使上述情况更受人们关注，也为人机工程学的研究提出了新的课题，共用性设计的理念由此产生。

二、共用性设计概述

共用性设计最初应用于建筑领域，直到20世纪90年代才广泛应用于多个领域。共用性设计在不同的设计领域有不同的定义，在不同的发展阶段也有不同的定义。目前业界普遍认为较权威和完善的定义，是由美国共用性设计专家Gregg C. Vanderheiden博士提出的定义：共用性设计是指在有商业利润的前提下和现有生产技术条件下，产品（包括器具、环境、系统和过程等）的设计尽可能使不同能力的使用者在不同的外界条件下能够安全、舒适地使用的一种设计过程。

共用性设计的英文名为“Universal Design”，“Universal”可以解释为“通用的”“普遍的”等意思，因此“Universal Design”从字面上可直译为“通用性设计”，且通用性设计的汉语含义与“Universal Design”的定义内涵也比较接近。但是从更深层次理解“Universal Design”，可以发现它的最大的特征就是满足特殊人群需求的同时，方便普通人群。而且更重要的是，要在设计上掩饰其专为特殊人群的特殊考虑，消除特殊人群的自卑心理，使他们能够以与普通人群同样的心态接受这种产品，它强调所有人群的共同使用，没有区别、偏见或歧视。因此，采用“共用性设计”这个称呼以突出“共同使用”而非“公共使用”的特征。

简而言之，共用性设计就是“能够满足各种年龄和身体条件的设计”。共用性设计应尽可能满足所有人的需求，无论年龄大小、健全与否，它既要为健全人带来方便，同时也要消除障碍，为弱势群体提供接近和使用它的机会。因此，共用性设计既不是辅助用品设计，也不是易于接近设计，而是既考虑消除环境障碍为特殊群体（如残障人士）提供接近它的机会，同时要考虑为健全人带来方便的设计。其目的是通过产品设计、交流、创造环境使具有各种不同需求的人们生活更方便、更舒适。包括“使用者不同的身体机能”（如行动不便的老年人，右撇子/左撇子，有视力障碍者，有听觉障碍者）——“设计产品的分类”（是个人使用、家庭使用、工作使用还是社会使用）——“行为说明”（信息的输入和输出）——“共用性设计观点”（分“设计者的观点”和“使用者的观点”两部分，两者既有共同点，也有差异）（图5-32）。

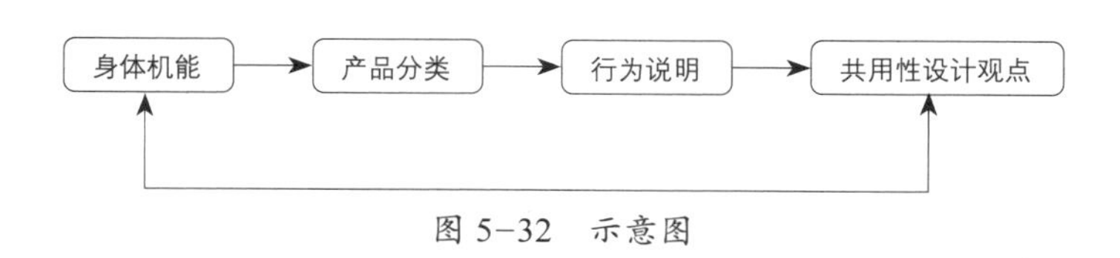

图 5-32　示意图

尽管所有的消费者都能从共用性设计中获益，尤其对特殊人群而言更是如此。这是由于他们经常买不到适合自己使用的产品以及人们对残障人士的误解和狭隘的态度，于是才出现了为他们所设计的专用产品，然而这些令人难堪而且造价昂贵的特殊人群专用品和专用设施，非但没有让他们觉得是对他们的关爱，反而使他们觉得用这种产品对他们是一种歧视。这样的专用品和专用设施在为他们克服生理障碍的同时却增加了他们新的心理障碍，因此，他们期望共用性设计能普及公共环境的共用性，同时也期望提高平等参与社会生活的机会，更期望实现残障人士与社会的一体化。

那么对健全人又如何呢？可能有人会觉得，对于健全人来说共用性设计的价值和意义不大，因为他们没有从中直接受益。这反而让健全人觉得他们将来需要共用性产品是一种消极的观点，只有当他们变老时，才会发现这关乎自己的切身利益，发现它的用处和价值。然而，事实上人人都可能成为特殊人群中的一分子，哪怕是健全人也会衰老而成为特殊人群中的一员。每个人在从儿童到老年的整个人生经历的不同阶段都会从共用性设计产品和环境中受益，所以共用性设计有时也被称为“完整人生设计”或“通代设计”。这将有助于消除以为共用性设计对健全人价值不大或蔑视，从而回避共用性产品的态度。

因此，共用性设计对健全人来说可以说是锦上添花，而对弱势人群来说则是雪中送炭。在共用性设计理念里，人群应该是一个需求和功能连续变化的统一体。一件好的共用性设计产品不仅能满足广大群体的需求，而且具有更好的宜人性、方便使用性和经济性，并要在设计上掩饰其专为特殊人群的特殊考虑，使他们能够以与健全人同样的心态接受这种产品。共用性设计的理想目标是满足所有人的需求，然而，也必须认识到并不是任何时候都能实现这个目标。因此，共用性设计的发展实际上是一个不断前进和不断循环的过程。通过这个过程，比例日益增加的特殊人群的各种需求能够不断地得到满足。

不仅是在产品设计、环境设计中，在市场营销中共用性设计同样也成为一个热门话题。除了人道主义因素，提高产品的共用性还能获得许多经济利益。共用性产品是针对所有消费者的，共用性产品和共用性建筑设施具有广泛的可使用性，除了普通的消费群体还有巨大的儿童市场、银发市场和残障人士市场。现行的居住环境、公共设施、路标和信息牌、信号和警报系统、通信以及其他的用户界面，都应该考虑它们的共用性而重新设计。如果共用性产品成了主流产品，将使整个社会受益，不但节约了设计、生产特殊人群专用产品的奖金积累，还使因没有合适的使用工具而无法工作的特殊人群也能参与工作。因此，无论从产品成本或市场份额角度考虑，共用性产品都将具有良好的市场前景。

三、共用性设计与无障碍设计的关系

（一）共用性设计和无障碍设计的区别

无障碍设计主要是针对弱势群体的设计。而共用性设计在于将设计的受众从所谓的弱势群体扩大到了所有的人，这样可以抵消一部分社会对于弱势群体的差别看待，给他们一份自由的空间。无障碍设计有时会因为对弱势群体的差异化对待，反而增加了他们的心理负担，弱势群体在内心里也是渴望被正常对待的。共用性设计体现了以人为本的宗旨，达到人人平等、人人参与、社会和谐的目的，拥有更高的情感意义。

共用性设计是在无障碍设计发展到一定程度，当人们发现无障碍设计的缺陷时提出的一种新的设计理念，它们的理论基础都是人机工程学。共用性设计与无障碍设计既有区别又有密切联系，共用性设计理论是在无障碍设计的基础上发展起来的，因此共用性设计的历史包含了无障碍设计的发展过程。

（二）无障碍设计的概念与特征

所谓无障碍设计是指对特殊人群无危险的、可接近的产品和建筑设施的设计。无障碍设计也称特殊设计，它包括“辅助用品设计”和

"易于接近（环境）设计"两种设计。

无障碍设计主要考虑的对象是特殊人群，它将整个人群根据功能（残疾与否、残疾种类和残疾程度）分为不同的群体；根据不同群体确定不同的设计准则和要求，然后设计出对应的专用产品或辅助装置或专用空间，图5-33、图5-34便是针对特殊人群所做的产品设计。

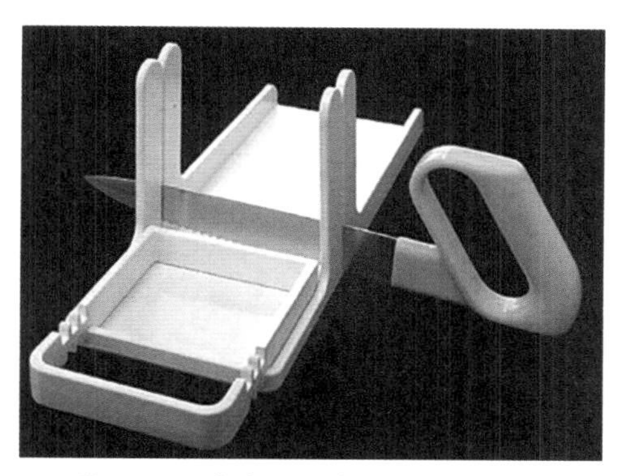

图 5-33　为盲人设计的切面包机

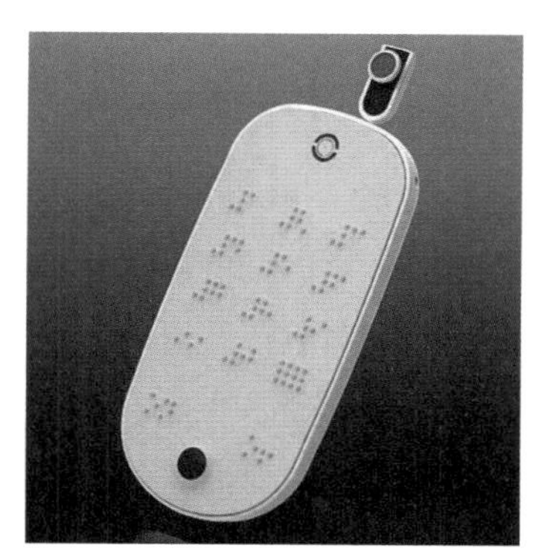

图 5-34　盲人手机

无障碍设计的特征包括以下几方面。

（1）可操作性。产品或环境对使用者或潜在的使用者必须是可操作的。

（2）安全性。产品或环境对使用者或潜在的使用者必须是能安全使用的。

（3）方便性。产品或环境对使用者或潜在的使用者必须是方便使用的。

（三）共用性设计的概念及特征

共用性设计将儿童、老年人、残障人士等弱势群体以及健全成年人作为一个整体，而不是分别作为独立的群体来考虑。共用性设计既不是辅助用品设计也不是易于接近设计，而是既考虑消除环境（广义的）障碍，为特殊群体提供进入或使用它的机会，同时要考虑为健全人带来方便（图5-35）。

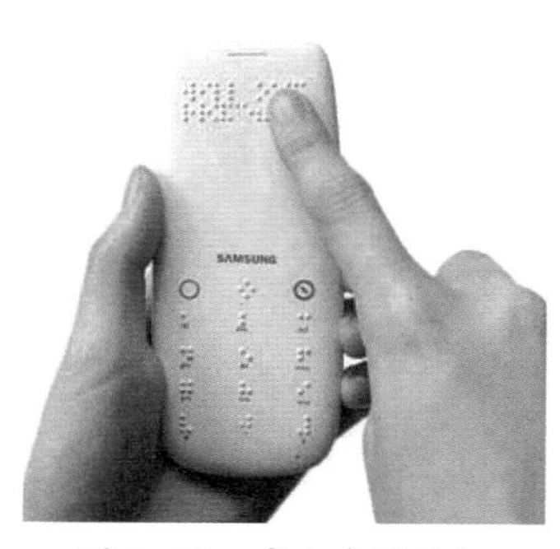

图 5-35　盲人专用手机

共用性设计具有以下几方面特征。

（1）无障碍性。共用性产品对使用者在生理和精神上都是无障碍的。

（2）无差别性。共用性产品与普通产品在外观上无明显的差别。

（3）市场广阔。共用性产品使用对象是全体人，所以有广阔的市场。

（4）安全性。共用性产品必须能够被安全使用。

实际上，无障碍设计和共用性设计间的界限并不明显，因为无论无障碍设计还是共用性设计，在它们的设计原理中有共同的基础，即感觉器官互补原则。

无障碍设计最初的设计目的虽然不是为健全人提供方便，但有时它的设计结果往往实现了这点。例如，计算机键盘中的F、J键上的小凸起（图5-36），它最初的本意是为使视力有障碍者能够准确定位键盘字母的位置，而实际上，这样的设计不仅为视障者同时也为视力健全者带来了极大的方便。又如，在日本一些城市的十字路口，采用红绿灯的视觉信号传递通行信息的同时还伴有声音信号，即当绿灯亮时，信号灯同时发出悦耳的音乐，这是为盲人设计的无障碍装置，但对视力健全者来说，也是一种帮助和提醒装置。因此，很难说清楚这种设计是属于共用性设计还是属于无障碍设计（图5-37）。

图 5-36　计算机键盘

图 5-37　无障碍信号灯

四、共用性产品设计的内容与方法

共用性设计的对象不仅是日常用品，它还包括居住环境、公共设施、路标和信息牌、信号和警报系统、通信以及服务等。它追求的目标是创建一个人人都能平等参与的共同生活空间。它所涉及的学科包括人机工程学、人口统计学、心理学、人体测量学、生物力学以及相应领域的学科。共用性设计的研究必须建立在大量的试验基础之上。因此，方便功能障碍者的设计同样能方便健全者。

（一）共用性设计的主要特征

在有商业利润的前提和现有材料、工艺和技术等条件下，共用性产品必须具有足够的可调节性，尽可能使各种不同能力的使用者能够直接使用产品，无须任何修正和辅助装置；如果因部分使用者不能有效或舒适地直接使用产品，而必须修正或增设辅助装置，修正或增设的辅助装置必须与原产品在造型和功能上协调一致。

（二）共用性设计的内容

共用性设计与其说是一种方法，不如说是一种理念。所谓共用性设计方法是指在设计过程中实现这种理念的手段。实现共用性设计理念的方法主要有可调节设计和感官功能互补设计两类。

共用性设计应该考虑广大使用者各自不同的习惯与能力，因此在操作力量、姿势和速度等方面操作者都可以根据自己的需要做出选择。

产品和环境之所以对特殊人群形成障碍，是因为特殊人群的某一（或某些）器官功能的衰退或丧失，消除这种障碍的方法之一就是利用其他健全器官的功能来弥补。因此，有些共用性设计对健全人来说，就提供了利用两种或更多种器官使用或感知的方式，这样既为特殊人群克服了障碍，也为健全人群提供了更大的方便。例如，能报时的时钟，它就是通过听觉来弥补视觉的障碍，既为盲人克服了无法看钟的障碍，同时又为视力健全人增加了获取信息的途径。

事实上，共用性设计使所有人都能受益，因为，有时环境给健全人造成的不便与功能障碍者的不便非常相似，以下举几个例子来说明。

（1）无须视觉的操作——能满足盲人的需要，同时也可满足眼睛必须关注其他目标（更为重要的目标）的人（如开车的人）和在黑暗中操作的人的需要。

（2）只需低视力的操作——满足视力有障碍的人的需要，同时也满足了小显示设备的用户需要和在模糊不清的环境中操作的用户的需要。

（3）无须听力的操作——满足聋哑人的需要，同时也满足在非常吵闹的环境中的人的需要和耳朵正忙的人或在必须安静的环境中的人的需要。

（4）只需一定听力的操作——满足听力有障碍的人的需要，同时也满足处在喧闹环境中的人的需要。

（5）只需一定肢体灵活性的操作——满足肢体残疾的人的需要，同时满足穿着特殊服装（太空服或无菌服等）的人的需要和在振动的车厢中的人的需要。

（6）只需一定的认知能力的操作——满足认知能力有障碍的人的需要，同时也满足心烦意乱时的人的需要和喝醉酒的人的需要。

（7）无须阅读的操作——满足认知能力有障碍的人的需要，同时满足不识字或不识此种文字的人（如外国游客）的需要。

从根本上讲，设计师应确立“以人为中心”的设计思想，汇总自己的全部智慧，进而确定目标和方向。当然，单纯依靠技术是不能解决问题的。特别是在考虑残障人士问题时，如果不能对由于残障带来不利情况有一个正确的认识和理解，就不可能找到合理的解决途径，也就得不到预期的效果。

“共用性设计”经常会被人误解，而最普遍的误解有两种：一是简单地认为共用性设计就是无障碍设计；二是认为共用性设计的产品必须满足任何人，不管使用者的功能障碍程度和障碍类型。事实上，共用性设计并非如此绝对。必须承认，任何产品都不可能满足所有的使用者，因为总存在着一些严重的肢体残疾、感觉器官残疾和认知能力障碍的人群，他们无法使用某些产品，而且产品的使用环境也是复杂多变的。然而共用性设计考虑的对象必须包括所有人群和所有使用情况，然后使产品的设计尽可能满足不同使用群体和不同使用情形，当然前提必须是产品有商业利润。必须指出，共用性设计不是专门针对残障人士或老年人等某一弱势群体的特殊设计。以残障人士和老年人为主体的弱势群体是共用性设计研究的重要对象，而不是唯一对象。

五、共用性设计的原则

（一）包容性原则

要让产品更适合大部分人甚至所有人，需要设计师尽量多地考虑到各种人群的行为使用习惯，为大部分的人提供解决方案。这就要考虑弱势人群和正常人群之间的行为共通点。诸如社区里的基础运动设施，既要有适合健全人的活动，也要有适合弱势群体的活动，如残障人士运动器材、老年人运动器材以及儿童运动器材等。

（二）灵活原则

要让产品的使用方式多元灵活化，以供使用者自己选择，最好再考虑一些特殊元素，如左右撇子人群的使用方式是完全相反的。这样可以适合更多圈子的受众，能增加用户的准确度和精准度。

（三）传递原则

要很好地传递给用户以共用性设计的理念。在这个过程中要考虑弱势群体的人群和正常人群的心理或者潜意识。例如，一些专为残障人士使用的便池，一般在旁边都会有明显的标识。正常人不太会使用这样的便池，因为也许会带来不必要的误解。而一部分残障人士如果有条件不用的话也不会去用，因为在心理学中，这是对于弱势群体的一种心理暗示，暗示着他们这部分人被区别对待了。这样的心理暗示一定不是有人有意这样做的，但是它是确实存在的。

（四）容错原则

要对各种样式和组成进行再设计，以减少对于使用受众的危害或者错误。并且要把注意力放在最普通、最常用的元素上，因为常用元素是生活中需要接触最多的元素。一些带有危害性的样式可以将其消除或者单独控制，如加入保护膜罩等。在出现危险和错误情况后可以发出报警反馈，如果条件允许的话可以提供安全模式，停止可能造成伤害的功用。

（五）舒适原则

要让使用产品的受众最好保持一种最省力的动作位置，并且使用合适的方式进行操作。在条件允许的情况下应减轻使用受众的用力程度，或者减少重复动作的次数以降低重复运动的频率，或者增强机械力度以省力，以此来减轻对使用产品的受众的体力负荷。

（六）人机工程学原则

要在省力的基础上为使用受众提供清晰的动作范围。人体的关节很多，但是关节和肢体的活动范围有限，不同的人群和不同的年龄既有不同也有相同。设计师需要在这些数据中找出共性和特性进行取舍并作出设计。例如，给不同姿态或坐或站的不同状态的使用者提供清晰视线以保障对重要信息的关注度；不同姿态或坐或站的不同状态的使用者可以轻松地触碰所有可用元素。还有手部尺寸和抓握尺寸的适配等人机工程学在设计中的要素是设计师应该认真思考的问题。

（七）简洁性原则

要一切从简，删除花样繁多的装饰和并没有太大用处的细节。但是基本功能不可以丢掉，主次要分明，并且根据重要的程度进行设计。设计就是一个需要不断权衡“删除→增加→删除”（或功能，或结构，或形态等）的过程，增加功能简单，舍弃功能却会比较难。有时不仅要考虑可实现性和设计性，消费者的期望和需求甚至对于产品的固定思维也都是要考虑到的。

以上原则的目的在于通过这些易于操作的守则体现共用性设计。是为了形成一个规范化的系统原则，去帮助人们规范更多的共用性设计问题，从而迅速找到设计解决方案。但是这些原则只是浅谈了共用性设计在使用上的一些问题，而且可能过于概括和教条。在生活中遇到的每一个问题都不会完全相同或者完全超出预期，设计师不仅需要考虑各种复合因素，还要能尽可能满足更多人群的使用要求。如何使这些原则具体化是共用性设计中的关键所在。并且如同法律一样，共用性设计的原则不会适用于任何时间、任何空间、任何人群，与时俱进的同时，同样需要更多的人群在实践中不断完善。

共用性设计的意义是它能用另外的更广的角度重新看待现有的设计，它体现了设计中的中庸与平衡，是一种目光更加趋于长远的理念。它将弱势群体在生活中可能发生的任何现象和变化与普通人合为一体，囊括在共用性设计的范畴中，从而做出更加人性化大众化的真正为人服务的好设计，更具有代表性，为构建更加和谐的社会提供一个平台，并且是一个不断攀升发展甚至思考的平台。

思考与练习

1. 产品设计中的可用性包括哪些内容？
2. 共用性设计与无障碍设计的区别与联系。
3. 产品设计中的易用性有哪些特点？

第六章
“人与机”的情感交流

人与机的情感交流，通过人与机的交互过程实现人对于机的情感体验，机对于人的情感表达，两者是相互促进的。

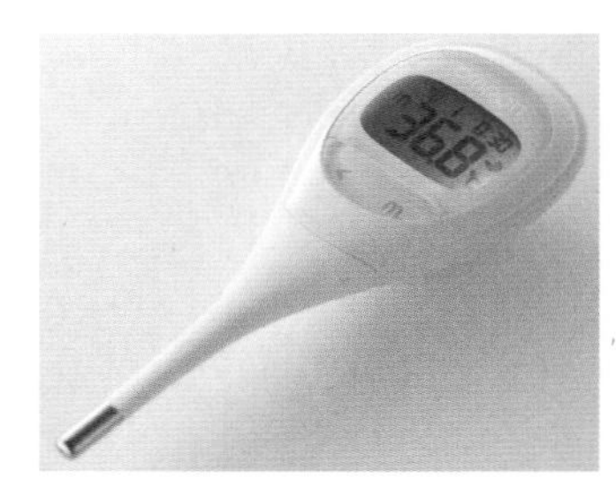

图 6-1　电子温度计
柴田文江

提到体温计，我们首先想到的是像水银温度计那样的产品，给人医疗产品那种冰冷的感觉，刻度小还不易观察数据。图 6-1 这款电子温度计与传统的水银温度计相比，首先，在工作原理上就发生了变化，它使用的是基于热电效应的传感器，因此测温的灵敏度比传统水银温度计高；其次，液晶屏占比大，清晰显示温度等信息，方便引导用户的识别与操作；最后，在造型上整体使用圆润的弧形曲面，去掉了锐利的边缘，让人在生病时也能体会到温暖。

人接触的最为直接、频繁的“机器”——产品，是与人进行情感交流的媒介。本章中的“机”更多指代的是产品以及产品中的交互设计，那人与产品的情感交流是如何体现在人机工程学中的?

现代社会的物质文明已经迅猛发展，技术的不断进步和材料的大量丰富给产品研发创造了良好的环境。当今社会随着体验经济时代的到来，人们不再仅仅满足于产品完善的功能和美观的形式，而开始追求产品的深层内涵——“情感”，具有情感化的产品不仅为产品本身带来附加价值，更为用户在使用过程中带来良好的用户体验。设计界也围绕着日益增长的情感需求，出现了诸如情感化设计、感性设计、体验设计等新的设计理念和方法，给设计师带来了很多启示和挑战。

第一节

“右脑时代”下人对高层次产品的需求

一、人类对产品非物质属性的追求

右脑支配感性认知，而左脑支配着理性认知，它们既相对存在又不可分离。越来越多的人开始认为，在现今社会中，物质的富裕强化了人们对精神生活的追求，强大的技术力量也正在替代大量的左脑工作，人们需要更加感性和更加概念化的生活。因此，有学者提出，21 世纪是右脑的时代，它不同于20世纪的左脑时代。如果说左脑时代强调实用性、理论性、科学性、消费力和论证性等物质理性的方面的话，那么21 世纪的右脑时代更强调感性方面，如意义性、感受性、艺术性、创造力、故事性和概念性。

未来学家奈斯比特曾说：我们正走在高技术与高情感的两个方向，

人们试图给每一种新技术都配上一种起补偿作用的反应和一种高情感的补偿。而进入体验经济时代，人们越来越关注产品的非物质属性，希望从产品本身和使用过程中感受到关爱、互动和乐趣，人们更加倾向于产品的设计感、故事感、交互感、娱乐感和意义感。

二、产品设计根植于马斯洛需求层次理论

马斯洛将人的需求分为5个层次，即生理需求、安全需求、社会需求、尊重需求和自我实现需求，依次由低级到高级。马斯洛层次理论，让我们清楚人的需求是由低级向高级逐步迈进的，人在生理与安全的需求得到满足后，就会向更高层次的需求发展（图6–2）。马斯洛需求层次理论揭示了产品设计的实质是为满足人的真正需求而设计。由此产品的设计也走向了更高的层面，即人与产品的情感互动。

人类对产品的需求，随着非物质社会的到来，由简单的实用功能性的需求上升为蕴含各种精神文化等情感因素的需求。“右脑时代”的到来，更加提升了人们情感需求的层次。因此，产品设计不仅要从传统的关注产品功能和形态的设计逐步转向关注影响用户行为和习惯的各种因素的设计，更要关注人们各层次的情感需求，体现以人为本的设计原则。

为满足用户目标，产品可以分为有用、易用、想用三个层次。有用是指功能上满足基本的需求；易用是指具有广泛的适用范围，能够

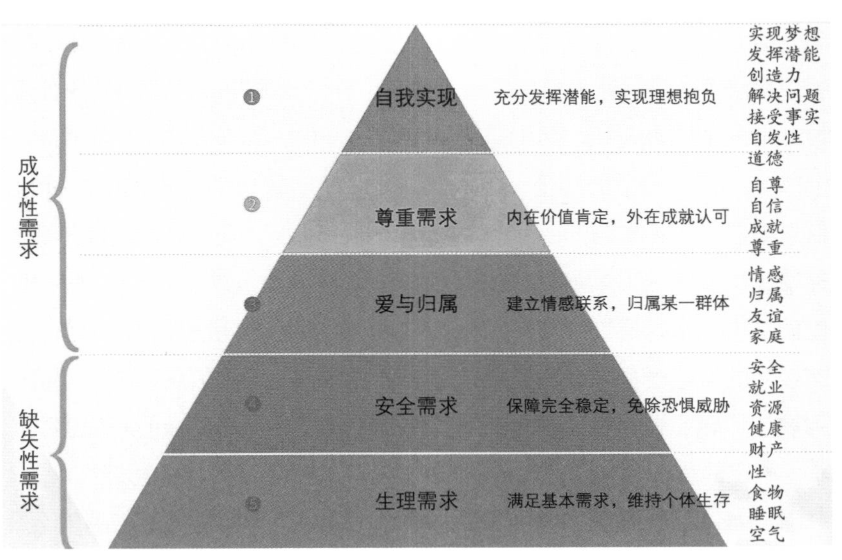

图6–2 马斯洛需求层次理论

为大多数人所使用；想用是指产品具有吸引力。由此可见，产品想要实现高层次的“想用”目标，就需要创造快乐的用户体验。

通常，人们对自己熟悉的事物容易产生好感。在产品设计中，我们经常使用日常生活中常见的视觉形象和声音进行隐喻关联，与用户建立情感联结。

心理学家唐纳德·诺曼率先关注了产品的可用性，提出将情感化设计与马斯洛的人类需求层次理论联系起来，根据产品特质分为功能性、可依赖性、可用性和愉悦性四种，而情感化设计则是处于最上层的“愉悦性”层面的设计

第二节

产品的情感表现与交流

从工业设计的角度可将产品分为技术驱动型产品和用户驱动型产品两大类，前者以技术为特征，关注产品的技术性能（如汽车发动机、电视机显像管等）；后者以用户体验为主，关注产品的功能、视觉感官、使用便捷性和用户体验等。对于后者，消费者在考虑其功能、寿命、价格等因素的同时，更加注重使用过程中与产品之间的情感共鸣。

情感是指人对周围和自身以及对自己行为的态度，它是人对客观事物的一种特殊反应形式，是主体对外界刺激给予肯定或否定的心理反应，也是对客观事物是否符合自己需求的态度和体验。

设计师通过产品这个媒介向大众传递高层次的信息，产品在传递过程中扮演了信息载体的角色。产品作为中介，构成与设计者的某种对话，设计师的情感表现在产品中是一种编码的过程，大众在面对一个产品时会产生一些心理上的感受，这是一种解码或者说审美心理感应的过程。信息编码是一种受制约的个人行为，然而要想使大众与产品之间形成某种情感的共鸣或者顺畅的交流，编码与解码的信息就要存在某种交集。也就是说，作为信息的编码者要从用户的角度思考问题，要运用受众能够接受的信息语言来表达情感，受众才能顺利地解码信息，理解并接收到设计师想要表达的情感内涵。因此，需要设计师从受众的心理感受中获得一定的线索和启发，并在设计中最大限度地满足受众的心理需求。

一旦人对产品建立某种“情感联系”，原本没有生命的产品就会变得有生命起来，能够表现出某种情趣或者引导人的情感共鸣，从而使

图 6-3 猫王收音机

图 6-4 农夫山泉婴儿水

人对产品产生一种依恋。当你看到图6-3这款收音机的时候，或许会有一种似曾相识的感觉。智能手机使现在的年轻人不再使用MP3，但这款收音机却能在市场上立足，这是因为设计师没有把收音机仅仅作为一个播放音乐的工具，而是把它和人的怀旧情怀联系起来，从收音机的造型到操作方式都充满了怀旧的味道，打开它瞬间就有将有“温度、有故事的声音”传递给听众的感觉，通过复古的造型、色彩等元素与现代材质相结合，让人重温电台黄金时代的经典，让每个人听得见生活的乐趣，以情感共鸣打动听众。

农夫山泉婴儿水瓶的设计从用户情感体验的角度，强调了产品与人的关系（图6-4）。原本只是一只纯净水瓶，但设计师从小时候的父爱与母爱，引申到了大手与小手的爱，用设计的形式语言讲述了一个饱含情感的故事。瓶身处设计了一条极具立体感的棱线，通过这种造型语言的表达，营造了触觉体验上的冲突感，从而刺激了用户碰触的欲望。瓶身富于变化的触感，不仅解决了大手与小手尺度不同所产生的握感问题，同时重心偏低且粗壮的瓶身巧妙传达给用户安全、可信赖的感觉。人与产品的情感交流往往就在一瞬间，我们应该用设计的语言讲好人机关系的故事。

人是有感情的，人对物产生感情的原因是产品自身充满了情感。人们在心理层次上的满足感不会如同物质层次上的满足感那样直观，它往往难以言说和察觉，甚至连许多使用者自己也无法说清楚为什么会对某些产品情有独钟，最直接的原因是“产品自身充满了情感，而人本身又是具有情感的”。大众的情感偏好将直接影响他们对产品的接受程度，当产品传达的某种信息激起了大众所喜好的那种感情的时候，他就会乐意接受这个产品，反之，当产品传达的某一信息触动了大众厌恶的情感时，他会对产品产生抵触情绪。作为产品，首先应当让人们在看到它的第一眼时，就喜欢上它，这是产品给人的第一印象，要让设计的产品具有这样的效应，就必须让产品这一物品从形态、交互方式等方面具有情感，从情感上打动人。

把人的情感因素融入产品设计中，寻求一种更加人情化的设计，将成为人与机器（产品）要解决的任务之一。让产品这一物质的形态或使用方式（包括操作方式、交互方式等）具有思想性和人的情感是人与产品进行情感互动的基础。英国设计师莫里森设计的“思想者”椅，以其简洁的造型，独特的幽默感，将物赋予了生命力，赋予了人类的情感因素，同时也显示出了“非物质”设计的无穷魅力。产品是以物的形态存在于人们的生活当中的。如果设计师在设计产品的过程中将设计的情感因素融入产品中时，那产品就不再是单纯的物的东西，它就具有了人的情感，产品的亲和力会大幅增强，且很容易就引起人们的情感共鸣，也会与人们产生情感交流，从而实现以产品形式来达到易于社会沟通与情感的交流的目的。

尤其考虑到弱势群体的情感因素，进行通用无障碍设计，将人们的多种的情感因素设计在这类产品当中，达到产品与人的情感交流的目的。设计改变了人们的生活。用设计的有效手段来引导和改变人们的生活方式，这是设计对人们的最大影响。通过情感产品的设计来拉近人们之间的距离，并改善人们的生活环境，使其达到美化效果。现代科技的高速发展，为我们实现情感化产品设计提供了强大和可靠的物质、技术支持，高科技的通信手段与设备一方面将人与人之间的距离拉得更近，另一方面数据流产生的隔阂在加剧着人与人感情的疏离。在这种高科技的通信交流过程中，依托的是高科技的通信媒介，因此这些通信媒介产品更应当具有良好的“亲和力”，突出较强的情感化因素，使使用者之间产生情感化的联系，使人们在交流时感到心情愉悦，而不仅是呈现一种没有情感可言的“机械化”产品，以此来打破人与人之间生理和心理上的界限。

意大利阿莱西设计的“安娜和它的男朋友”红酒开瓶器是关注用户体验的经典案例之一（图6-5）。作为阿莱西产品情趣化风格的代表作品，它不仅是一件厨房用品，更是一件艺术品，大家可以看到它使用塑料材质包裹高冷的不锈钢材质，使其具有一定的亲和力，并且巧妙地利用了拟人可爱的人物造型，搭配讨喜的笑脸，弥补了简单乏味的机械化操作过程。这个系列的产品，形态可爱、色彩明快，使使用者在感受良好功能的同时，也享受到了令人欣喜的视觉体验，为产品注入了独特的魅力，为厨房生活增添了新的乐趣。

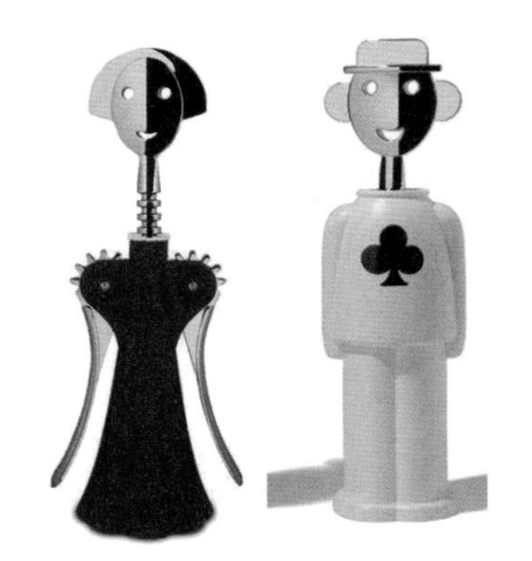
图6-5　安娜和它的男朋友

从人与产品情感互动的角度理解，可以将用户驱动型产品表现的情感分为两个层次：具有情感的产品和具有双向情感交流的产品。

一、具有情感的产品

具有情感的产品有哪些作用呢？

（1）它可以帮助用户化解负面的情绪。情感化设计的目标是让产品与用户在情感上产生交流从而产生积极的情绪。这种积极的情绪可以加强用户对产品的认同感，甚至还可以提高用户对使用产品感到困

图 6-6 儿童雾化器

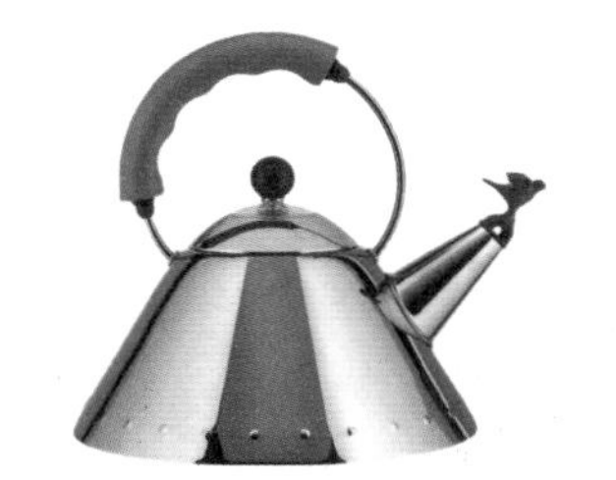

图 6-7 阿莱西“鸣嘴”水壶

难时的容忍能力。

通常医院用的雾化器仪器感都很强，儿童患者都很抗拒，但是图6-6这个可爱的动物造型的雾化器一下子拉近了产品与儿童之间的心理距离，提高了孩子们使用这类产品时的容忍度，并帮助他们化解了对产品抗拒的负面情绪，从而起到了一定的治疗效果。

（2）情感化设计可以帮助产品引导用户的情绪。在产品的操作过程中，使用情感化的表现形式能对用户的操作提供鼓励、引导与帮助。用这些情感化设计抓住用户的注意，从而诱发那些有意识或者无意识的行为。

格雷夫斯为意大利阿莱西公司设计的“鸣嘴”水壶被认为是一件经典的后现代主义作品（图6-7）。会吹口哨的水壶最先是在1922年芝加哥家用产品交易会上展出的，是一位退休的纽约厨具销售商约瑟夫·布洛克，在参观一家德国茶壶工厂时得到灵感，从而把它运用到了水壶的设计上。而格雷夫斯这把“鸣嘴”水壶最突出的特征是在壶嘴处有一只塑胶小鸟形象，水沸腾时壶嘴会发出类似鸟鸣一般的叫声，这个提示功能与鸟的造型和喻义极其吻合，从而给人带来一种新的视听感受。当这个水壶没有色彩的时候，给人的感觉是平淡无奇的，但是当设计师赋予它色彩之后，色彩的隐喻、暗示功能就显现出来。红色给人危险、刺激的情感体验，红色的小鸟“警告”用户触摸的危险性，让人警觉不会轻易去触碰；而蓝色给人冷静、安全、可信赖的情感暗示，蓝色的拱形把手，暗示了把手的安全性。抓握处的凹凸形态的处理，也让人有想要抓握的欲望。格雷夫斯巧妙地通过颜色对用户的操作提供了引导与帮助。

产品通过造型、色彩、材质、肌理甚至声音等信息的构筑向人们传达一定的个性，表达一定的情感。这样的产品往往能与使用者产生内心的共鸣或情感上的暗示，产品与使用者在这种共鸣或暗示的交流中产生了情感的互动，使用户能够体会到设计师所要传达的附加在产品之上的某种情感。

图 6-8 书立

图6-8中的书立设计，以两片书立组合成一个完整的奔跑中的人为创意，当中间立有多本图书时，给人一种“穿越书海”的空间移位感；又如斯沃奇手表（图6-9）的设计理念，多元、时尚的设计元素使斯沃奇不再只是计时的工具，更是配戴者彰显个性的首选配饰和最佳途径。

阿莱西的设计一直以自由奔放、诙谐幽默的情趣化风格作为主打，使日常用品变得生动活泼，营造了轻松、欢快、有趣的使用氛围（图6-10）。产品设计的本身能够打动、感染使用者，就说明产品是具有一定情感的，或者说可以转化成某种情感。这类产品蕴含的情感迎

图 6-9 斯沃奇系列手表

图 6-10 阿莱西系列产品

合了用户群的情感需求，使之在使用过程中感受到超越物质之外的情感上的满足。

二、具有双向情感交流的产品

双向情感的交流是指机器（产品）和人之间能够互相“感知”，即机器（产品）能感知人的情绪，并做出相应的反应；而人也能与机器（产品）进行交流。这便是具有更高层次情感的产品，与上述情感单向传递的产品不同，这类产品能够在人——物之间实现双向的情感交流。

图 6-11 会呼吸的智能夹克

硅谷的Omius公司研发的一款“会呼吸”的智能夹克（图6-11），它能够根据用户体温及室外温度自动为其调节至舒适的温度。衣服仿照植物叶片与外界进行气体交换的原理，根据穿衣者自身体温手动开合那些气孔，而衣服可以根据穿衣者多次调节的记录来记录人的体温偏好，并在以后自动进行调节。这种双向情感交流的产品给人们的生活带来高层次的情感体验和乐趣。未来是智能的时代，相信产品与人之间的互动交流，将会变得更加流畅、灵活。

图 6-12 AIBO 机器狗

索尼公司1999年出品的AIBO机器狗（图6-12），能感知人的情绪，并与人进行情感交流。AIBO机器狗的设计以“生命感”为主题，设计的初衷是成为人们情感的依托和亲密陪伴人类的伙伴，并丰富人们的生活。

跟遥控汽车不同，AIBO的设计非常复杂，它有着灵活的四肢和躯体，可以各种蹦蹦跳跳，也可以在屋子里淘气地撒腿乱跑；它有摄像头和麦克风，可以摇头晃脑对人的指令产生反应，也可以观察四周的环境；它有着情绪模块，可以表达自己是开心还是愤怒，还可以对着人类摇尾巴撒娇、跳舞；它认得自己的主人，甚至还可以被训练、被教导，就好像是一只真正的、活生生的狗一样。AIBO的外形圆润可爱，萌味实足，努力贴近人们潜在意识中的小狗的形象，十分独特。在当时的日本，许多孤单的老人都购买了AIBO，他们与AIBO一起生活，渐渐地就把它们当作了真正的宠物甚至自己家庭的一分子，许多购买机器狗的家庭都与这种“毫无人性”的机器产生了深深的感情羁绊，对它们充满了依赖。

无论是具有情感的产品，还是具有双向情感交流的产品，在人与机器的情感交流上，都离不开以下几个层面。

（1）情绪层面。在不影响产品使用的情况下，产品带给用户愉悦感或缓解痛点；提高了用户对于产品的容忍度，就像儿童雾化器那样。

（2）行为层面。将产品化身成一个有个性、有脾气的人，不再是冷冰冰的工具；就像“安娜”开瓶器那样，不再只是开启红酒瓶的简单工具，而是在使用时可以让你会心一笑，在不使用时可以作为一件可爱的艺术品。

（3）感知层面。通过科技手段或者美好的、具有人文气息的信息或画面，带给用户心灵上的触动和享受。正如AIBO机器狗那样，通过技术手段感知人的情感，表达“自己的情绪”，贴近人的心灵。

三、消费者的使用体验——复杂的情感世界

消费者作为市场的主宰，终究是具有感情的活生生的人，他们在从购买到使用产品的整个过程中，存在复杂的内心情感。诺曼在《情感化设计》一书中指出，人的认知和情感系统由本能的、行为的和反思的三个层面构成。

诺曼指出人情感的三个水平间存在时间上的区别：本能和行为水平是关于“现在”看到的和使用产品时的情感和感受，而反思水平延续的时间较长，通过反思你可以回想过去和思考未来。交互设计就是为人们设计一个空间，而这个空间必须具备“时间流”，必须能够与人对话。这个“时间流”的特点，体现了反思水平的设计。从这一点出发，我们完全可以认为交互设计是为人们提供高层次情感体验的设计方法。

本能层面关注视觉，人是视觉动物，对外形的观察和理解是出自

本能的。如果视觉设计越是符合本能水平的思维，就越可能让人接受并且喜欢。本能水平与产品的外形、质地、手感等物理特征有关；行为层面的设计应该是我们关注最多的，特别对功能性的产品来说，讲究效用，重要的是性能。使用产品的过程是一连串的操作，美观的界面带来的良好第一印象能否延续，关键要看两点：一是是否能有效地完成任务，二是是否是一种有乐趣的操作体验，这是行为水平设计需要解决的问题。因此，优秀的行为层次的设计，与产品的效用（功能）、易懂性、可用性和产品带给人的使用感受是密不可分的；反思水平的设计与物品的意义有关，受到环境、文化、身份、认同等的影响，会比较复杂，变化也较快。反思层次与用户对产品的长期感受有关，通过引发用户和产品的共同回忆，可以将用户对回忆的正面情感转化成对产品的情感，从而提升用户对产品的认同感。具体可以从思想文化、人文关怀（如充分调动使用者的五感来增强操作的乐趣）、个性化（自我形象的表达）和叙事性的解读等几个方面入手。反思水平是意识、情感、认知的最高水平，注重消费者自我的实现，以及产品所带来的对过去的记忆和对未来的思考。

消费者在购买产品的时候，往往是本能水平在起作用，通过判断产品的形态、质感、手感是否符合自己的内心需求来做购买决定，人对外界的感知或体验，最初就是始于感官好不好看、美不美。它包含了我们的各种感官，包括视觉、听觉、触觉、味觉、知觉等。

在使用产品的过程中，则是行为水平占主导地位，产品的功能、性能和可用性会影响人们使用时的情感体验：当人们在使用过程中遇到挫折或失败时，便会导致消极的情感；如果产品满足使用功能的需要，又在使用过程中充满乐趣，便会给使用者带来积极的情感体验。只有让消费者行动起来才能对产品有更深的感受，如果消费者不行动是永远不会有感觉的。

人们使用产品之后会对其进行相应的评价，这时反思水平起主要作用，通过回忆和思考来判断产品各方面的性能以及带来的情感体验是否满足需求，是否能实现自我价值，由此来评价产品的好坏。消费者各层次的情感并非固定地出现在某个阶段，不同层次的情感往往同时存在交织在一起，但在不同时段和环境下，总有一种情感占主导地位。如江小白、RIO，卖的不是酒，而是一种情绪。江小白所设计的故事，都是为了引起消费者的某种共鸣，这些共鸣能让消费者产生很好的体验感。再如，支付宝蚂蚁森林通过“使用APP来收取能量，通过积攒能量来种树”这个使用过程，传达的隐喻是，简单的举动就能改善沙漠地区的环境，使用户支持环境绿化的情感被调动起来，然后积极地参与。

第三节 交互设计是产品的情感外衣

人与产品的情感交流是双方互动的过程，是产品和使用者之间信息交换和情感互动的实现。交互设计以实现产品的可用性和用户体验为目标，为产品设计提供了一种系统的设计方法。交互设计是指对用户与产品或系统之间的交流和互动进行设计，来更好地满足人们日常的工作生活需求。产品的交互更加注重产品与使用者行为上的互动和交互过程，更加强调设计理念和方法，能够更好地实现人与产品之间的交流。然而，严格来说，“界面设计”与“交互设计”这两个内容又不能完全分离开来，交互设计是界面设计的延伸，所有的“交互问题”都是在“界面”上发生的，“界面”是交互行为产生的基础，“交互”则是界面设计的最终目的。界面更多强调的是静态的呈现，而交互则更强调交流与互动的动态过程。

虽然交互设计的概念提出了很多年，但交互设计的思想被应用在有形的产品设计中却还是近几年的事。交互设计的根本含义是指，在产品设计时必须特别重视人与产品间关系的多方面因素，如环境、行为、技术和人的情感体验等，其中“体验”是交互设计的宗旨。用户在使用产品的过程中，不仅能通过其功能完成预定的目的，更能感受到与产品互动产生的情感体验。产品的可用性主要体现在“有用”“好用”方面，而用户体验则主要体现在“想用”方面。用户的体验感往往需要通过与产品的交互过程才能深刻体验到。如图6-13中的LedWork交互式灯具利用磁铁连接的方式，允许用户自由组合，它会随着你的触摸不断变化色彩，为使用者提供一个特别的空间，在使用的同时，获得一种玩乐的愉快感；数码大叔OCup智能水杯（图6-14）采用安全方便的Qi无线充电，功能上除了可以计量饮水和监测水温外，还可通过手势操控，使杯身正面的点阵显示屏在饮水量、温度、保温模式等功能之间切换，同时杯身上的呼吸灯会根据60°C以上、40~60°C、40°C以下三种不同的水温显示红、黄、蓝三种颜色，醒目直观。另外，智能水杯还可以通过调味来设置茶的浓淡，调节到

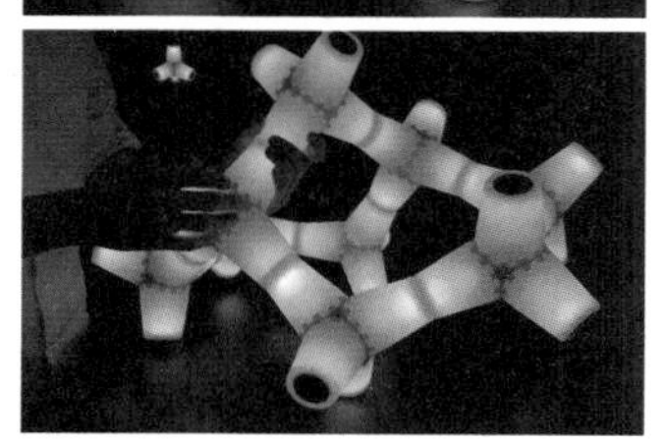

图6-13 LedWork交互式灯具

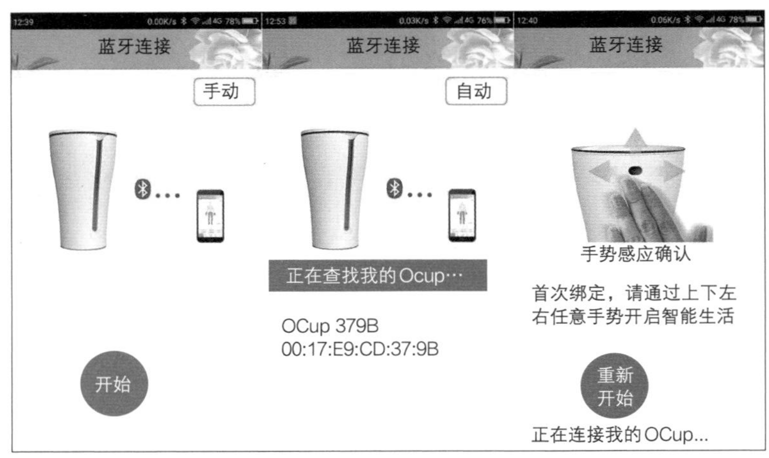

图 6-14　数码大叔 OCup 智能水杯

自己喜欢的口味，让办公室饮茶变得更加惬意。这些交互的外显手段，帮助产品提高了可用性，更使用户体验到产品给人带来的情感关怀。

一、提出交互设计的理由

交互设计最先应用于软件界面设计中，后逐步发展到产品设计领域，作为一门正在成长且日益成熟的独立学科，为产品设计提供了全新的视角和设计模式。阿兰·库珀是交互设计最为积极的倡导者，他对交互设计下的定义是：简单地说，交互设计是人工制品、环境和系统的行为，以及传达这种行为的外观元素的设计和定义。不同于传统的产品设计过于专注于形式，交互设计更侧重于产品的内容和意义。交互设计涉及的对象范围很广，可以是实体产品，可以是无形的软件产品，也可以是空间、互联网或服务等。交互设计强调设计应注重人和产品间的互动，要考虑用户的背景、使用经验以及在操作过程中的感受，从而设计出能更好地符合最终用户的产品。现代笔记本电脑之父比尔·莫格里奇认为交互设计关注的不仅是实体产品，也重视服务。

今天的高科技产品有可能只是一颗小小的芯片，甚至直到最后完全成为“非物质化”的数据流或电子流。微电子技术的发展已经深入各类电子产品中，产品结构变得更加紧凑，功能更加强大，但同时操作也变得更加复杂，使用户很难直观地通过感官来预期操作的结果，产品变得难以理解和使用。技术正在造成人际关系的空虚和隔阂，这种认知上的隔阂现象，被专家称为“认知摩擦”，而解决这种由技术带来的认知摩擦最好的办法就是交互设计，它能使技术变得更加人性化，机器变得更加智能，能让我们的生活变得更加舒服。

交互设计虽然已经成为一个独立的学科，但其本质的内容是处理人、机、环境这三者之间的关系，事实上，人机工程学所研究的“人、机、环境”这三者本身就是一个交互的系统，人机工程学所涉及的产品、系统都存在着交互的问题，都需要交互的设计。

二、交互设计追求的目标——有情感、有温度的产品使生活丰富多彩

现代社会物质生产日益丰富，而人们之间的情感却被快节奏的生活日益冲淡，人们将更多的情感寄托于日常使用的产品上，希望能够体验到快乐和趣味。交互设计在本质上就是关于开发易用、有效而且令人愉悦的交互式产品。这种交互式产品在满足有用性和易用性的同时，带给使用者愉快的情感体验，达到“想用”的目的，使生活变得多彩。

第四节 交互设计的目的——情感共鸣

交互设计不仅是一种设计理念，更是设计哲学，是系统的设计方法。当人们将产品的复杂和难以理解解释为技术的应用和功能的堆砌时，交互设计从另一个角度解释了这个现象：是过程让产品失去人性，而不是技术。因此，交互设计围绕P（People，人）、A（Action，行为）、C（Context，场景）、T（Technology，技术）四个元素进行设计，这四个元素和最终完成的产品（Product）组成PACT-P系统，即交互系统。在系统中通过对各元素进行分析来展开设计与评估，使设计过程明了化、简单化。

设计师针对人（People）这一特定目标，采用合适的技术（Technology），支持用户在特定场景（Context）中采取的行为（Action）。只有系统中各元素和谐，才会使设计的产品符合人的需要，达到人与产品之间的情感共鸣。

在体验经济时代，人们对产品新的期望促使设计师对传统设计理念和方法进行深刻的反思。交互设计思想是对产品设计领域的创新和挑战，其目的在于通过寻求系统中各元素的平衡，为人们提供可用性产品的同时满足人们的情感需求，带给人们快乐的体验，实现人与产

品之间的情感交流。作为一个未来的设计师，我们需要掌握交互设计的精髓，用交互设计的思想、原则和方法设计符合体验经济时代的高层次情感交互的产品。

一、交互设计的认知问题

现代产品设计有很多门类，多数建立在对功能、形态和材料等因素的考量上，人们能通过视觉认知产品符号的语义，从而使用一款有用的或易用的产品。但多样、复杂的技术应用到产品中后，这种信息产品所产生的操作性问题随之产生，使人与产品的交互难以进行。交互设计之父阿兰·库珀在《交互设计之路——让高科技产品回归人性》中提出，“认知摩擦”普遍存在于基于软件的高科技产品中，并倡导“目标导向”的交互设计方法。形成“认知摩擦”的原因，可能是设计师在设计过程中没有以用户的真实体验为关注点，没有考虑真实的使用场景，进而使用户与产品的交互陷入了尴尬状况。

在交互设计中，要想解决用户认知上的问题，一方面，要从人的需求和情感认知、产品的情感认知入手，对用户需求进行心理解析，以便得到用户心理诉求到设计语言的演变，以用户为中心改变产品、界面不合理的操作；另一方面，要将认知过程中的感知觉、注意和记忆等复杂知识元素形成设计元素，并导入设计过程。产品的情感认知体现在对未来交互设计的构想上，唐纳德·A.诺曼在《未来产品设计》中提出，“动物和人类已进化出复杂的感觉、动作、情感和认知系统，机器也需要类似的系统，它们需要感知世界并对其产生作用”。

二、产品的交互体现需要情感

情感表达的产品多种多样，涉及多个方面的产品设计。在外观方面，产品造型、色彩、质地等不同选择的表达会对情绪导致不同的影响；产品的操作也可以表达不同的情感，人与产品之间的交互可以产生不同的情感体验。在这过程中各种情感表现被产品语义化而传递给用户，使其产生深层次的情感认同，感受到产品带来的情感价值。

产品的情感化设计在不同的层面中表现不同，如Apple Watch，表盘使用打磨光滑的金属材质，凸显出产品的高贵气质。其圆弧形的玻璃屏幕设计给人一种圆润亲切的感觉，不会让人产生冰冷机械的冷漠感，使人更愿意亲近和使用它。这便是产品对用户的情感作用。

Apple Watch的交互操作性相当出色，令用户以更富情感化的状态投入产品的使用操作中，不仅符合人们的使用习惯，而且使用方法简洁方便。界面设计得相当人性化，图形、色彩、动态效果都经过精心的设计，操作逻辑清晰简洁，App程序设计简单却又不失艺术性和趣味性，在使用时更像是会交流和传达信息与情感的伴侣，而非普通的手表。可穿戴式智能产品将给人们带来与众不同的丰富的生活体验，人和产品的交互方式将被赋予更多情感化交流的特征和情景式体验的感觉。

高情感化的设计融入这些产品中，使人们对产品的印象不再是曾经冷漠的机器造型，而是更加亲近、自然的形象。在这类产品中，功能的实现已不再是人们追求的最终结果，而在此基础上探索更深层次的情感需求才是时代发展的必然趋势，情感化交互设计将带给我们与众不同的生活体验。

产品增强互动体验能够促使产品与人的“情感融合”，通过氛围营造，消费者参与体验，形成对产品和品牌的记忆与初步印象，从而建立情感的基础。互动体验是深度沟通的手段，能够传递产品的新进展、新信息，实现消费者对产品的持续关注，并加强消费者对产品的深度体验，通过增进与目标客户及产品使用者的情感交流，强化情感的表达。

产品增强互动体验可以很好地体现出独特的个性。从心理学角度而言，独特的、个性的或与人们所认知的常理相悖的事物或现象更能够引起人们的关注和兴趣。奇特事物对于人们有着异乎寻常的吸引力，尤其当人们被其所吸引或震惊时，情感会不自觉地毫无掩饰地自然流露出来，这就是情感的纯粹表现，也是情感化设计追求的最高境界。独特的事物更容易引起人们的记忆和钟爱，对其的情感诉求和寄托也会更高。

第五节

综合案例

一、“还原最真实的路跑”跑步机

（一）传统跑步机的基础使用流程

（1）跑步之前，先走步，让关节和肌肉热起来。热身约5分钟，让关节和肌肉效果达到最好的状态。以轻微的倾斜度缓慢步行，如以

热身约5分钟，让关节和肌肉效果达到最好的状态，
跑前热身将有助于避免肌肉拉伤或对关节的伤害

预热几分钟后，加快速度慢跑，直到速度成为冲刺，
然后以5分钟的间隔逐渐减速

在跑步或冲刺时不要抓住扶手，因为这样有可能会
增加跌倒的概率

图 6-15　跑步机基础使用流程

2%的倾斜度步行，让全身的血液流动，跑前热身将有助于避免肌肉拉伤或对关节的伤害（图6-15）。

（2）逐渐提高速度。预热几分钟后，加快速度慢跑。5分钟后，再稍微提高速度，继续增加速度，直到速度成为冲刺，然后以5分钟的间隔逐渐减速。

（3）避免抓住扶手。抓住扶手将减轻腿和核心肌肉的锻炼强度。这将减少消耗卡路里，并减少锻炼的激烈程度。如果需要休息，可让跑步机慢慢停下来，然后走一会儿。在跑步或冲刺时最好不要抓住扶手，但也可能因此会使用户跌倒的概率更大。

（二）传统跑步机的用户体验

通过对用户和操作流程进行进一步的调研分析发现，用户使用跑步机普遍的感受是单调乏味，因为在跑步机上永远都是直线跑，眼前基本就是对着墙壁或者设备的面板，整个跑步的过程能坚持下来，靠的都是跑步者的毅力和执着。另外，用户在跑步过程中对跑步机的操作也时有不便。传统跑步机作为人、机交互的跑步的媒介，只是提供了“跑”的功能和服务，但缺乏了跑步过程给用户带来的快乐体验。

（三）未来跑步机的交互式设计

未来跑步机的设计在进行用户痛点分析时，着重关注了以下几点。跑步机跑步过程枯燥乏味，不如真实路跑那样能够步移景异地观赏到真实的风景，单调容易疲劳；始终平跑，没有真实路面的脚感，缺乏

图 6-16 跑步机

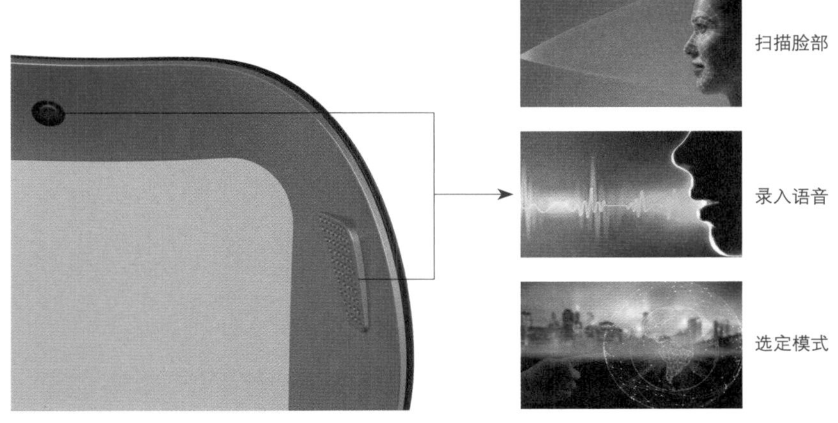

图 6-17 人工智能控制跑步模式

图 6-18 虚拟路跑途中风景可视化可选择

趣味性；没有转弯时的方向变化感；室内跑步机，没有风阻，空气相对静止，环境稳定，能量消耗不如路跑；跑步机受运行区域限制，一般只能提高速度，不能扩大步幅，用户跑起来受限制。

如何从用户的良好体验出发，是解决人、机问题的关键。在满足基本的应对天气影响、交通安全、人身安全、运动受伤、空气污染以及城市里适合跑步的场所太少等因素造成的严重困扰和危险之外，解决“单调乏味”的跑步过程，让不是铁杆用户的跑步者也能提起兴趣，操作过程更加方便快捷，是未来跑步机要考虑的方向。因此以“还原最真实的路跑”为情感化设计的切入点，通过视觉、听觉、触觉等手段来进行设计，目的就是要提供尽可能接近于真实路跑感受的跑步机，使用户需要陪伴、战胜苦闷的心理需求得到满足，感受到良好的用户体验。

图 6-16 这款跑步机通过人性化的面部识别轻松打开设备，不需要按键操作；通过语音输入来灵活切换各种跑步模式而不再需要在跑步过程中，在身体不稳定的情况下调换各种模式，增加了跑步机的使用安全性（图 6-17）。

跑板在技术上利用了万向感应的跑带，用户在开启跑步机时可选择跑步路段的风景和路况，在跑步时跑板会联动跑步机前面的大屏幕显示接近于真实的途中跑的画面（图 6-18），并可以进行 360° 的屏幕旋转，来还原最真实的户外路跑感觉。跑步机提供了室内跑步户外画面感的身临其境之感。使用户在跑步过程中尽可能减少枯燥感，增加视觉、听觉及触觉的互动体验，以满足用户和产品之间的情感交流。

二、满足情感需求的交互式老年手机

中国正进入老龄化时代，且空巢家庭数量不断增加，手机作为重要的沟通工具应该要起到桥梁作用，但是目前的老年手机仅作为通话工具而没有成为真正沟通情感的媒介，因此针对老年手机应该如何满足情感的需求进行反思尤为重要。以马斯洛需求层次理论为基础，以能够反映用户心理需求的调查问卷为采集信息的方法，对数据进行分析研究发现，中国的老年手机不仅需要满足老年人的生理需求，同时更应该并可以满足老年人情感的需求。设计以满足老年人的情感需求作为思考的切入点，研究老年人的情感需求能否在老年手机这样一个具体的载体中得到满足与重视，以设计师的责任和态度去体现社会对老年人情感的关怀与尊重。

（一）老年手机情感的缺失

当今社会，老年人的比例不断增加，传统的家庭结构也正遭受着冲击，空巢老年人（空巢老年人是指与子女分开居住、生活的老两口或独自生活的老年人）成为老年人中的一个庞大群体。据统计，我国目前的老龄人口家庭中有近一半的老年人是空巢家庭或类空巢家庭。这说明大多数老年人周围并没有随时可以依靠的子女，父母与子女的联系以及老年人的安全都将因此而受到影响。手机作为父母与子女沟通的桥梁，是父母最常用的情感沟通工具，然而除了最常用的接打电话及必要时的SOS工具外，我们感受不到手机本身所承载的情感。贴合高龄者的使用心理，造型语义明确、简洁的手机是市场所缺少的。随着科技与社会经济文化的发展为消费者带来了丰厚的物质基础，生产和消费模式也发生了巨大的变化，新时代的消费者行为恰恰越来越重视产品蕴含的情感意义和带来的情感体验，设计所引发的愉悦情感将成为打动顾客的关键因素。

（二）老年手机情感化设计的定位

在调查问卷中，有一个问题的反馈数据（图6-19）值得思考，就是“当你感到孤独寂寞时，你通过什么方式来排除寂寞感”，从得出的数据可知，除了未知的“其他”方式，其余4种方式通过手机来排除寂寞感的要么是可操作性不强、要么是现在的手机已经有了类似功能，而与手机有联系的选项——“打电话让子女回家陪伴”的占比是比较低的。而事实上，老年人的情感是丰富的，但又是含蓄和内敛的，他们渴望与子女多沟通，渴望多了解子女的近况来缓解思念，但又考虑

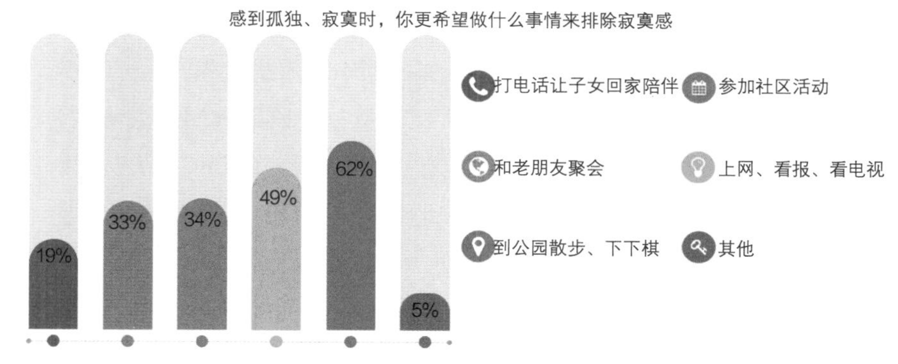

图 6-19 调研数据显示

到子女忙，他们不好意思轻易说出自己内心的想法，而这正是老年手机情感化设计的切入点。

另外，调查显示，老年人对手机真正关心的是功能是否易学、易懂，使用是否舒适、方便。而如果要将这一要求转化成设计语言，带给设计师的思考则是使用方式是否人性化，这种人性化则包括了功能的实用性、操作的简便化，这些其实也是对情感需求的思考。

以100位受访者（不分性别）为例，根据调查问卷显示，83%的受访者使用手机的主要目的是联系子女，或了解儿孙的近况；有54%的受访者有过需要在紧急情况下希望借助手机求救的意愿。如此看来，加强与子女的沟通联系就变得异常重要了。

（三）老年手机设计的考虑因素

依据调查结果可以发现，不同年龄层次的老年人对情感的需求是不同的，但绝大多数老年人都渴望与子女多沟通，渴望多了解子女的近况，而缓解思念的最常用方式就是给亲人打电话，和家人沟通。当遇到紧急情况时最先想到的人也是亲人或子女。当然比较年轻的老年人（60~69岁）他们刚刚退休，与社会的接触还比较紧密，朋友圈也比较广泛，渴望了解新东西的热情还很高涨，接受新鲜事物的能力还很强，所需满足的情感也会有很多方面，而年龄大的老年人70岁以上他们的情感需求相对较少，他们的生活圈、朋友圈趋向单纯。针对不同的老年人群，可以考虑的因素也应有不同。综合分析，老年手机要想满足老年人情感的需求，还要从外部和内部两个方面同时考虑。

1.外部与内部的考虑方向

（1）外部的考虑主要来自形态、色彩、材质或是肌理。传统的老年手机大部分呈现的是大屏幕、大字体、大按键这些外显的功能，通常我们会以为这些仅仅是从满足老年人的生理需求出发，但实际上，通过对外部形态的设计可以勾起老年人对旧事物的回忆，满足老年人的归属感，是一种怀旧情感的满足。即要善于利用适宜的产品元素引起老年人的情感共鸣。而对于手机听筒音量过大以致被周围人听到，调查结果显示，有40%的受访者认为有点尴尬，有10%的受访者认为非常尴尬，类似这样问题的出现说明此类功能的设计是有缺陷的，至少没有考虑到老年人"被尊重"的需求。

（2）内部的考虑主要来自手机的UI（用户界面的交互）设计，包括软件、操作界面的设计（图6–20），从操作方式到内容都可以紧紧围绕老年人的情感需求展开。因此，手机的内部设计是能够满足老年人情感需求的突破口。调查显示，43%的受访者会遇到电话号码不方便查找的问题，40%的受访者用手写记录，38%受访者使用手机上的通讯录，50%的受访者会有看不清楚手机内容的困惑。又如，什么样的软件或操作方式对老年人易学、易用，操作过程可以简化到何种程度以至于让老年人更便于使用等。因此，这个部分的突破点比较多，而且解决方案也会与该专题设计的要求联系紧密。

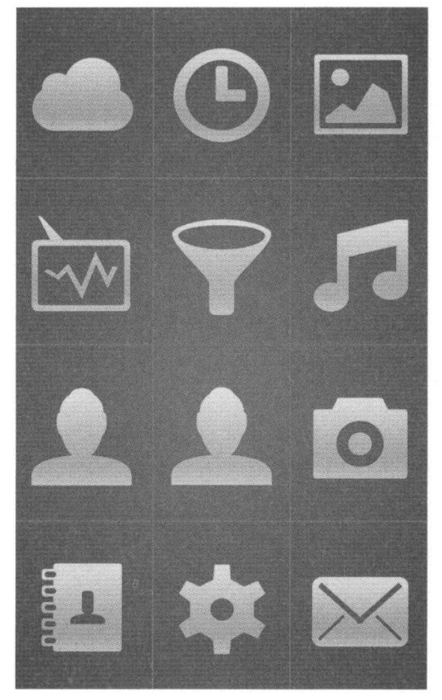

图6–20　简化UI界面

2. 基于内部与外部设计的考量，满足老年人情感需求设计的具体体现

（1）功能与操作程序简化。随着年龄的增长，老年人认知能力会逐渐下降，接受理解复杂功能的能力也会随之下降，产品功能的简化既是对老年人生理水平的考虑，同时也是对其情感需求的尊重。

例如，如何快速有效地找到子女或亲朋的电话号码是比较突出的问题。研究发现，对于记忆力远不如青年人的老年人这个特殊用户群体，通过照片查找电话号码对老年人来说是便于记忆的好方法，因为数字的提醒远不如图形、图像的提醒来得直接、快捷、准确得多。我们目前使用的手机也具有电话号码与头像并存的功能，只是大多数人不经常使用头像功能。而目前的手机，其存储照片作为查找号码的辅助工具至少需要8~10个操作步骤，如输入号码—按"存储"—按"添加照片"—按"选取照片"—进入照片库—选取照片—确认选取照片—（或者需要添加姓名）。因此，如何简化甚至优化存储照片的步骤是需要解决的问题。另外，由于目前搜寻电话号码是不能依靠照片来查找的，因此，如何查找照片式的电话号码以及如何将拨打号码转化为拨打带有图像信息的电话都将是UI设计的思考方向（图6–21）。

图6–21　通过照片查找电话号码的UI设计

从上述的存储照片作为查号辅助工具的功能的操作步骤中，不难看出一个小小的功能都要进行接近10步的操作，可见操作程序的简化

图 6-22 具有语音功能的短信界面设计

对于老年手机的设计非常有必要。例如，鉴于老年人打字输入拼音的能力比较差，短信功能完全可以用语音功能代替（图6-22）。常用的号码可以设置成为轻松完成一键拨号的任务转换，让老年人可以方便地拨打常用的号码。对于现下流行的一些手机中的功能，如天气预报、微信等，完全可以利用云端服务，通过子女为老人下载并安装到手机中，利用远程服务遥控老人的手机。

（2）注重健康与情绪监测。在对高龄者进行的家庭健康服务设计中，发现所有数据都直接或间接地指向一个问题，那就是居家养老中对慢性病"长期监测——及时有效护理"的服务缺口，因此，老年人在家庭环境中进行疾病的预防、监测和恢复，将成为未来社会化服务的主要发展趋势。然而，全社会除了应注重高龄者的健康外，其情绪的起伏变化也是健康与否的导火索，不可否认情绪的好坏与健康状态有直接关系。而手机作为老年人出行时常用的、便携的使用工具，显然可以成为高龄者健康与情绪监测体系中的一员，此方面的技术也已日臻完善。可以预见，健康与情绪监测的功能在老年手机中实现是可行的。如今，老年人自身和其子女都对健康越来越关注，他们越来越希望不是被动地使用SOS来寻求求援，而是能够及时从手机上获得健康和安全的提示服务。尤其现在空巢家庭数量增多，子女越发需要监测自家老人的身体状况与情绪波动。在老年人手机的设计中考虑加入健康监测的功能（图6-23），使老年人既可以自己掌握健康状况，又

图 6-23 具有健康监测功能的老年手机

可以及时将相关信息数据发送给子女以监测老年人的身体状况与情绪变化，从而可以及时关心老人，避免老年人产生被忽视感。此功能是从老年人生理需求出发，进而获得子女对老人的关爱，既可满足老年人的生理的需求，又可满足其情感的需求。

在人与产品的交流与互动中，人与产品之间不再只是冷冰冰地使用与被使用的关系，产品随着日渐挑剔的用户的形成而变得具有更多的服务内容。设计为生活服务，在大众消费的时代，设计所面对的是更具选择能力的消费者，消费者既是产品的使用者，也是直接或间接的鉴赏、选择和审美者；人们的关注点不仅只是产品的使用价值，而更多关注产品的文化意味、审美价值、符号属性，商品（服务）更多地提供给人们的是情感、体验和梦想。

以人为本的信息社会的来临，同样使设计面临着机遇与挑战。在这个用各种数据网络贯穿的世界中，人们无须对距离做过多考虑，电子技术、信息技术正在使人与人、人与物、物与物之间的相互约束（时空距离、条件限制等）被弱化，原来机制产品遵循的“形式追随功能”有时失去了可以参考的标准，因为今天的高科技产品有可能只是一小片芯片，甚至直到最后完全成为“非物质化”的数据流或电子流。信息社会给人们的生活带来种种便利的同时也带来了担忧，信息化、电子化的产品正在造成人际关系的空虚和隔阂。实际上，“高技术产品仍然需要一种表面或是一种皮肤，在这种皮肤上仍然需要充斥情感的和符号的张力”！

在“人—机”关系的处理上，设计的高情感或许可以弥补和平衡人们在高技术社会环境下人际关系的疏离，心灵深处的孤寂以及人、人为环境与自然环境的对立，减少功能复杂、信息过载的人造物品与人性之间的裂痕。产品需要摆脱冷冰冰的外表，向着传递信息和情感、提供服务和体验的目标不断前行。给人愉悦的视觉与情感享受是未来产品的趋势。

思考与练习

1. 讨论机器在与人的交互过程中需要满足人的情感需求吗？

2. 人与机器的交互其最终目的是什么？

3. 如何理解“交互设计”是产品的情感外衣？

第七章
设计中的人机问题

学习人机工程学的基本知识，了解人的基本生理参数、了解机器、环境对人的影响，其目的是更好地为人服务。设计作为人与机器、环境的媒介，不可避免地要思考人、机、环境之间关系的问题。前面几章，我们介绍了人的尺度等生理特征与设计的关系，人与机器、人与环境，以及人与机器的情感交流等内容。本章将从设计中遇到的一些人机问题入手进行分析与解读。

第一节
设计中的人性化尺度

一、尺度的概念

尺度最初是生态学中提出的概念，是指准绳、分寸，是衡量长度的定制，可引申为看待事物的一种标准。目前，尺度是一个许多学科常用的概念，通常的理解是考察事物（或现象）特征与变化的时间和空间范围，因此定义尺度时包括三个方面：客体（被考察对象）、主体（考察者，通常指人）、时空维。自然现象的发生都有其固有的尺度范围。奥尼尔认为在生态学研究中，应该以自然现象本身内在的时间和空间尺度去认识它，而不是把人为规定的时空尺度框架强加于自然界。简单来说，尺度就是用来衡量一个量的标准。

尺度暗示着主体对客体乃至事物细节的了解程度，它不仅包括定量、定比、定序、定类这些可以被量化的尺度，还包括主体对客体的心理感知尺度。设计对主体（通常指人）心理空间的满足，就是为设计提出了一个更高的包涵艺术尺度在内的人、机、环境的要求，它要考虑的不仅是生理尺度，还有心理尺度、人文尺度等内容，而这些正是人性化尺度应该要考虑的因素。

人机工程学不是孤立地研究人、机、环境这三个要素的，而是从系统的总体来把握，将人、机、环境看作是一个相互作用、相互依存的系统。人机工程学在建筑或展示空间设计中的作用主要体现为三个方面：一是为确定空间范围提供依据；二是为设计建筑或展示空间中的器具提供依据；三是为确定感官器官的适应能力提供依据。

人机工程学对于人性化尺度在展示空间设计中有非常重要的作用。设计中人性化尺度的满足离不开人的基本需求，即生理需求与心理需求。例如，在展示空间的设计中，根据展厅功能的不同，应该要考虑人与人的交往需求（如宣传、讲解、洽谈业务等），或人与物的交互需求（如学习、娱乐等），或者是传达某种精神内涵。

人性化尺度在展示空间中既要满足使用者的生理需求，同时也要满足其心理需求。因此，人性化尺度分为生理尺度和心理尺度。其中生理尺度包括人体工程学尺度、视觉尺度和运动尺度。人体尺度是建立在人体尺寸和比例的基础上的。由于人的尺寸因人而异，因此不能当作一种绝对的度量标准。但是当人们鞭长莫及时，就得依靠视觉而不是触觉线索来得到空间的尺度感，这就是视觉尺度。视觉尺度并不是指物品的实际尺寸，而是指某物与其正常尺寸或环境中其他物品的尺寸相比较时，看上去是大还是小。因此，有时视觉尺度可以利用视错觉来进行弥补或调整。运动尺度是由人们在现实生活中的活动状态所决定的。因为人体尺度无论是在结构上还是功能上，都是相对静止的某一方向上的尺寸，然而现实生活中人多数情况下是处于活动状态的，美国社会学家佩里曾在他所研究的“邻里空间”理论中探索了人的运动尺度。研究表明，当人步行距离在500~700m的范围内，也就是说人们在步行大约500m的距离时，会达到运动尺度的一个节点，需要停下来休息片刻。

而人对空间的心理需求则要上升到人对社交的需要、尊重的需要及自我实现的需要。英国心理学家肯特曾说：“人们不以随意的方式使用空间。”这句话表达的意思就是人们在某种空间里采用什么样的行为不是随意的，而是有着特定的方式，这些方式受到人们的生理和心理的影响。设计对人的心理空间的需求和满足很大程度上受到人的心理尺度的影响。例如，在空间中人们之间的交往距离就受心理尺度的影响。

从展示设计的角度来说，设计的目的并不是展示本身，而是通过设计，运用空间规划、平面布置、灯光控制、色彩配置以及各种组织策划，有计划、有目的、符合逻辑地将陈设的内容展现给观众，并力求使观众接受设计和计划传达的信息。在这个环境空间中，物理空间的尺寸大小固然要依据人机工程学中的各项参数，如根据展示主题、内容来设计它所需要的空间的基本尺寸，以满足基本的物理空间的要求，但是展示空间的设计除了考虑商品的展示外，还必须考虑在空间的设计上保证具有一定的洽谈和销售空间。如今，展览会对营销活动的时间与空间进行了高度浓缩，短短几天就可以和成百上千的客户面对面洽谈、签约，一次成功的展览会，甚至可以落实全年度的销售计划。正因如此，在信息交流手段高度发达的资讯时代，商业展览会、交易会深得商家青睐。现代商业展览，早已不再是一桌两椅、几块展板，现代“庙会”式的被动展示。如何突破有限的空间限制，最大限度地发挥展览功能，是展示设计必须解决的问题。

展示设计中的人机关系问题包括尺度要素、视觉要素和心理要素。关于展示设计的尺度要素，依然要符合人的基本尺度，包括静态尺寸和动态尺寸；而关于展品的陈列尺度，也要依据人的水平视野和垂直视野的人机数据去调整陈列密度和陈列高度，这样才能基本保证展示效果，使观众不易疲劳。但还有一个展示设计中不可忽视的问题，那就是对展示设计的心理需求的思考与设计（图7–1）。

实践告诉我们，不同的造型空间所产生的心理影响是不同的。

1. 正方体空间

正方体空间给人以安稳、简朴、庄重的感觉。

2. 水平空间

水平空间给人以平稳、舒展、安定、平广、寂静、博大、亲切而自然的感觉（图7–2）。

图7–1 展示空间设计

图7–2 深圳东西茶室 田水月

3. 垂直空间

垂直空间给人以向上、崇高、无限、尊严、悲壮、坚定、刚毅、分明、有力和超然的感觉，最典型的就是哥特式教堂的内部（图7–3、图7–4）。

4. 三角空间

三角空间给人以向上、稳定、牢固、永恒、崇高、肃静、庄严与神秘的感觉（图 7–5）。

5. 圆体或半圆体空间

圆体或半圆体空间以封闭、丰富、内向、简单的特性，给人以平衡感和控制感（图 7–6、图 7–7）。

6. 曲面空间

曲面空间给人以流动、轻巧、柔和、灵活、丰满、美好、优雅、优美、抒情、纤弱、犹豫的感觉（图 7–8、图 7–9）。

图 7–3　哥特式教堂内部

图 7–4　米兰自由广场苹果店入口

图 7–5　三角空间

图 7–6　苹果新总部内部空间

图 7–7　苹果新总部外部空间

图 7-8　曲面空间

图 7-9　新加坡的苹果金沙店

图 7-10　倾斜的空间

图 7-11　阶梯性空间

7. 倾斜的空间

倾斜的空间给人以倾倒、危险、崩溃、行动、冲动、无法控制的感情与运动的感觉（图 7-10）。

8. 阶梯性的空间

阶梯性的空间有紧张、压抑、向上之感（图 7-11）。

合理利用各种造型空间进行展示设计能为用户带来恰如其分的视觉体验及良好的心理感受。实际上，展示空间中的空间尺度与空间尺寸的概念是有较大区别的。尺度不是指建筑物或要素的真实尺寸大小，而是表达一种大小关系及其给人一种相对的大小感觉；而尺寸是度量单位，是在量上反映建筑物及各构成要素的绝对大小。不同的尺度带来的感觉是不一样的，有的尺度使建筑显得挺拔或厚重，有的则使建筑显得庞大或轻飘，它直接影响着人的心理感受。尺度只有通过尺寸、比例并借助于人的视觉、心理等诸多因素，才能创造出良好的空间效果、宜人的环境、和谐的体量和形态。

通常，当人们面对一座建筑物或者展示空间时，不是用尺子去度量，而多是用眼睛去观测它，所以对建筑师、设计师和广大的观赏者来说，空间的尺度只是感觉的量，是建筑形象或展示空间引起的尺度感觉。所以，建筑的尺度称作尺度感会更为确切一些。尺度是人们对建筑空间和细部所产生的尺寸相对感，没有相对性便不会产生尺度的概念。这说明，尺度是人判断建筑或展示空间是否宜人的首要关键因素。

二、尺度的分级

利用尺度原则，我们可以创造出宏伟感、亲切感等不同的尺度效果，尺度的分级好比高低不同的音符和节拍：小尺度，弱对比有含蓄的感觉；大尺度，强对比有明确、肯定、雄劲的感觉。尺度从大到小可以分为雄伟尺度、自然尺度、亲切尺度。

1. 雄伟尺度

在进行设计时，为了满足精神功能要求或赋予对象以特殊的性格，设计者常有意识地采用夸大的尺度，使设计对象的视觉尺寸印象超过真实尺寸，显得更伟大、更有力、更雄伟壮观。

2. 自然尺度

人的视觉尺寸与真实尺寸之间应是一致的。自然的尺度要求整体与局部和人体等尺度标志之间形成合乎功能要求、合乎常理的空间外观，给人一种真实、亲切、自然的感觉。人的尺寸为基准，不宜过大或过小，过大则使建筑或展示内容缺乏亲近感，过小则减小了尺度感。

3. 亲切尺度

人的视觉印象尺寸比实际尺寸看上去小一些，产生一种自由的、非正规的亲切感。就是通过质感的细微特征产生一种视觉上和触觉上的优美感。

图 7-12　SONY 展厅

在图 7-12 SONY 的这个展示空间中，我们可以看到空间的设计结合了雄伟尺度和自然尺度。设计师利用高直的大立面，有意识地夸大墙体的高度，超高的空间却以稳重的黑色包围，形成了一个“创造欲望、提供梦想”的精神领地，有一定的压迫感。为了弥补这种感觉，空间内又以自然尺度为参观者提供了合乎人体尺度（包括合乎水平和垂直视野）的陈列内容，给人以亲切、自然的感觉，利于展示空间中人的视觉尺度和心理尺度。

在图 7–13 这个展示空间的设计中，除了注意到了自然尺度的基本功能要求外，特别强调了空间中的亲切尺度，特意留出的拿取宣传页的小空间，使展示空间中平添了一种自由的亲切感，展示空间中使用的材料的肌理感，也使参观者在视觉和触觉上体会到了细致入微的优美感。

图 7–13　展示空间细节

第二节

仪表、信号的显示设计

产品设计中与人机问题密切相关的方面有很多，其中一方面就是显示的问题，现在越来越多的产品正向智能化方向发展，人与机器的交互中很大程度上依赖于显示屏，各种仪表盘、显示器用来传递那些不能直接被使用者察觉或推断的信息，而当这些原来不能被察觉或推断的信息被以图形的形式形象化地传递出来之后，使用者能够直观地了解这些信息，从而得到心理上或情感上的满足与安全感；同时这些显示装置也被用来吸引人们的注意力，以使使用者能快速和准确地分析、解释、传递相关的信息。

一、人、机相互作用的信息分析

在人、机交互作用中，存在着两类关键的信息流：一类是从机器到人的信息流；另一类则是从人到机器的信息流。这些信息流能以不同方式进行分类。如可分为正常与非正常的信息流。非正常的信息流不是由任何专用的机器部件传送的，或者只是用于作业辅助手段的信息流。如磨床的操作者，可能被陷入机器产生的杂音，就是一种非正常的信息。

正常的信息是依靠专门设计来传播信息的通信工具传递的。如设置在汽车上的速度仪向驾驶员提供精确的速度信息；温湿度计给人提供准确的室内温度与湿度信息；电子秤也能提供准确的体重信息（图 7–14~ 图 7–16）。

信息流还可以按直接与间接来分类。凡是能在直接感受过程中接

图 7-14　汽车中控仪表盘

图 7-15　两种显示方式的温湿度计

图 7-16　电子秤

收的信息就是直接信息；凡是必须以复制或代码（符号）的形式传播的信息就是被间接察觉的信息。

无论是直接信息流还是间接信息流，其每一项信息都必须确立以下内容，才能更好地实现信息的传递。

（1）必须精确地表明哪一项信息应该流动或传播。这里强调“精确”是因为这是最基本的。如在温度信息的传递过程中，仅将物体的温度传递给操作者是不够的，还必须弄清它是否需要精确的温度。如果需要，所要求的精度范围是多少？是 ± 5°C， ± 0.1°C，还是仅在某个规定范围之内，如40~60°C。

（2）必须明确何人是信息的发送者或接受者。如信息是从机器发送到操作者，还是从机器发送到维修工、装配工。通常，对于人—机或机—人这两种主要信息流是容易明确的，但对于许多次要的信息流，如果没有明显确定其人—机相互作用中的关系，往往就难以确定。

（3）必须确定是正常的信息还是非正常的信息。如果涉及的信息接受者是人，那么还应明确它是直接感受的信息还是间接感受的信息。如能否仅依靠通过听声音或观察机器的某个部位就能有效获得某种信息，还是必须设置一台仪器，以测量出机器某个动作信息并提供一种显示手段才能将信息传递给操作者等。

图 7-17　微信运动

（4）必须明确什么时候需要信息。信息通常在需要它的时候才产生，但是当信息是在它产生之后的某个时间内才需要时就必须先将信息储存起来，然后在某一个适当时刻再调用，并表现出来。例如，“微信运动”（图7-17）信息的推送都是在晚上，它会将一整天用户的运动计步情况做总结后再发送；类似情况还有智能手表在监控用户的睡眠质量时，提供的信息也是积累一个时间段后再推送的。在某些事例中，对将来状态或变化不定的情况的预示，对于改进操作及早期危险报警等方面也具有重大意义。因此，需要信息出现的基点必须适当给予确定。

（5）必须明确信息发挥什么作用。是作为报警、检查、跟踪、识别，还是作为一项指令，这一问题在保证不同项的已知相关信息间的所有恰当关系方面是很重要的（图 7-18~图 7-20）。

图 7-18 温控计

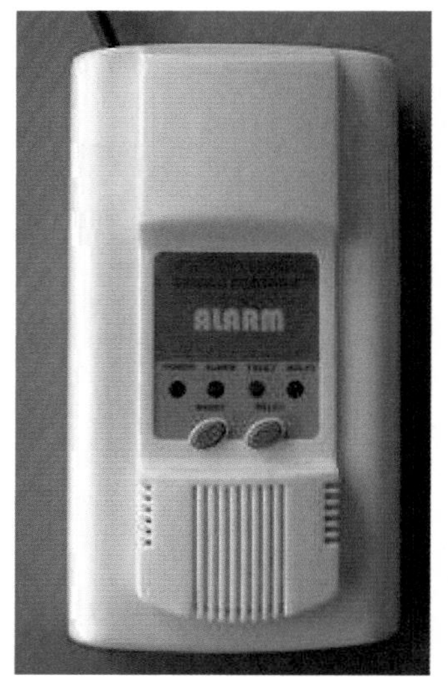

图 7-19 燃气警报器

图 7-20 烟控报警器

二、信息显示设计

在人机系统中，产品的信息是通过人的感觉传递的，人根据接收的信息做出反应。因此，信息的传递必须极其准确，极为迅速。

从人机工程学的观点出发，确定显示形式应该包括三个步骤。一是确定用于传递信息的感觉器官；二是选择最合适的产品装置，以便传播信息；三是提供设计这种产品装置的人机工程学的依据。

为了更好地传递信息，常常要在感觉器官之间进行选择，这种选择通常是在视觉与听觉之间进行的。在某些情况下，由于客观需要或某一感觉器官明显优于另一感觉器官时，这种选择是容易确定的。而在一般情况下则必须进行比较。

视觉信号由于能传递的信息范围最大、形式多样而得到最普遍的应用。听觉信号则容易吸引人的注意力，因而特别适用于报警装置，或需要向经常走动、不断变换注意力的人员传递信息的场合，并适合传递相对来说较简单、较短的信号。

（一）听觉与视觉刺激的比较

为便于选择，可将听觉刺激与视觉刺激的各自特点作如下比较。

（1）听觉刺激具有时间性，其信息是通过时间延续的；视觉刺激则具有空间性，具有空间位置。人可以通过“听声辨位”来判断机器（产品）的位置或方位。

（2）听觉刺激可以随着时间延续而连续传递不同的信息；视觉刺激能连续地或同时并存地表现不同信息。产品可以通过声音的振动方式不同来代表传递信息的内容的不同。因此，救护车、消防车、警车等发出的声音都不同。而在同一产品中，不同功能在准备执行操作或者操作完毕时发出的声音有时也有不同，提醒人们正在操作的功能是什么，或者结束的功能是什么等。

（3）听觉刺激是相继呈现的，所以，除非为听者所察觉，否则无法持续保持。像这类无法在显示中储存的信息特点称为“弱相关性”。

（4）听觉刺激与视觉刺激相比，所提供的信息编码的维数较少。

（5）言语作为一种特殊形式的听觉刺激能通过表达方式的改变及感情、语调的细微变化，而比视觉刺激表现出更大的灵活性和感染力。

（6）言语具有时间上的优越性，恰当的信息能及时为听者所接受；而在视觉刺激中，操作者必须以一定时间进行搜寻才能找到所需的信息。

（7）言语传播速度有一定的限制，即必须符合人的正常说话速度；而视觉表现却快得多。

（8）听觉刺激在必要时能有效吸引听者的注意，它们是“全方位”的；而视觉刺激则要求操作者在一定范围内直接观察。

（9）与听觉相比，人的视觉更容易感到疲劳。

因此，听觉与视觉究竟该在何种场合应用需根据具体情况具体分析，当然也可以联合使用，这样对于信息的传递会是全方位的、立体的感知。

触觉是另一种能用于传播信息的感觉，最普遍为人所知的是盲文。盲文能被盲人用手触摸进行“阅读”，产品与电气信号也能由触觉来表现。研究表明，触觉虽然不能像视觉、听觉那样精确分辨出强度或性质上的微小差别，但能够有效传递有限的不连续的刺激，如用于发出报警的信号。

在一种特定的显示方式被采用之前，必须了解用户将会进行的工作，完成这些任务所需的信息，这些产品将在哪些环境下被使用。因此必须明确以下问题：用户是否需要精确的数量数据、质量数据或者状态指示是否充分。信息或消息是简单的还是复杂的？它是否需要立刻响应？用户在原地或是在产品附近移动吗？环境的照明和听觉的特性是什么？

搞清楚这些问题之后再来决定哪一种或几种显示方式是最适合或比较适合的。以下我们着重以视觉、听觉为例来介绍一下它们的显示方式、类型。

（二）视觉与听觉显示设计的方式、类型

1. 视觉显示设计

利用视觉信号传递信息的方法称为“视觉显示”，包括仪表、指示灯、标志符号等。视觉的显示比其他的显示方式更经常被使用，如数字显示（图7–21）；质量分析显示（不同范畴的移动指针）（图7–22）；状态指示器（指示灯等）（图7–23）；标志符号（图7–24）；具有指示性质的材料。

视觉显示在设计时应考虑多方面内容：必须首先确定要传递的信息是什么；它的用途或功能怎样，以及谁或什么是发送者和接受者；应确定采用何种显示方式；所选定的显示形式应能最恰当地显示并传递所涉及的信息；要考虑信息传递的视觉环境的性质，例如，显示器所在环境的照明强度、朝向、照明光源的强度与方向，以及工作场所中各种表面对光的反

图 7-21　数字显示

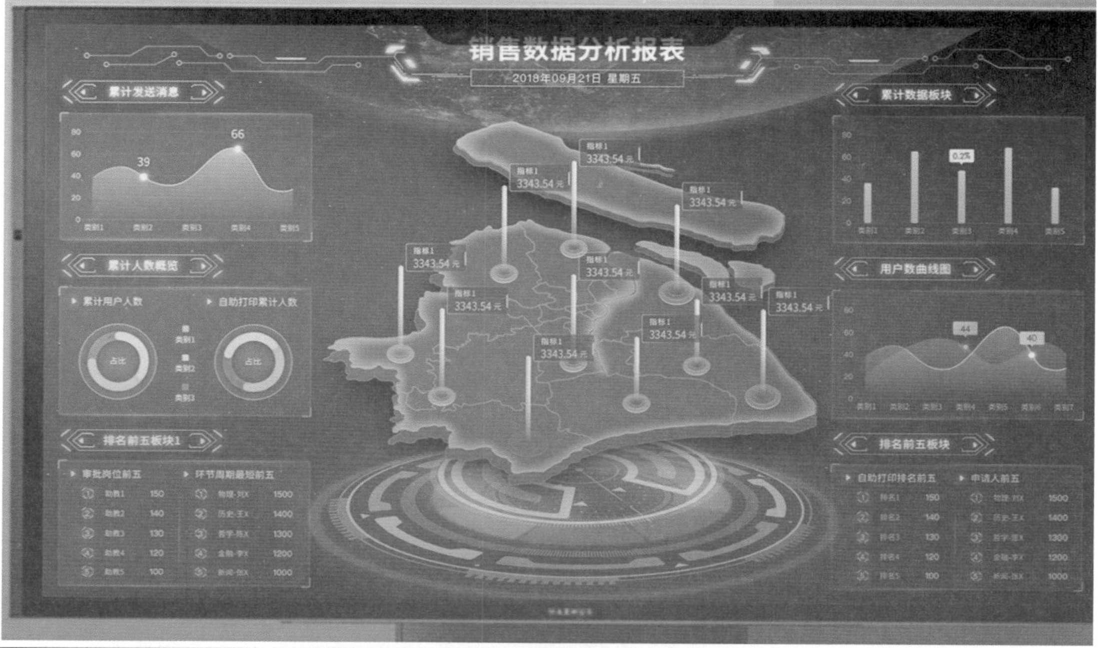

图 7-22　分析显示

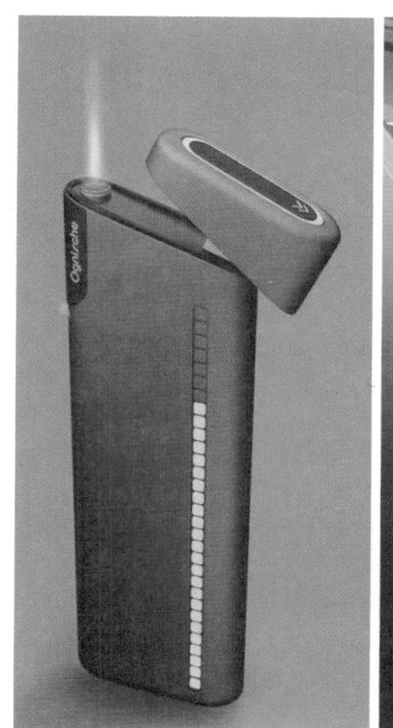

图 7–23　状态指示显示

图 7–24　标志符号显示

射状况都是重要的影响因素；要考虑所选择的显示器类型的细节设计。当信息的接受者要求数字化的信息时，应采用定量显示器，这种显示器有两种形式：直接数字显示和指针模拟显示（图 7–25、图 7–26）。以下以数字显示和指针模拟为例讲述视觉显示设计的具体方式与类型。

数字显示与指针模拟显示都是广泛应用的视觉显示形式。适当地选择取决于很多因素，例如，阅读速度和精确性的要求以及传送二次信息的必要性，变化率或特定值的变化，如读秒表（图 7–27）。当然，也有将二者结合起来进行精确与模拟的同步显示的，如心脏监护器（图 7–28）。

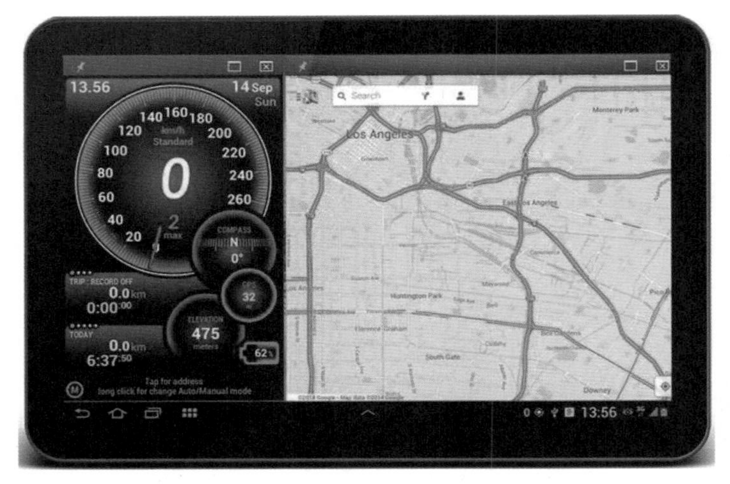

图 7–25　导航仪

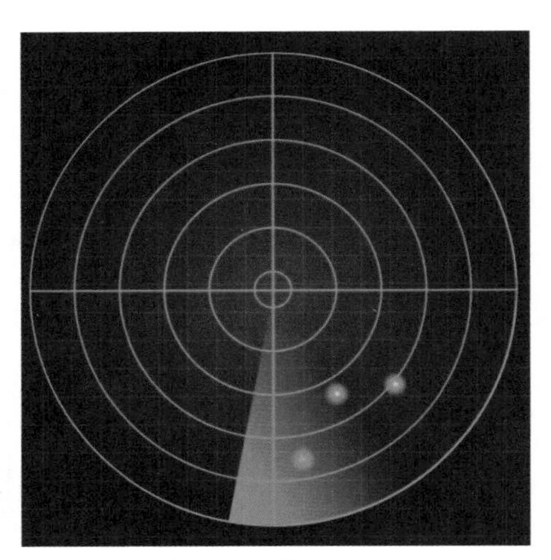

图 7–26　雷达扫描仪

图 7–27　读秒表

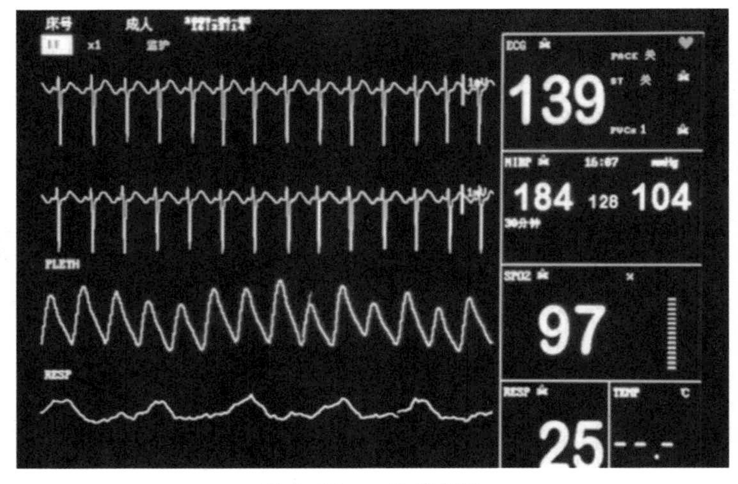

图 7–28　心脏监护器

（1）数字显示对显示不必经常连续或迅速变动的单个数值十分有效。电子秤就是用数字显示的方式直接显示被称物体的稳定重量值的，这时用指针显示就不方便了。当确定数值必须被迅速而且精确地读出时，通常数字显示更实用，其中包括汽车里程表、收款机。电子数字显示有众多种类，包括计算器、手表和钟、定时器、声音和影像合成的科学仪器以及照相机（图 7–29、图 7–30）。

（2）指针式模拟显示器则适合于需要不断检测读数和表现其变化速度与方向的场合，如温湿度计。模拟的显示通常由比例尺和指示器组成，如导航仪或雷达扫描仪。

移动的指针相对于固定刻度的位置可以增添一种感情上的暗示，

从而加快认读速度。在数值频繁而迅速改变的场合，人们愿意采用有着移动指针和固定刻度的显示方式。用户可以随时从所给的数值中推断变化、趋势或偏差的比率（图7–31）。

图7-29 电子秤

图7-30 定时器

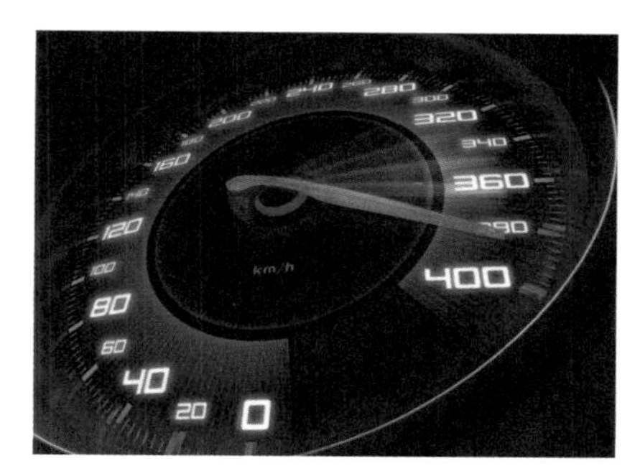

图7-31 汽车速度仪

关于指针类的模拟显示设计需注意以下几个问题。

①对于模拟显示的刻度，每个要被读取的数值上都刻有标志。例如，在以km/h为单位的速度计上，每两个km/h之间都必须有标记。

②主要、中等、次要的标记高度（即垂直刻度，也称作“杆高”）分别应不低于56mm、4mm和22mm。

③所有主要标记都必须注明数值。在主要标记之间必须有1、5或10个单位增量。

④标记的最小值由可视距离决定。

⑤所有的标记必须是水平方向的。

⑥刻度上的数字（如刻度上的标记）应安排在不会被指针遮挡的位置上。

⑦两个大刻度之间通常不少于九个小刻度。

⑧标记应该使用加粗的字体。

⑨数字应该顺时针方向沿曲线递增，刻度也必须排成一个圆形。线性刻度数字必须从下到上、从左到右递增。

⑩除非必须表示变化是从零开始，否则零通常被置于环形刻度的底部。

⑪刻度必须简单易懂。

⑫指针的顶端必须是尖的，尾部应当小于总长的1/3。

（3）模拟显示器的设计内容。包括表盘设计、刻度设计、指针设计、标数设计、仪表布置、仪表设计的基本原则等几个因素是模拟显示器的设计内容。

①表盘设计。仪表盘的形状分为开窗式、圆形式、半圆形式、水平直线式、垂直直线式等（图7–32）。其中开窗式仪表认读范围小，视线扫描路线短，误读率最低；圆形式和半圆形式仪表指针明显，视线集中，指针运动简单；水平直线式和垂直直线式仪表显示范围大，利于对位移、高度等水平或竖直方向信息的形象理解。

图7–32　仪表盘的形状

仪表盘的大小与人的认读速度和精度密切相关。过小的仪表盘，其上的刻度标记、标数必然是细小而密集的，会导致用户难以迅速和准确地辨认；而过大的仪表盘，会因加长了扫描路线的长度，而分散人的视线，降低视敏度，同样影响用户的认读速度和准确性。实际上，决定认读速度的不只是仪表的直径，还有其与观察距离的比值，即视角大小。根据相关的研究，仪表的最佳视角为2.5°~5°，也就是说，视距在750mm时，仪表盘直径在35~70mm。同时，仪表盘的大小还与标记数量密切相关，标记数量越多，需要传递的信息也就越多，所需要的仪表盘也就越大。

②刻度设计。仪表的刻度包括仪表盘上两个最小刻度标记间的距离和刻度标记，在设计中应注意量表划分、刻度间距、刻度标记等因素。

量表划分是指将仪表量程划分为若干单位和具体数值，如分多少个刻度，大、小刻度分别指示多少数值等。仪表的最小刻度应标示所需读出的最小计量单位。例如，计时的钟表，一般所需读出的最小时间单位为s，则秒针所指示的最小刻度为s，更小的ms、μs、ns等时间单位的刻度可以不必显示；每个小刻度最好代表1个单位或大刻度数值的约数单位（常为2或5个单位），如钟表上分针所指的每个大刻度代表5min，每个小刻度代表1min。

刻度间距是指两个小刻度标记之间的间隔距离。根据认读效率与刻度间距大小之间的关系，刻度间距与人眼形成的视角以10°左右为宜，即视距750mm时，刻度间距在1~2.5mm。此外，观察时间越短，刻度间距应越大，在观察时间很短（0.5~0.25s）的情况下，以2.3~3.8mm为宜。

刻度标记指一定的读数单位，如果表盘上标记的内容较多，可将其分为不同的级别来标记，即大刻度标记、中刻度标记和小刻度标记等（图7–33），以便于认读和理解。大、中、小三级刻度标记长度的比例一

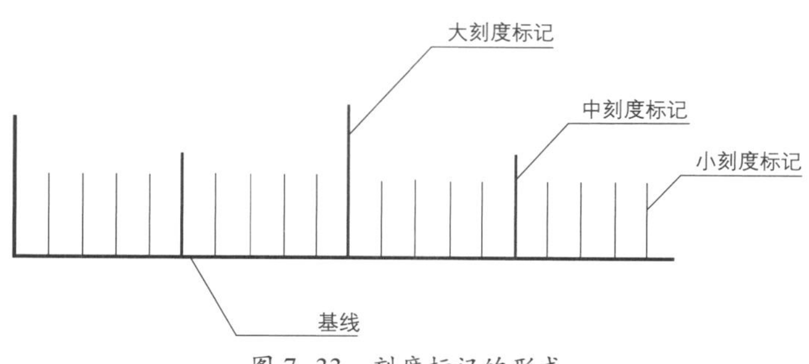

图7–33 刻度标记的形式

般为2：1.5：1或者1.7：1.3：1，也可以参考相关部门颁布的标准。

③指针设计。指针宽度不得超过最细的刻度线宽度，且不能将刻度线完全遮盖。对于圆形刻度，其指针长度应为刻度半径的0.7倍。指针尾部颜色应与刻度盘颜色一致，整个指针应尽量贴近盘面，以减小不垂直观察时指针投影造成的视觉误差（图7–34）。

图7–34 指针式显示

④标数设计。标数是指标明仪表刻度的数值。在设计中，标数不宜被指针遮挡；一般仪表盘上必须标出大刻度的标数，而小刻度可以不必标数；指针运动式仪表的标数应当呈竖直状态，仪表面运动式仪表的标数应沿径向布置，从而保证标数在任何方向都能正立显示；开窗式仪表窗口的大小至少应能够完整显示当前刻度的标数，并应尽可能显示出当前刻度标数前后的两个标数，以便能够清晰显示运动的方向及趋势；圆形或扇形仪表的标数，应按顺时针方向依次增大，0位常设于时钟的6点、9点或12点的位置，以符合人的认读习惯（图7–35）。

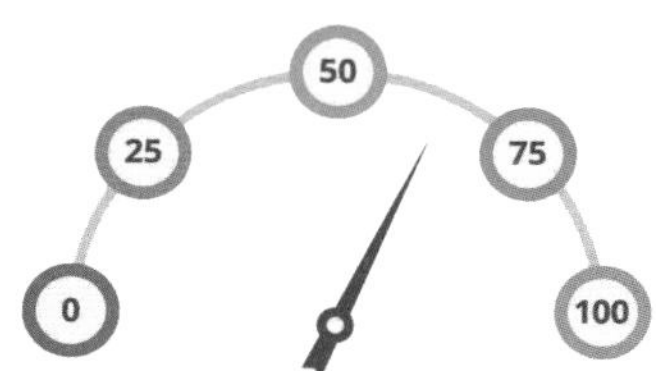

图7–35 符合认读习惯的标数

⑤仪表布置。仪表布置的方式有多种：

一是按仪表的重要程度排列。常用的主要显示仪表应尽可能排列在视野中心3°范围内；一般性显示仪表可安排在20°~ 40°视野范围内；次要的显示仪表可布置在40°~ 60°的视野范围内；80°以外的视野范围，因其视觉认读效率低，一般不宜放置仪表。

二是按使用顺序排列。显示仪表的排列顺序应与仪表在操作过程中的使用顺序一致，同时，排列顺序还应注意仪表之间在逻辑上的联

系。有联系的仪表应尽量靠近，以提高认读效率和降低误读率。

三是按功能进行排列组合。仪表的排列应当符合操作活动的逻辑性。因此，仪表和相应的操纵器应按它们的功能分组，即把传递同一参数信息或完成同一功能作用的一些仪表分组排列。

四是按最佳零点方位排列。在排列多个标量显示仪表时，应使其在正常工作状态下指针全部指向同一方向，这样便于发现异常情况和提高认读速度（图7-36）。

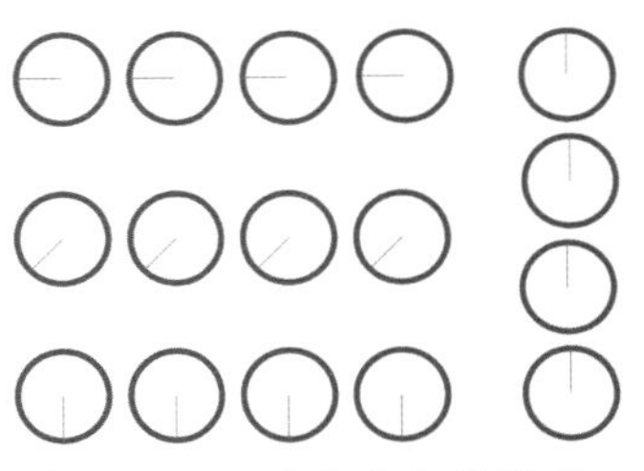

图 7-36 不同方向仪表排列的最佳零点位置

五是按视觉特性排列。仪表所在的平面与人的正常视线应尽量接近于垂直，以方便认读和减少读数误差。人眼的视野范围有限，仪表的布置应紧凑；人眼的水平运动比垂直运动快而且幅度宽，因此仪表应尽可能水平排列；人眼的视知规律是自左而右、自上而下、顺时针方向圆周运动扫视，仪表排列的顺序和方向应遵循这一特性；人眼的观察效率随视知规律依次由左上方、右上方、左下方、右下方递减，因此，仪表应按其重要程度和使用频率排列在不同的视区。

六是按仪表与操纵器的相合性排列。仪表布置应与系统中其他显示器、操作器等在空间关系与运动关系上进行自然匹配。如大多数人均用右手操作，则仪表应排列在对应操纵器的左侧或上方，以避免遮挡视线。

⑥仪表设计的基本原则包括以下5个方面。

一是仪表显示设计应以人的视觉特征为依据，确保使用者迅速准确地获取所需要的信息。同时，显示的精确程度和质量应与人的辨别能力、认读过程、舒适性和系统功能要求相适应。

二是仪表显示不宜有太多的信息种类和数量。尽量采用同一种显示方式来显示同样的参数，显示的信息数量应限制在人的视觉通道容量所允许的范围之内。

三是仪表的指针、刻度标记、标数等应与仪表盘之间在形状、颜色、尺度方面保持适当的对比关系，以使目标清晰可辨。一般目标应有确定的形状、较强的亮度和鲜明的颜色，而背景相对于目标应亮度较低、颜色较暗。

四是仪表的显示格式应以利于使用者正确理解为目标，简单明了地显示，使内容明确易懂。

五是视觉显示对照明环境有一定的要求，要避免仪表对光线形成反射，保证对目标的辨认。

在视觉显示器的设计中，人机工程学最重要的要求是无论在何种

条件下都要保证所传递的信息指示明确、醒目，可以运用多种方式，

图 7-37 各类不同的显示设计

如位置、色彩、形状与尺寸的不同来加以区别（图7-37）。

2.听觉显示设计

利用听觉信号传递信息的方式称为听觉显示。听觉显示器是人机系统中利用听觉通道向人传递信息的装置，按其所显示信息的特点可分为声音听觉显示器和言语听觉显示器。通常使用的听觉显示器有铃、喇叭、蜂鸣器、扬声器等（图7-38）。由于听觉通道自身的特性，使它具有易引起人的不随意注意、反应速度快、不受照明影响和对复杂

图 7-38 索爱音箱

信息的短时记忆消退较快等特点。听觉显示器适用的场合有：信号源本身是声音；视觉通道负荷过重；信号需要及时处理，并立即采取行动；流动的工作岗位；视觉观察条件（如照明或观察位置）受限；预料操作者可能会出现疏忽；显示某种连续变化而不需要作短时储存的信息。

在设计听觉显示器时，对人机工程学的应用需要考虑的因素包括。应明确希望传递什么信息，以及它的用途或功能；要搞清听觉显示所处环境的噪声强度与波谱构成。为保证听觉信号的可察觉性，其强度与频率必须与周围的噪声有明显区别；必须保证由显示器发出的听觉频率在人的听觉范围内。听觉信号应易于与同时发出的其他声音（如机器运转的声音、嘈杂的背景声等）相区别。除非必要，在一种讯号中不要同时提供较多的信息。同样的听觉信号无论何时都应该表达或传递相同的信息。

（1）声音听觉显示设计。声音听觉显示器的设计必须满足人对声音信号的检测和辨认的要求，声音听觉显示设计的基本要求包括以下3个方面。

①信号检测。通常，信号的出现总与一定的背景噪声相联系。由于噪声的掩蔽作用会使信号的觉察阈限升高，所以只有将信号的响度提高到足以抵消掩蔽效应的水平，才能正确觉察信号。在宁静的环境中，纯音信号应高于绝对阈限20~40dB才能为人所觉察。人对纯音信号的检测效率随声音频率和持续时间的不同而异，低频信号较高频信号受噪声掩蔽程度轻。当声音持续时间短于200ms时，人感觉到的主观响度明显下降；当持续时间超过几秒时，响度感觉不再提高，一般认为纯音的持续时间不宜短于300ms。

②信号的相对辨认。信号的相对辨认指对两个以上同时出现的声音信号加以区分。对声音相对辨认的绩效主要取决于人对声音信号的强度和频率差别的辨别能力。一般要求作强度辨别的纯音信号的信号强度至少要高于绝对阈限60dB，频率范围以1000~4000Hz为宜。需做频率辨别的纯音信号，信号强度应高于阈限30dB以上，频率宜在500~1000Hz范围内。

③信号的绝对辨认。信号的绝对辨认指根据声音信号的频率、强度、持续时间、方位等维度特性，辨别某种单独显示的听觉信号。多维编码可提高听觉编码数目。

听觉显示器的传递效率在很大程度上取决于其设计特性与人的听

觉通道特性的匹配程度。要使两者匹配，声音听觉显示器的设计必须遵循以下原则。

听觉刺激所代表的意义一般应与人们已经学到的或自然的联系相一致。例如，尖啸声应同紧急情况相联系，选用的信号应避免与以往使用过的信号相矛盾。在用新的听觉信号代替旧的信号系统时，可将两种信号系统同时并用一段时间，以帮助人们对新的听觉信号形成习惯。

采用声音的强度、频率、持续时间等维度作为信息代码时，应避免使用极端值。代码数目不应超过使用者的绝对辨别能力。

信号的强度应高于噪声背景，保持足够的信噪比，以防声音掩蔽效应带来的不利影响。

使用间歇或可变的声音信号，避免使用稳定的信号，以减弱对信号的听觉适应。

不同的声音信号尽量分时呈现，时间间隔不宜短于1s。对必须同时呈现的信号，可采取将声源的空间位置分离或按其系统的重要程度提供优先注意的指示等方法。

对不同场合使用的听觉信号应尽可能标准化。人的听觉系统的特点特别适合把听觉显示器用于告警显示。声音信号按危险的程度和发展的可能性分为告警信号和注意信号两种。告警信号用来警告面临危险的人员、系统或设备有危急变化，含有召唤操作人员采取措施以减少危险和报告事态的意思；注意信号用来指示要求认识但不需立即采取行动的情况，含有指示操作人员消除危险状态和撤离危险区的意思。最常用的听觉告警显示器有蜂鸣器、铃、号角和汽笛等。它们各具特点，分别适用于不同的使用条件。

听觉告警信号的设计和选用可参考以下建议。当背景噪声超过110dB（A）时，不应采用声音信号；声音信号的含义必须明确，不能与正常工作噪声和用于其他目的的信号（如干扰装置的干扰声和无线电发出的其他信号等）相同；声音信号在发生1s内，应能被操作者识别，并至少持续2s。声音信号的持续时间应与危险存在的时间相一致，信号的消失应随危险状态而定；应使用200~5000Hz（500~3000Hz最佳）的声音，因为耳朵对这一频率范围最敏感；长距离传送声音告警信号时，频率应低于1000Hz，并且要用较大的功率发送；声音告警信号若需绕过较大的障碍物或穿过隔离物时，应使用低于500Hz的频率；如果存在背景噪声，声音信号应与背景噪声有较大的区别。应使用与任何背景噪声频率不同的声音告警信号，使掩蔽效应减至最小。声音信号的声级应比背景噪声至少高10dB（A）；应尽量采用变频信号或间断的声音信号，这类信号与正常信号有足够大的差别，容易引起注意；在用不同的声音告警信号表示需要做出不同反应的场合，应在声级、音调和频率等方面有较大的分辨差异，使每种信号都能从别的信号中分辨出来。如果要求分辨各自的信号时，显示信号的数目最多应不超过4个；如有可能，听觉告警信号要用独立的通信系统，不要把听觉告警装置用于其他的目的。

此外，设计听觉告警信号还需要参照不同领域内的相应标准和规范，如GB/T 1251.1—2008《人类工效学　公共场所和工作区域的险情信号　险情听觉信号》、GB/T 1251.3—2008《人类工效学　险情和信息的视听信号体系》、GB 12800—1991《声学　紧急撤离听觉信号》等。

（2）言语听觉显示设计。言语听觉显示相对声音显示及其他信息显示方式具有以下优势。

①需显示的内容较多时，用一个言语听觉显示器可代替多个声音听觉显示器，且表达准确，信息内容不易混淆。

②言语显示的信息表达力强，有利于指导操作者进行操作、检修和处理故障。

③在娱乐、广播、电视等领域，言语显示比声音显示更符合人的习惯。

在言语显示设计中应注意以下问题。

言语的清晰度。用言语（包括单字、词组、句子和文章）来传递信息，对言语信号的要求是语言清晰。在工程心理上，用清晰度作为言语的评定指标，即人对音节、词或语句正确听到和理解的百分率。言语清晰度达到96%以上，让人主观感觉完全满意；达到85%~96%，让人感觉很满意；达到75%~85%，让人感觉满意；达到65%~75%，让人感觉言语可以听懂，但非常费劲；65%以下，让人感觉不满意。可见，言语显示清晰度必须达到75%以上，才能正确显示信息。

语言的强度。言语显示输出的语音，其强度直接影响言语清晰度。当语音强度增至刺激阈限以上时，清晰度逐渐增加，直到几乎全部语音都被正确听到的水平；强度再增加，清晰度仍保持不变，直至强度达到痛阈为止。研究表明，语音的平均感觉阈限为25~30dB（测听材料中有50%被听清楚），汉语的平均感觉阈限为27dB。而语音强度达到130dB时将使人有不舒服的感觉，达到135dB时将使人耳中有发痒的感觉，再高将有损听力机能。因此，言语显示的强度最好为60~80dB。

噪声环境中的言语显示。为了保证在有噪声干扰的作业环境中进行充分的言语通信，则需按噪声定出极限通信距离。在此距离内，在一定语言干涉声级或噪声干扰声级下可期望达到充分的言语通信（言语清晰度达到75%以上）。

另外，报警信号应该形成自己独特的格调，以与其他信号相区别，并综合运用下列原则。

同强度的特发音响以及可变频率的声音要比稳定不变的声音更易引起警觉。

声音不应分散收听对象的注意力或惊吓收听对象。引起警觉的时间不到1s，因此声音应尽快地转换成明确的信息。任何后续信号也必须转换为其他信息，并在2s后才表现出来。

如果使用了不同的警报信号，那么，相互间必须明显区分。

警报信号既不应遮掩其他重要信号，也不能为其他信号所遮蔽。

要避免能引起痛觉或造成损伤的强度，当不得不使用高强度的音响时，应避免使信号频率范围过于集中。要使用低频，不使用高频，并使信号保持短促。

音调信号经常被用来传达警报，这种信号必须足够响以便能测听到。

通常建议所有的报警信号至少比预期的环境噪声大10~15dB。对于大多数的应用场合，这些声音必须在0.5s之内引起听者的注意，并且要在做出适当的响应之后才会消除。

声音报警的频率一般在250~2500Hz，连续和间断的音调信号频率都必须限制在400~1500Hz。对于发颤和忽大忽小的音调信号，其频率可以更小一些（在50~100Hz）。蜂鸣器的频率可以低到150Hz，而喇叭的频率可以高到4000Hz。

第三节

设计中需要考虑的安全问题

“安全”意为“无损，稳妥，保险，无危险”，可以被定义成一种不存在风险、使人处于一种被保护的状态，能免于因意外而导致的不必要的伤亡。安全是人类生存的基本条件，于产品而言，在宏观上表现为在产品使用的过程中对事故的预防，消除或减少设备损坏的可能性，并且充分考虑绿色设计、人机工程学等方面的内容；微观上表现为保障消费者群体的健康安全、生命安全。

人机工程学中的“安全”问题是安全人机工程学的观点，安全人机工程学是运用人机工程学的理论、观点和方法，来研究人机系统中的安全问题，立足于人在劳动过程中的保护，确保安全生产。至于产品的安全性，经常是和产品的适用性相结合来考虑的，因为产品是否耗能、耐用、舒适和美观等都与产品的安全性息息相关。

一、产品设计中安全性的重要性

之所以考虑设计中的“安全”的问题，是因为“危险”时常潜伏在日常生活中每个可能的角落，即使是在一个最安全的住宅中也无法逃避“危险”。据统计显示，在日本，有幼儿和老年人的家庭中发生的意外事故比交通事故还要多。此类事故多发生在起居室、楼梯和浴室中。其中有半数以上和家电用品脱不了干系，且有近七成的事故是由于产品设计不当导致错误的使用所致。

安全，既包括产品在使用过程中不会对人造成伤害，又包括产品本身具有很好的可用性。这里的伤害包括生理上的和心理上的。例如，现代轿车已不单纯是一个运载工具，它已经是“人、汽车与环境”的组合体，而且人们对车辆的配置要求越来越高，对乘坐的安全性、舒适性要求也日益提高。座椅是集人机工程学、机械振动、控制工程等为一体的系统产品，成为汽车安全性研究中的重要部件。关于汽车座椅的设计，它的安全性既包括司机坐在上面能够方便地掌控汽车，保证行驶的安全，又包括驾乘人员长期坐在上面不会产生身体健康上的伤害。及早地发现生活和产品中的危险信号并将其改善，应该成为产品设计者的首要目标。日本杂志*Design News*以“安全”为主题推出了关于设计的全新的思考。国内杂志*Design*也喊出了“安全第一”的口号。“安全”作为时代的关键词已经逐步走进设计领域。

科学技术的进步使人类的生活质量日渐提高。产品设计在满足使用功能的同时，必须兼顾包括特殊群体在内的使用者的各种社会性需求。无论人类的需求如何千变万化，对产品的安全需求却从未改变。尤其是那些本身就担当着“保护”重任的产品，其对安全性的考虑就更加重要。

二、产品中存在的安全问题分类

各种各样的工业产品丰富了我们的生活，使我们的生活更便捷、更精彩。凡事都有两面性，它们在给我们带来快乐的同时也会带来一些危险。这些危险有些是产品本身具有的，有些是因为我们从事的活动具有一定的危险性，而产品又不能很好地保护我们。

（1）产品本身包含一些危险的因素。这里所说的产品，包括各种环境、各种人群可能使用到的产品，从工业生产中的大型器械到日常生活用品，从军用产品到民用产品。包含的危险因素来自机械、不健康的物质和射线、电以及部分危险化学品。例如，在机械（产品）方面的伤害具体表现在有些产品有尖角、刀刃或高速运转的零部件，如果保护不当，设计不合理，就会给人带来一定程度的危险。轻则受皮外伤，重则失去生命。在制作过程（含材料的加工、生产中废弃物的排放、能源消耗）中，不排放对人有害的气体、物质等。如之前提到的安全头盔，其产品功能决定了其本身首先要具备安全性能；再如给儿童使用的生活用品必须无毒无害；材料上，如日用陶瓷餐具表面釉的含铅量不可以超标，室内装修和家居用品等的甲醛浓度要控制在规定的范围之内；结构上，如建筑的抗震材料要根据相关标准严格执行。

（2）在使用产品的过程或者环境中包含某些危险因素。某些产品在使用的过程中，由于使用产品所从事的活动本身就具有一定的危险性，所以也存在安全问题。这种产品需要注重安全性设计，它的安全性设计就是要保证用户在使用该产品的活动过程中不会出现危险，或者在出现危险时，也可以帮助使用者逃脱。如交通工具设计。交通工具本身不构成危险，只有在使用的过程中，才会出现危险。使用交通工具产生的危险包括行驶中与其他人或物碰撞，由于速度太快而导致人身和财产的受损，并引起人们的恐慌，还包括行驶中排出的尾气污染环境带来的危险。再如登山、潜水等探险旅游活动，活动本身的特点就是充满惊险，因此，在相关产品的设计中安全性考虑尤为重要。

（3）特殊人群所面临的特殊危险也是不容忽视的安全问题。我们平时看到的产品大部分都是适用于正常成年人的，因为他们是社会的主流。然而还有一部分人不同于常人，他们对产品的需求自然也不相同。这时候，就应该分别分析各种特殊人群的特点和需求，以保障他们的生活安全，保证使用产品时不会对他们造成伤害。特殊人群主要包括老年人、儿童和残障人士。

老年人是当代社会中的一个特殊消费群体，他们在衣、食、住、行、娱乐方面的需求特点和其他消费群有着较大的差异。开发“银色市场”，当然要了解当代老年人的需求特点。老年人的特点是各项功能都在退化，行动缓慢，视力下降，心态也和年轻人有所不同。所以，一件正常成年人使用时感到安全的产品，老年人使用时未必安全。我们在为大众设计产品时应该考虑到该产品被老年人使用时，是否会造成伤害。

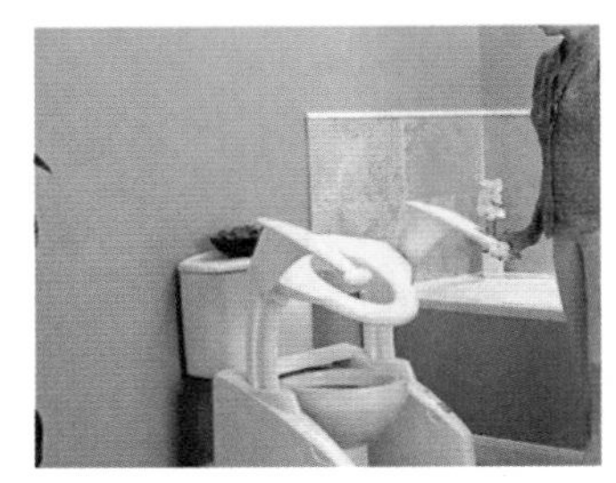

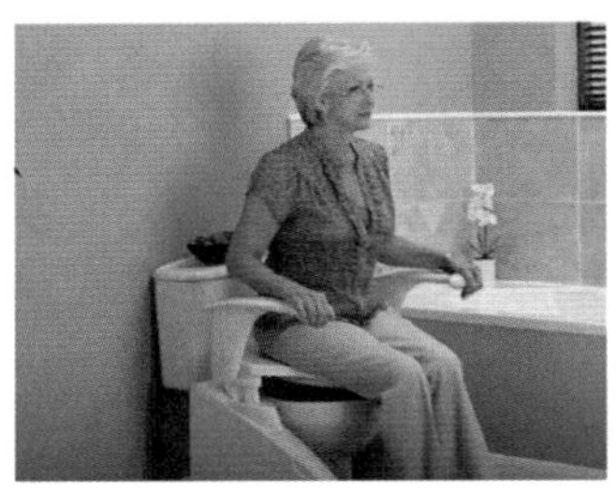
图 7-39　可以升降的马桶

儿童也是特殊人群中的一类。与成人相比，他们在身体、心理、智力、情感、思维和记忆力上都没有发育完全。他们的自理能力有所欠缺，注意力也不能长时间集中，对色彩鲜艳的事物比较敏感，因此为儿童设计产品就要从儿童的特点出发。只有这样，才能设计出适合儿童的，有益于儿童成长的产品。不同年龄、性别的儿童各方面的能力发展状况也不相同。

残障人士的特点是有部分能力不及常人，必须给予特殊照顾。如盲人，他们也想和常人一样能够自由出入各种场合，但是由于他们视力为零，随意走动就会发生摔倒、碰撞等各种不同的危险。如果针对这种情况设计一个有感应功能的拐杖，它可以及时汇报给使用者周围的环境、道路情况，同时提醒周围人不要伤害到他，那么就会给盲人带来更多安全。针对肢体残障人群，包括部分腿脚不方便的老年人，设计可以升降的卫生间器具（图 7-39），也可以给他们的生活带来更多的安全。

三、不同产品的安全设计

（一）儿童类产品的安全性设计

儿童产品包括生活用品、学习用品、玩具等。由于儿童各方面发育都还不完善，在进行儿童产品设计时应特别注意，做到有的放矢，设计出符号产品安全性要求的儿童类产品。在结构上要安全可靠；选材上要采用无毒无害的材料；在形态上采用具有亲和力的圆润状，避免锋利的尖角及边缘；操作上要简单易用，如操作按键的面积必须大一些，因为儿童的动作定位能力还不够准确；色彩上选用鲜艳的、纯度高的，这样才能吸引他们的注意力。另外，儿童产品中可拆卸的零部件不能过小，容易被小朋友吞食；各零部件形态和材料也要考究，以免意外吞食，造

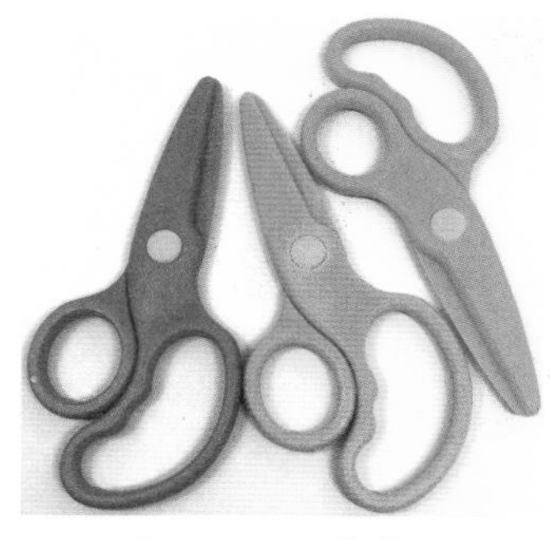
图 7-40　儿童剪刀

成窒息；尽量避免设计过亮的光源，防止对婴幼儿童的视力造成损害；声源需要控制好最大音量，以免对婴幼儿童听力造成影响。

图 7-40 这把儿童剪刀，从安全设计的角度出发，周边圆润，没有任何锐利的边缘，不易划伤手指，刀口处也改用了塑料材质，避免了金属刀的危险性，握柄部位根据手型做了形状和尺寸的调整，保证了儿童在动作定位能力不够准确的情况下，依然可以顺利操作。

（二）旅行装备类设计

生活在钢筋水泥的都市森林中的现代人，为了缓解生活、工作的压力，越来越重视户外活动的参与。户外的精彩和魅力，很容易就能感受到，但是户外活动也存在很大风险。无数的自然灾害，频繁的户外事故都表明，我们在都市环境中得心应手的风险感应和回避机制在大自然中近乎失灵了。天气、地形、野生动植物、基本的生理疾患等都可能给户外活动带来不同程度的风险。风险和魅力在户外世界中是形影不离的共生体。对于这种风险，人们需要依靠完善自己的装备来抵抗。户外活动对服装、运动鞋、活动的辅助工具和遇到危险时的应急工具都有具体的安全要求（图 7-41）。为了保证活动的安全性，对产品设计的安全设计要求很细微。如旅行的背包设计、运动鞋设计、山地自行车设计等。识别方向工具、应急药品、应急灯等产品也需要合理的设计，这些产品最好能够整合到旅行背包的设计当中，如图 7-42 所示可折叠皮靴的设计，鞋垫可拆洗，重量仅 340g，轻便、柔软，可拆卸，可随时方便装入旅行箱中。另外，露宿野营的睡袋、帐篷的设计都应该对用户起到安全保护的作用。

旅行中可能会去一些偏远地方，有些地区干净的水源少，无法即时解决饮水问题。这种情况下便携式的污水过滤机这类的应急产品就

图 7-41　防晒衣、户外运动鞋、帐篷

图 7-42　可折叠皮靴

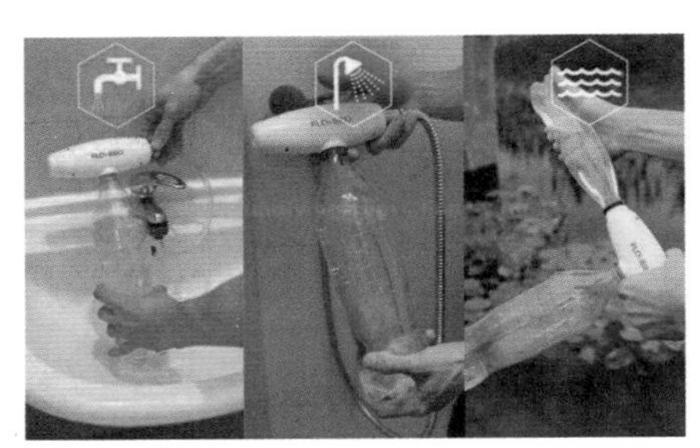
图 7-43　便携式污水过滤机

图 7-44　旅行背包

非常有必要（图7-43）。

图7-44这款Securflap旅行背包，具有宽敞的背包开口便于用户存取物品，顶盖和侧表面使用防水材料，可以确保内部物品免受各种天气的影响；同时拥有智能锁定系统，还集成带有RFID（射频识别技术）保护的口袋，增加储物的安全性。

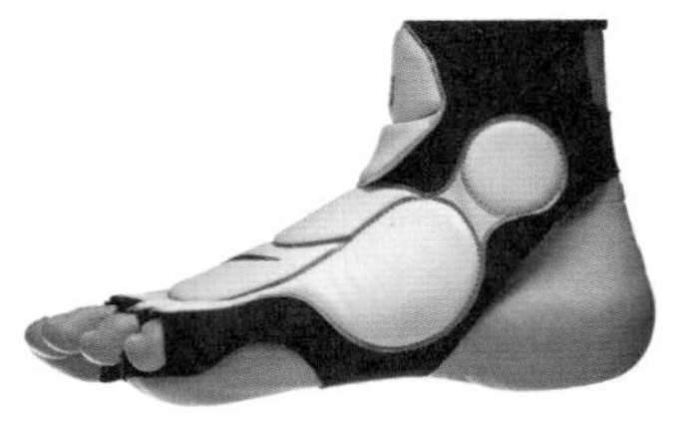
图 7-45　跆拳道足套

（三）个体防护（装备）类设计

个人防护类设计，是将产品的安全性设计体现得最为明显的一类设计。在一些特殊行业，个人防护装备尤为重要。例如，消防员、医护人员、特殊工种工人、极限运动员等，都需要在相关产品的设计中考虑安全性的因素。个体防护类的工具包括头盔、面罩与面具、保护镜、手套、防护衣、安全靴等。

对于运动员而言，最关键的问题是随着比赛的进展，如何避免受到伤害。骨折或瘀伤会使运动员的竞技水平大打折扣，继而有可能会与奖牌无缘。图7-45是某运动品牌公司针对2008年北京奥运会的跆拳道项目所设计的一款跆拳道足套。为了在训练和比赛中保护运动员的足尖不受伤害，设计师打造了适合训练和比赛的这款跆拳道足套。它最主要的特点是灵活的保护性使足部覆面提供最大程度的冲击保护，合成表面材料能在选手踢到有效得分部位时发出重响，外露式底部保证足部与地垫的自然接触，分趾设计可以保证前掌软垫不会移位，透气氯丁橡胶舒适贴脚。

按照使用环境的不同，使用人群的不同，个人防护装备的防护结构与功能、材料、技术等都不同。以头盔为例，因其所使用的范围不同，其安全性能的指数也不同。F1赛车手头戴的头盔是F1运动中最重要的安全装备之一。尽管在20世纪70年代甚至在20世纪80年代，车手们的头盔从外观看与现在的头盔都非常类似，但实际上近年来在头盔的底层设计和构造技术上都已经有了质的飞跃。

早期的头盔重量大约为2kg，这个重量在赛车高速经过弯角或赛

图 7-46　F1 赛车头盔

车减速时，会急剧增加，并且在出现重大事故时，也增加了扭伤脖颈的风险。而对于F1赛车手而言，在发生重大事故时，最容易受伤的部位就是头部和颈部。因此，减少头盔重量和增加头盔的抗冲击能力是头盔防护设计的重点。

现在F1赛车手使用的头盔（图7-46）不仅十分坚固而且重量减轻不少，大概只有1.25kg。目前的头盔一般是由碳、卡芙拉纤维和聚乙烯三种材料组成，这三种材料用途各不相同，碳的主要功用是加固，保证头盔高强度的要求；卡芙拉纤维的作用是防火；而聚乙烯的作用则在于保持头盔即使在温度急剧变化的情况下也不会发生变形。F1赛车手使用的头盔按照其功用可以分为七大部分，分别是护目镜、加固螺丝、外壳、无线电通信、通气孔、饮水吸管和HANS头颈保护系统。这七大部分所承担的责任各不相同，但都是围绕一个目的，就是保护车手，为车手提供最大的安全保障。

①护目镜。位于头盔前部能够向上旋转的透明镜片，一般都是由特制的纯聚碳酸酯制成，具有极其出色的防火、抗冲击能力和卓越的可见度，可以减少了由于赛道强光的变化而使车手产生视觉误导所带来的偏差。现在许多车手使用的护目镜，内部表层还涂有特殊的防雾物质，尤其是在雨天比赛时，这一效用的优点尤为突出。另外，在护目镜上一般还有胶条贴层，它的作用是当镜片外侧由于黏附的灰尘或雨水影响到车手视线时，车手便可以将其撕掉进而使得视线不受阻碍，通常在比赛中看到车手在进入维修站加油换胎时，用手撕去的东西就是这层胶条贴层。值得一提的是，这种胶条贴层通常不只一层，车手可以多次撕去以使视线不受阻碍。

②加固螺丝。其作用就是将护目镜固定在头盔上，它也是护目镜的旋转轴，加固螺丝超出头盔外层的高度不得超过2mm。

③外壳。是头盔体积最大的部件，同时也是头盔最为坚固的一部分，它的强度指标将直接关系到车手安全的问题，需抗冲击，防火。头盔的外形也逐渐运用空气动力学效应而进行设计。

④无线电通信。它是车手在比赛过程中与车队保持联系的唯一联络工具。在赛车出现故障时，车队可以在快速数据分析后通过无线电立刻传达车队命令以帮助车手做出最正确和最快速的决定。

⑤通气孔。通气孔除让车手吸入足够氧气外，就是帮助车手散热。这些分布在头盔不同部位的通气孔内层还装有过滤网，以防止碳颗粒、燃油或者赛道上的其他异物飞进头盔对车手造成伤害。

⑥饮水吸管。在比赛过程中车手们脱水现象极易发生，因此在比赛过程中及时补充水分也是必不可少的。F1车手使用的头盔饮水吸管通常是靠近嘴部的前端位置插入的，这很好地解决了车手们在比赛过程中的饮水问题。

⑦HANS系统。是Head and Neck Support System的英文缩写，即头颈保护系统。它的原理非常简单，就是将一条碳支架卡在车手的肩部并将其上端固定在头盔上，这样当赛车前方受到撞击时，它将大大减少对于车手颈部可能造成的直接损伤。

由此可见，满足特殊用户群体的安全要求是非常不易的一件事。这是比产品外观更核心的问题，可以说，安全需求是其他所有需求的基础，若连这个需求都难以满足，所有的设计就会显得苍白无力。设计师应该在认真思考安全问题的基础上，再进行产品的设计。此外，产品设计不仅能影响人的生活起居，还影响外部环境。因此，一项真正的设计是在保障用户的安全及与环境和谐的基础上的设计。作为一名有社会责任感的设计师，必须将产品的安全性摆在设计的第一位。

综上所述，关于产品的安全问题必须从两个方面进行考虑：首先，产品本身不能对人形成危害。产品在使用的过程中，不能对人造成伤害，结构稳定；其次，产品应该是能够帮助人避免外来的威胁与危险，即能延缓或阻止外在环境对人的伤害。

四、产品设计与安全的关系

（一）安全设计的重要性

产品的实质是人类为了满足自身需要设计的一种试图控制原本无法控制的外在环境的工具。产品诞生之后，就介入人与外在环境的复杂系统中，从某种程度上来说，安全来自人类对外在环境的控制。人类安全可控的需要与无法完全控制的外在环境实质上是对立的，其产品就是这种对立的产物。当产品矛盾平衡时，是安全的，反之则是不安全的。这就对工业产品的安全属性提出了新的要求，安全甚至高于使用功能的属性。一件产品可以没有健全的使用功能，但不能存在安全隐患。

无论多么简单的产品，都要考虑系列的安全问题。如服装是与人联系最为紧密的生活用品之一，它不仅具有美化人体的功能，还要体现安全的功能：首先是保温御寒、防风、防雨、遮蔽阳光，使人能够更好地适应环境，在环境中生存；再者要保护人体，这体现在防菌、防虫、防毒以及防火等方面。服装能够在人体受到碰撞、摩擦造成的伤害或其他生物攻击时也有相应的防护功能，能够让肉体免受大的冲击和伤害。换言之，大至交通工具，小至零部件设计，安全第一是所有设计师必须遵循的最基本的设计原则之一。强调产品的使用安全，不仅有利于设计的长足发展，甚至能够起到稳定与安宁社会的作用。

（二）产品安全的内容

产品设计不可能一味遵循设计师的思路，设计师需要调查、研究使用者的行为习惯，并且要将其摆放在首要位置。因此，在产品设计的过程中要注意以下几个问题。

1. 主动安全设计

设计师必须考虑产品在正常使用时可能发生的潜在危险，这就是“主动安全设计”，是指尽量避免安全事故的发生并消除安全隐患。如高速列车采取三部分自动控制系统，分别为能收集列车运行资料并控制其运行的自动监控系统、根据实际情况确定列车运行的最佳状态的自动保护系统和通过信号以控制列车运行的自动驾驶系统，这样就保证了列车高速运行的安全性。又如，宇宙飞船是设计师研究太空特性之后进行一系列安全性设计的成果。当飞船高速通过大气层，由于摩擦产生了5000℃左右的高温，若没有耐高温材料的保护，驾驶舱中的航天员将无法生还。因此设计师设计了一层安全装置，即在外表加装了一个烧蚀系统，旨在带走大部分热量而能有效保护舱体，避免高温对航天员和航天器的伤害。

2. 被动安全设计

在发生事故后能够保证安全，被称为“被动安全设计”。我们不能防止和避免某类安全事故的发生，但在事故发生时能够最大限度地减轻伤害。如在汽车受到侧面撞击时，车门很容易变形而直接伤害车内人员。为了提高安全性，在两侧门的夹层中间加装一至两根坚固的钢梁，这就是“侧门防撞杆”。又如，汽车的安全玻璃是由钢化玻璃与夹层玻璃构成，钢化玻璃在炽热状态下能够迅速冷却，在遇到不可避免的撞击时会碎成无锐边的小块，不易划伤人。夹层玻璃有三层，中间层韧性最强且具有极大的黏合力，遭遇破坏时内层和外层依然能够紧紧地和中间层黏附，因其较好的安全性而被广泛采用。

3. 防止用户错误使用时可能带来的安全隐患

有些危险是因用户使用不当引发的，如电冰箱没有接上地线或始终处于潮湿的环境中，就容易短路而造成火灾。这也是设计师不能忽视的问题。所以，一个相对安全的产品也需要防止或者减少对人的可能伤害，这是现今产品设计的重要内容。

（三）产品的理性安全与感性安全

产品安全主要是指产品的造型、材质、色彩能给用户带来一种心理慰藉，包括使用时的心理安全感即心理认同感。也就是说，产品要让使用者信任，能够产生产品是值得信赖的、安全的感受和看法。

1.理性安全

产品设计的理性安全指的是产品的外观造型，即对部件的外部、结构以及坚固性的艺术化处理，也可以说是给使用者以理性的安全。它要求产品的结构合理、坚实可靠、造型简单轻巧、线条清晰明确。

2.感性安全

产品设计的感性安全指的是产品的色彩、材料的质感、材料的搭配与触感等经过艺术处理之后给人的感受。如今大多数的产品设计几乎都注意到了形态、色彩、材质给人的第一印象，即产品的色调和造型的趣味化也能让使用者倍感亲切与安全。意大利设计师菲利普·斯达克设计的移动硬盘造型圆润却坚如磐石，传递出了硬盘对于数据的有力保护的形象特点，造型简洁流畅，材质坚实有质感，强化了产品的“坚固耐用”的功能，彰显了安全可靠的特点，同时又冷峻时尚（图7–47）。产品设计的感性安全要求设计师注重造型、色彩、材质给人的第一感受，带给用户以更多的人文关怀。

产品同时具备理性安全与感性安全，能给人以美的享受，同时也就凸显了艺术设计中安全第一的理念。产品的安全不只是与可靠性相关，而且和美密不可分，产品的安全可以让人享受设计。一个好的、安全的产品，除了功能的适用，还必须使人产生美的感受，这才是一种更高层次的安全产品。

图7–47　LACIE移动硬盘　菲利普·斯达克

（四）安全是产品设计的第一属性与改良媒介

中国古代思想家墨子强调过“衣必常暖，而后求丽，居必常暖，而后求乐”的观点。暖、乐也是安全。安全涉及人的健康和舒适。据《磁州窑的传说》一书记载，一位工匠想解决碗底烫手的问题，一日工场突然着火，在灭火的过程中他发现因为鞋底有一块木头垫子而没有烧伤脚，于是得到启发，就在碗的底部做了一层实心垫子解决了烫手的问题。后世的工匠将其改为圆圈（图7–48），不仅减轻了重量，而且更便于散热。由此可见，人们很早就开始关注产品的安全问题，只

图7–48　圆圈形的碗底防烫设计

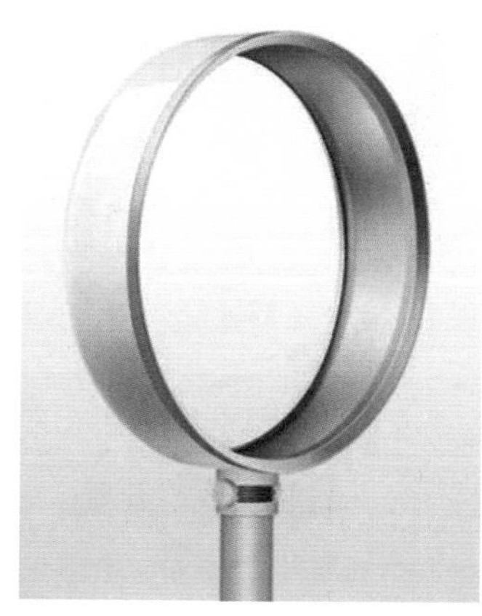

图 7-49　戴森 无叶风扇

不过是狭隘地将安全限制在生理方面。

产品设计以实用为载体，以安全为前提，强调以人的需要为中心，体现出设计的人文精神。马斯洛在《动机与人格》一书中提出了著名的“需求”理论，徐德蜀认为马斯洛的需求层次理论应该修订，因此特意将人的生理需求和安全需求调换了位置，认为安全才是一切活动的基础条件，并且需求是客观的、强烈的，故而强调了人对产品安全的需要。产品设计考虑安全也是满足使用者安全需求的重要途径。

在产品设计中，提升安全性是设计师的首要任务。产品作为满足人需求的物质，需要不断改良，通过设计以减少产品的不安全因素。英国dyson（戴森）公司设计生产的新型“无叶风扇”就充分考虑到了产品的安全与功能问题（图7-49）。传统电风扇的前网罩是由多根钢丝做成的，极易发生安全问题，尤其是儿童，手易伸入，很危险。而“戴森”很好地解决了这个问题，它运用空气倍增技术不仅使送风效果柔和而且气流平稳，功率提升。该设计不仅使原有的产品隐患荡然无存，而且功能大幅提高，是极具创新功能的产品设计。

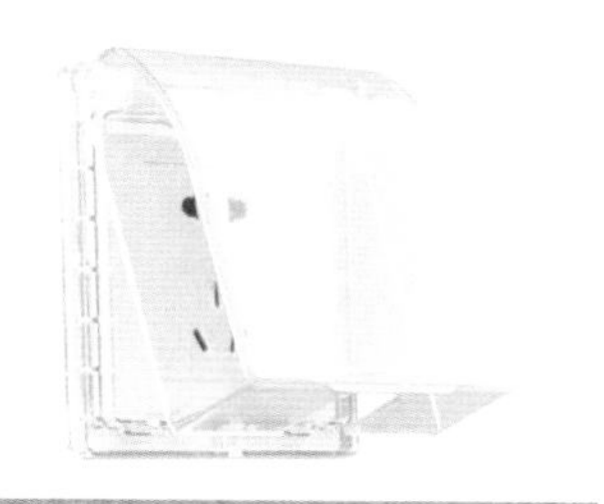

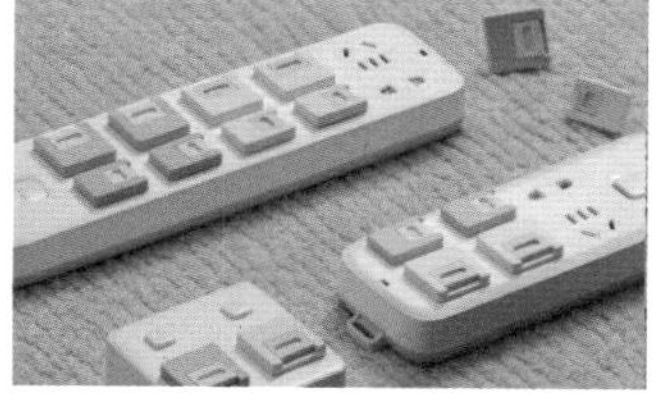

图 7-50　各式安全插排

老式的电线插座也存在安全问题，由铁螺钉固定的外壳就有漏电的危险，或是在没有插紧的情况下人易触电。这就给使用者带来了安全隐患。新型电插座通过改良，或是在插座的表面添加一层绝缘材料，或是增加保护盖，或是增加保护结构的设置等方式，并摒弃螺钉固定的方式，从而提高了产品的安全指标（图7-50）。

早期的剃须刀笨重又不锋利，使用时很容易刮破脸。1777年佩雷特发明了只有刀刃才能和皮肤接触的扁平剃刀；1928年谢菲尔德在此基础上又对刀刃加以保护，这是安全剃刀的前身；之后，美国设计师坎普·吉列再次对剃须刀进行了改进，只留出刀刃剃须，而且刀片可以在用钝之后更换，既灵活又安全，成为世界上第一把安全剃须刀。剃须刀的设计改进证明了安全不仅是对产品设计的要求，也是产品品质提高、更新换代的推动力（图7-51）。

图 7 — 51　吉列剃须刀

五、产品安全与人机工程学

随着科学技术的进步，产品不仅要满足使用与审美的要求，更应该满足使用者的安全以及舒适的要求。人机工程学在设计领域的广泛运用加强了产品的安全性能。大至交通工具的设计，小至日常用品的设计，人机工程学与产品的安全有着十分紧密的联系。有效应用人机工程学是保证产品安全必不可少的条件，而且贯穿设计与生产的始终。

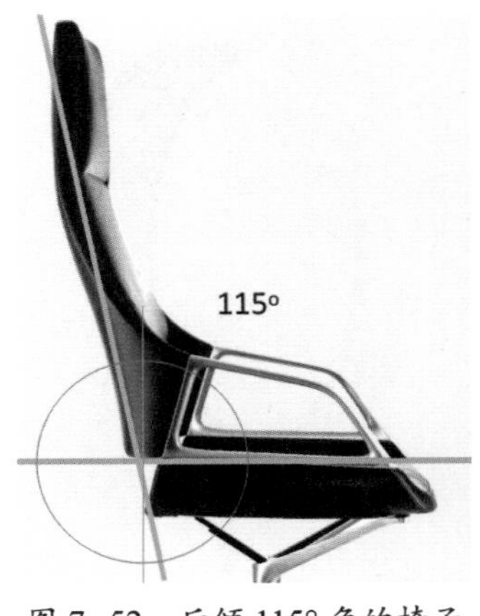

图 7-52　后倾 115° 角的椅子

人机工程学提供了人体尺度的参数，而这些数据可以有效地运用在设计之中。设计师通过人体的结构特征、各部位的尺寸与重量比、动作乃至作业空间，建立了一种人与物之间的和谐关系。例如，对楼梯的设计，要根据人的运动及动作幅度确定楼梯踏步的高度及梯面的宽度，达到安全省力的目的；剪刀的手柄要参照手的弯曲度、尺寸、形状，使其与人的生理特征相吻合，这样才能安全、高效地使用。曾获日本优良设计奖的TAG CUP杯子，是设计师通过研究人拿、握杯子的姿势，设计出独特的鳍状结构以阻隔人与杯子的接触，由于杯子的外形结构符合人机工程学原理，这就为消费者创造了一个安全使用的平台。克拉克·威斯勒在《人与文化》一书中提到，大多数工具设计都与手部相适应，手臂与手的肌肉组织就是工具依赖的基础之一。由此可见，在人与产品的关系中人机工程学具有特别的地位，然而，违背了人机工程学原理的设计对人的安全就会造成隐患，无疑是反人性的、反伦理的。现代患有腰椎病的人与日俱增，是因为坐姿工作越来越多，研究表明，椅子严重地影响了人身体的安全。早在19世纪，瑞士和德国的研究人员就发现导致人腰酸的罪魁祸首是椅子靠背的造型，其造型不符合人机的尺度，导致人长期使用产生了身体的不适感。瑞典本科特·奥克赫姆于1947年出版的《椅子与座位》一书也指出，当人伏案工作时，椅子的靠背要向前、并向下倾斜以保护腰椎部位；休息时，靠背应向后倾斜呈115°角以支撑人的上半身（图7-52）。他认为一个安全舒适的座椅必须保证腰椎部位的正常弯曲，这也是椅子设计中最为重要的设计原则。

人机工程学还为产品的安全与合理性提供了科学依据。例如，从人机工程学的角度出发对军用背包的肩带宽度、内背架进行的研究。因为军人需要长时间负重行军，所以背包的安全舒适尤为重要。他们设计了六种相同质地的背带，负重均为20kg，宽度依次是30mm、40mm、50mm、60mm、70mm和80mm。实验表明，肩带宽度为30~40mm时，受试者肩部所受的压力依次为5.45kg和4.05kg，行走不到一个小时肩部就有较深颜色的勒痕并出现比较强烈的疼痛症状；当肩带宽度为60mm时，比30mm所受的压力要减少50%左右，约为2.728kg，其受试者仅有轻微的疼痛感，没有勒痕；而当肩带加宽至70~80mm时，肩部承受的压力分别为2.091kg与1.454kg。实验表明，随着肩带宽度的递增，背包的重量有减小的趋势。由此看来，选用

80mm的背带宽度似乎最为合适，但是过宽的肩带也存在着不安全的问题，即一方面会压迫和摩擦颈部而造成疼痛；另一方面，容易约束手臂的摆动。对比二者，宽度为60mm的最为合适。提高军用背包的安全性，还可以加置内背架，这样既能使受力均匀，减小单位面积的压力，也可解决散热通风问题。所以，军用背包合乎上述要求方可称得上是人机工程学指导下的安全设计。因为使用这类背具，既能减轻背负者的负担，获得安全与舒适的效果，也可以提高工作效率，在安全的前提下使使用功能达到最佳。

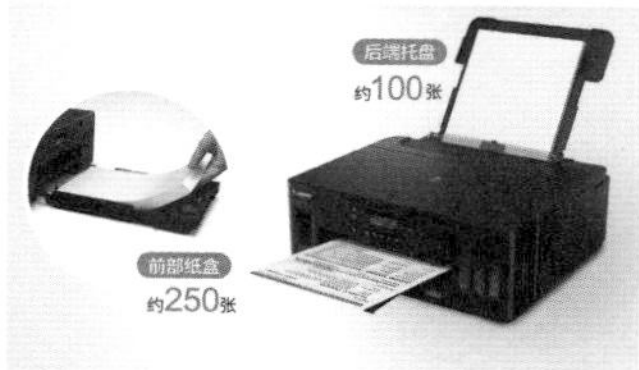

图7-53　佳能PIXMA G5080打印机

由此可见，符合人机工程学原理的产品设计是安全的、人性化的，也是工业设计最前沿的趋势与潮流，体现着对人的尊重与关怀，符合“人本主义”的设计。

图7-54　列车紧急疏散门

六、产品安全设计的原则

1. 备份设计

顾名思义，所谓“备份设计”是指两种以上不同的使用方式均可以完成同一命令。例如，佳能PIXMA G5080打印机针对“备份设计”的原则设计了两种进纸方式，分别从顶部和底部进纸，用户可以根据需要随意选择进纸方式，并且当一种进纸形式失效时也不会影响其使用，从而克服了老式打印机只有一种进纸方式，在出现故障时无法继续使用的缺陷（图7-53）。

图7-55　汽车安全锤

备份设计也是一种应急设计，即将关键部件或易发生故障的部件备份，当其失效时立即置换。毋庸置疑，备份设计越多，产品的安全性能也就越高，由此可以归类出一种安全设计原则。如发生重大事故时的汽车、火车等交通工具的车门无法开启，或者通过紧急疏散门（图7-54）的设计能确保人员快速撤出，或者通过安全锤（图7-56）击碎玻璃以逃生，避免因为无法开启车门而出现的伤亡。降落伞由主伞与副伞组成，副伞就是备份伞，它是典型的备份设计。备份设计既方便用户使用，又是一种行之有效的安全设计方式。在危险系数较大的航空领域，这种设计必不可少。例如，飞机的起落架一般都配有两套装置，通常情况下使用的是液压装置，紧急状况下则可以手动扳下起落架，显然后一种方式的可靠性更高。载人飞船也采用了安全设计，在有关逃生的关键部件的设计中，都至少配备了两套装置，以应对突发状况。此种安全设计的原则十分适用于高安全要求的产品，尤其在特殊领域已被广泛使用。

设计师应该充分利用备份设计这种形式，以提高产品的安全性能。现如今，一些产品的安全问题依然存在，如手机的电池设计不过关，在充电时可能引起爆炸；高层建筑的电梯设备在给使用者带来方便的同时也带来了潜在的风险，故障会导致困于电梯内的人窒息，设计师应该考虑安装能够开启电梯门的紧急开关，以应对诸如此类事故的发生。

2. 提高产品的可靠性

可靠性是安全设计的基础，所有产品必须具备可靠性，否则设计就会失去意义。设计师应该采取各种方法提高产品的可靠性。如移动硬盘是提供数据保护的数码设备，它最重要的功能是对数据的可靠保存（图 7–56）；家用小轿车就有许多保障可靠性的设备，如防抱死制动系统、自动避障系统、驱动防滑系统、安全气囊以及安全带等（图 7–57）。汽车的前轮是主动轮，后轮是从动轮，在转弯时容易出现不稳或侧倾，很容易引发事故。法国雪铁龙公司针对这个问题研发出了后轮随动转向技术（PSS）（图 7–58）。该技术的特点是汽车在前轮

图 7–56　爱国者移动硬盘

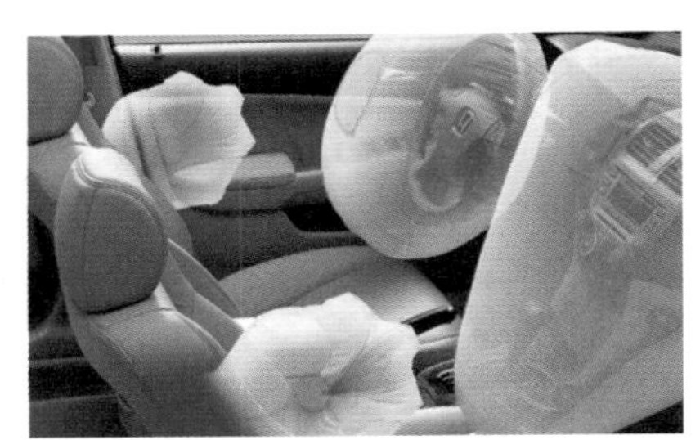

图 7–57　汽车安全气囊

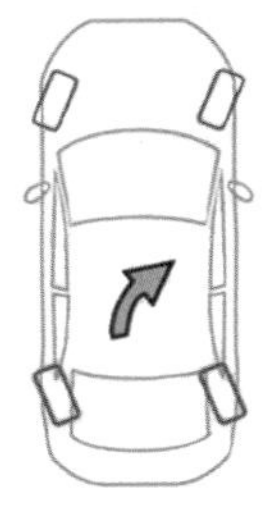

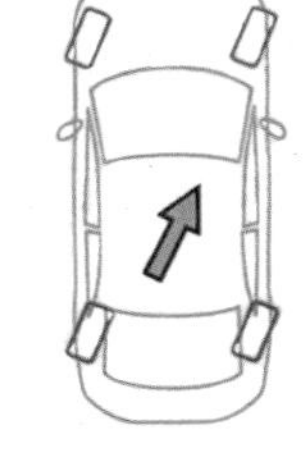

图 7–58　后轮随动转向技术（PSS）

转向时，后轮不会随前轮转动，而是依照前轮的角度调节角度。应用这一技术之后，车身转向时会更加平稳，避免侧翻的危险——当车辆高速转弯或者变道时，后轮能够根据前轮做出反向偏转，通过增加不同的转向方式保持车身的稳定。雪铁龙公司研发的这项后轮随动技术，兼顾了汽车转弯时的动力与稳定性，提高了汽车的安全可靠性。

对用户而言，提高产品的可靠性是指能够限制其错误或者不安全行为的发生，这在实质上也是一种可靠的限制性设计。存储卡是数码产品中最为重要的配件，但由于用户的错误使用而造成卡槽磨损的情况时有发生（图 7–59）。为解决这个问题，设计师把存储卡设置成单面触点，以使用户将存储卡放进卡槽时，能感受到不同的反作用力，通过手指感受到柔软的反作用力，即是提示用户存储卡的安装方式正

图 7-59 存储卡

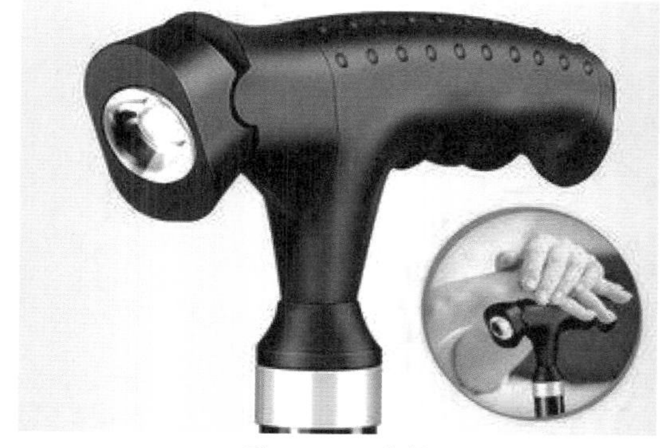
图 7-60 手杖

确；反之就会有强烈的反作用力，无法继续插入。利用不同反作用力的感知体验给用户传达了安装正、误的信息，这样就可以强迫用户记住正确的使用方法，以减少错误使用的可能。又如旅客列车上的三角形异型锁在正常情况下外人无法开启，这就增加了产品的安全性；手提电脑上的六角形异形螺钉帽被设计成弧边，没有专用的工具是很难开启的，这也是提高产品可靠性的典型案例。

3. 考虑特殊群体的需要

设计师结合特殊群体的心理与生理特点，设计出专用产品，无障碍设计概念应运而生。例如，拐杖应用于老人与残障人士这类群体，调查发现，拐杖在平衡身体的同时也增加了行走过程中摔倒的风险，且概率高达11%，设计师就得关注这个问题。理论上，安全的拐杖应该具备以下标准：第一，长度适宜，使双手能够自然下垂；第二，材料要坚硬而不会断裂；第三，上部弯钩形或斜把形，便于手握；第四，材质的手感好，如近些年流行的软橡胶手杖（图 7-60），就具有较好的护手功能；第五，轻重适宜，过重会增加使用者的负担，过轻会出现漂浮感；第六，防滑，底端附加胶垫圈或用金属加固，避免摔倒时对使用者造成伤害。

近年来强调的“普适设计”，其目的就是不再对特殊群体进行区别对待，而是设计出能被正常人群与特殊群体都能使用的产品，尽量避免他们在使用产品时产生的不适感，使他们也能正常使用某一产品。“普适设计”是一种平等的设计，它是在心理上给予特殊人群平等的对待和更多的人文关怀。其将普适设计应用于安全设计之中，已有许多的例证。图 7-61 是一个专为盲人设计的炉灶，盲人在使用炉灶时常会遇到的问题是如何能准确地让炊具与灶口准确的卡位，如果不能准确卡位，就会存在安全隐患，而这个设计是把灶口做了不同尺度大小的

图 7-61　盲人用炉灶

卡位，让盲人或弱视群体能够准确找到并安全放好炊具。无论是无障碍设计或是普适设计，都要将增加产品的安全性作为基本的出发点，这不只是为特殊人群提供便利，更重要的是提供了一种更加安全的生活方式。

思考与练习

1. 设计为什么要考虑对人的心理空间的满足？
2. 产品的安全设计需考虑哪些原则？
3. 在仪表布置时应注意哪些问题。
4. 产品的“主动安全设计”与“被动安全设计”分别指的是什么？

第八章
案例赏析

本章座椅和握具的生理基础与设计原则，以直观形象的案例分析体会人机工程学在座椅和握具类产品设计中的重要性，并能够灵活地进行设计实践活动。

本章以座椅和握具类产品设计进行人机工程学的案例分析与专题训练。这两个类别的产品设计都需要以满足人的生理需求为基础，与人的生理尺度关系密切。

针对座椅和握具类产品，在进行前期调研时，尤其要对与之相关的人体生理学基础有充分的认识和了解，这有助于设计中对人机工程学知识的运用，涉及坐姿和握姿的很多数据是通过大量实验和分析得出的，我们应依照既定数据进行设计，这样可以规避一些显而易见的错误，为正确有效的产品设计提供正确的人机分析。

第一节 座椅设计

坐是人类最自然的行为，坐的行为产生了对座椅的需求，座椅是和人机工程学关系最为密切的产品之一。座椅的设计关系到人的生理舒适性、心理感受和人与人之间的交往，有着非常重要的意义。

一、感性因素对座椅设计的影响

感性是人们对于物体的感觉和情感，属于人的情感活动的心理特性，是某种意向活动的心理感受，如人坐在座椅上的感觉，人对座椅的好恶等。人的情感、情绪、体验、审美和动机等心理感受都属于人的感性因素。

1. 动机设计与作业者的效能及其满意度

动机是驱使个体去进行活动的心理动力。它是在个体的物质需要和精神需要的基础上产生，而又不为他人所能直接观察到的内在心理倾向。人的作业效能和满意度是人的两大作业指标。研究表明，动机与人的作业之间并不是简单的关系，大多数时候因人而异。人的动机可以提高人的效能，而人的效能使人产生满意，进一步提高人的动机，这样就形成一个理想的工作状态模型。

2. 用户体验和体验设计

用户在使用不同的工作座椅时，会产生各种各样的体验。不同的交互方式给人以不同的体验，用户体验已经成为座椅设计和开发中的人机工程设计需要考虑的重要因素。用户体验涉及的内容比较复杂，如它和座椅交互的信息、人的情绪、期待以及社会等方面的因素。座椅有时可以成为一种改变用户体验的故事和载体。

用户使用座椅的体验不仅依赖于座椅使用过程本身，还受其他因素，诸如人的价值观、认知模式、技能和过去的体验以及环境因素等方面的影响。例如，一把椅子放在宽敞的办公室里和狭小的作业空间里给人的体验是截然不同的。

二、审美因素对座椅设计的影响

人的审美心理和审美意识是随着人类社会的发展而发展的，人类艺术水平和科技水平的提高是相辅相成的，艺术水平以科技水平的提高为基础，科技水平又推动艺术水平不断发展，好的设计的产生是精神文明和文化、艺术水平和科技水平共同作用的结果（图8–1）。

图 8–1　人机座椅

三、坐姿与工作座椅设计的生理学基础

图 8–2　挪威椅

座椅按照用途的不同可分为三类：简易座椅，如板凳；工作座椅，如办公室或操作场所座椅，多用于长时间就座；休息座椅，适用于客室、休息室及各种交通工具的乘客用椅。

座椅的发明距今已有几千年的历史。虽然最初发明座椅不是以实用为目的的，但随着座椅使用的增多，其支撑身体的实用功能却被大家逐渐接受，并成为座椅的最基本功能，而坐的行为自然就与坐的生理问题有着密不可分的关系（图8–2）。

坐姿是经常使用的工作姿势，相对于站姿和其他工作姿势具有明显的优点。坐姿可以减轻人体足踝、膝部、臀部和脊椎等关节部位所受的静肌力作用，减少人体能耗，消除疲劳；坐姿比站姿更有利于血液循环；坐姿还有利于保持身体的稳定，更适合静态作业、精细作业和用脚操作的场合。

工作座椅直接影响着坐姿，其设计必须要从人体生理学的角度考虑。

1.脊柱形态

坐姿时人体的支撑结构为脊柱、骨盆、腿和脚，其中脊柱最为关键。人体的脊柱由7块颈椎、12块胸椎、5块腰椎和骶骨组成，靠复合韧带和介于其间的椎间盘连接组成，椎间盘承受着上下脊椎骨的压力，同时使整个脊柱具有可变性。从侧面观察有4个生理弯曲，即颈弯、胸弯、腰弯及骶弯，保证腰弧曲线的正常形状是获得舒适坐姿的关键（图8-3）。

分析腰椎的变形，可以发现，当腰部支撑在靠背上并使躯干与大腿间呈115°角时，腰椎的弯曲与脊柱的自然形态最为接近，是最舒适的姿势（图8-4）。通常我们都认为，人坐着比站立舒服，但其实这是

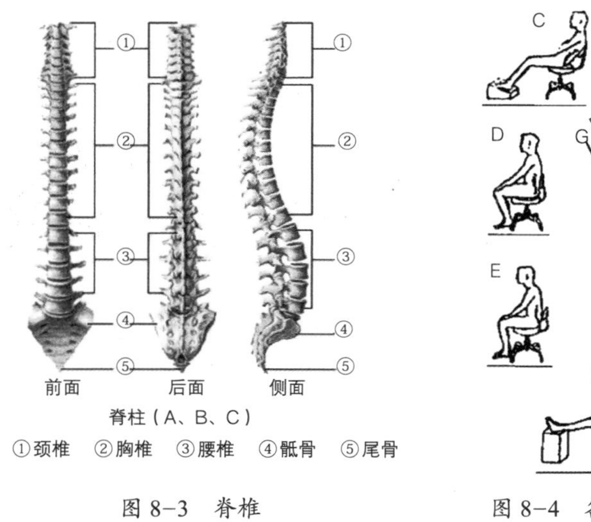

图8-3 脊椎

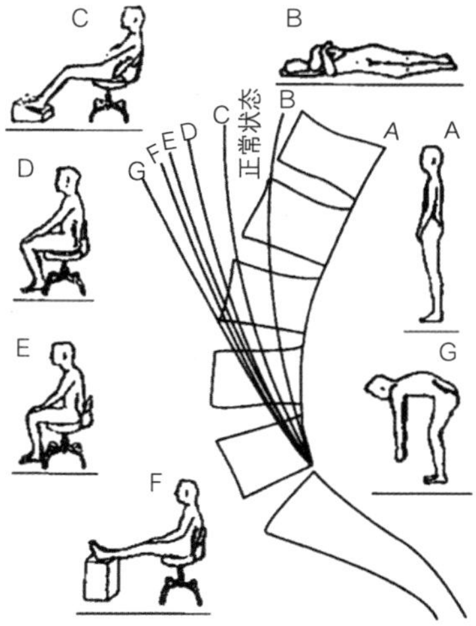

图8-4 各种状态下脊椎的受力

一个极大的错误。人在站立时，脊柱呈“S”形，不使用腰部支撑反而比腰部支撑有利，它保持了内脏的平衡，其上半身是最舒服的一种姿态，而当人坐着时，骨盆向后方回转，使得脊柱下端的骶骨同时向后转，这时的脊柱就不再呈“S”形了，而是呈拱状。由于椎间盘上的压力不能正常分布，因此90°的靠背椅显然是不良的设计，会因躯干完全挺直的坐姿导致脊椎严重弯曲，原来前凸的腰椎被拉直甚至是反向后凹，这种极不舒服的姿势，会使内脏不能保持平衡，影响胸椎和颈椎的正常弯曲，使颈、背部产生疲劳，引起不适。因此，久坐之后，人

会感到疲劳，腰酸背痛之感会明显加剧。为了缓解疲劳，人们更喜欢将腿前伸，椅子就需要提供腰部的支撑。为使坐姿下腰弧曲线变形最小，座椅应在腰椎部提供两点支撑。第一支撑点应位于第5、第6节胸椎之间，相当于肩胛骨的高度，称为肩靠；第二支撑点应位于第4、第5节腰椎之间的高度上，称为腰靠，合理的腰靠应该使腰弧曲线处于正常的生理曲线。

瑞典人机工程学家盖姆松曾做过一个实验。他以体重70kg的人为实验对象，测定其第3节腰椎在不同情况下所承受的压力，结果显示，躺着时腰椎的受力是1.2kg/cm²，站立是2.3kg/cm²，而盘腿坐时是5.3~5.8kg/cm²。很明显，坐姿对腰椎的压力大于站姿。为解决坐姿时脊柱的问题，在座椅设计中，需要在腰部提供一个支撑力，以减少脊柱向后凸时的变形，称为直腰坐姿设计原则。

2.肌肉活动度

脊椎骨依靠肌肉和肌腱连接，一旦脊椎偏离自然状态，肌腱组织就会受到拉力或压力，使肌肉活动度增加，导致疲劳酸痛。根据研究，在挺直坐姿下，因为腰椎向前拉直使肌肉组织紧张受力，腰椎部位肌肉活动度高，提供靠背支撑腰椎后活动度则明显减小；躯干前倾时，背上方和肩部肌肉活动度高，以桌面作为前倾时手臂的支撑并不能降低活动度。

3.体压分布

所谓体压分布，就是当人坐在座椅上时，为了保持乘坐姿势，座椅对人身体各部压力的大小。体压分布是决定座椅舒适性的重要因素之一。

人体结构在骨盆下方有两块圆骨，称为坐骨结构。人体坐骨粗壮，能比周围的肌肉承受更大压力；而大腿底部有大量血管和神经系统，压力过大会影响血液循环和神经传导而导致不适。所以坐垫上的压力应按照臀部不同部位承受不同压力的原则来设计，即在坐骨处压力最大，继而向四周逐渐减少，至大腿时压力降至最低值（图8–5）。

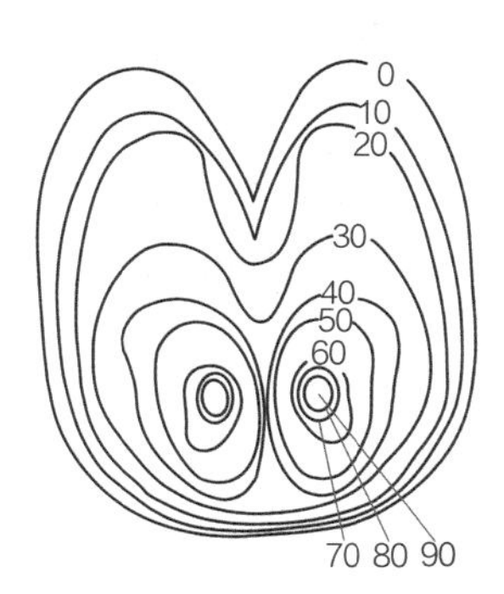

图 8–5　臀部体压分布曲线

优等座椅的靠背对腰椎部有明显的支持压力；相反，劣等座椅腰椎部的支持压力很低。研究表明，对于座椅垫的压力分布，优等座椅是以坐骨关节点为中心，由内向外与体位相适应地由大逐渐变小，而劣等座椅在关节点之外出现了使人有异物感的峰值压力，作为整体，也呈现了左右不对称、不协调的压力分布。

4. 体态平衡

人的坐姿并不是固定不变的，还可以通过改变坐姿来分布压力、缓解肌肉疲劳，同时根据坐姿的变化不断地保持身体的平衡。坐姿的调节和自发稳定坐姿的动作同属体态平衡，即就座者达到变化和稳定时的中间过程。由于坐姿有各种特征，所以由变化到平稳的活动类型就会不同。因此，座椅的设计必须能够满足这种平衡要求，使就座者能灵活、平稳地进行体态自动调节。

四、工作座椅设计与人因要素

1. 工作座椅形态对人因的影响

工作座椅的形态包括其外在表现和内在结构两种形式。外在表现出来的形态是产品与功能的媒介，并且还具有表意的作用，通过形态可以向人们传达各种信息。产品的形态对用户的生理影响较大，直接关系到人的健康和安全。

座椅形态的设计应该是设计座椅的重中之重。衡量一个好的座椅形态的重要指标，不仅包括可以减少用户在使用座椅时对健康的威胁，还应该包括具有易被认知和易操作的特性。虽然人们对座椅的美感来自多方面的感受，但形态因素对于审美的影响无疑是举足轻重的。

2. 工作座椅色彩对人因的影响

色彩是复杂的，其辅助性不仅在于其自身的多姿多彩，也随着时代的不同审美标准不断更换，更重要的是由于人们情感的不同和认知的差异而千变万化。色彩在产品的人机界面设计中具有几个重要的特点：一是色彩具有指示功能（图8-6），如绿色表示正常、安全等，而红色则表示警示、危险、开关等；二是色彩的恰当运用能使用户感到愉悦，从而提高工作效率（图8-7）；三是色彩的象征性与人的认知功能有一定的联系（图8-8），通过色彩的运用，能体现出轻重感、胀缩感、情感、文化品位及价值观等。如办公室中的老板座椅（图8-9），通常以黑色为主，一方面体现出椅子主人的沉稳、权威和威严，另一方面也给人深不可测的心理暗示。

3. 工作座椅材料对人因的影响

材料是工作座椅的物质载体，座椅的结构形式和功能首先取决于材料的性能和功能。材料的某些外部特征，如色彩、光泽、纹理、硬

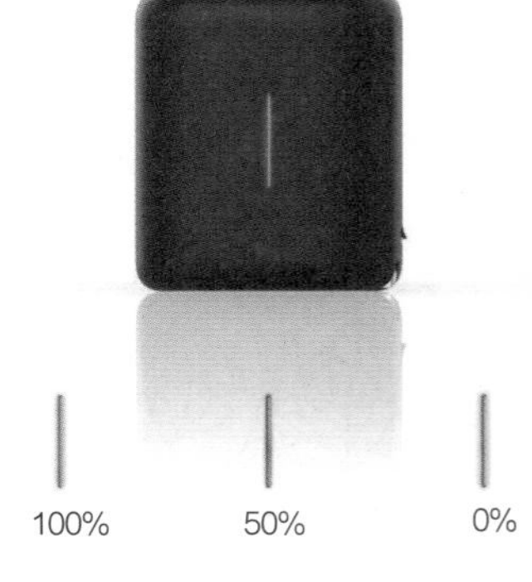

图 8-6　电量提示

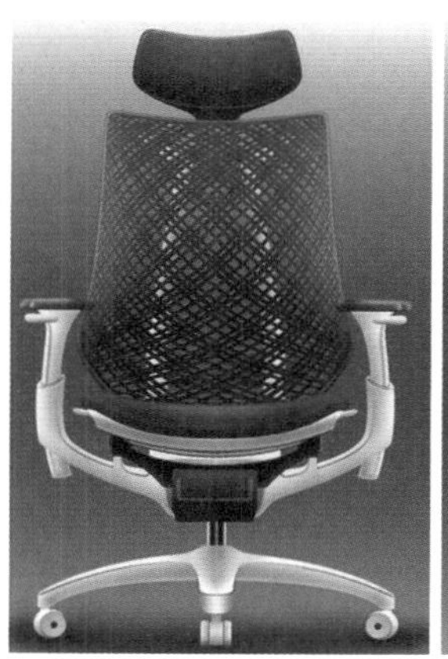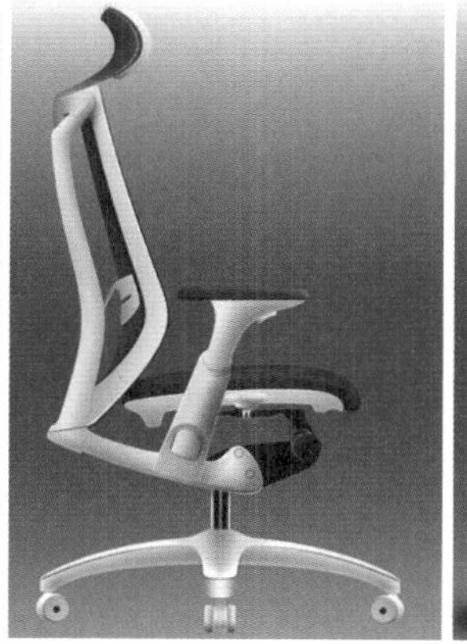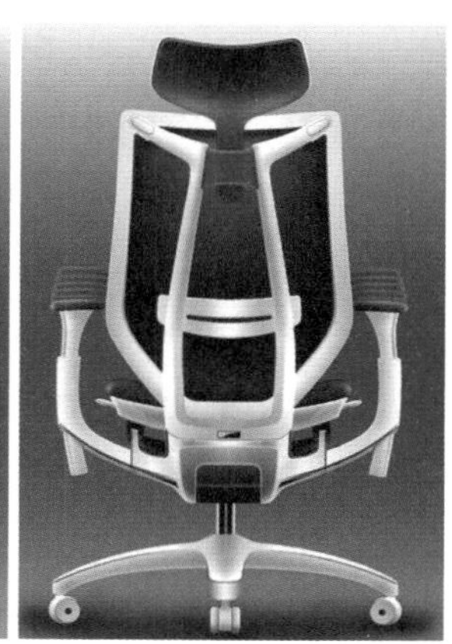

图 8-7　色彩使人愉悦

图 8-8　孔雀椅

图 8-9　老板椅

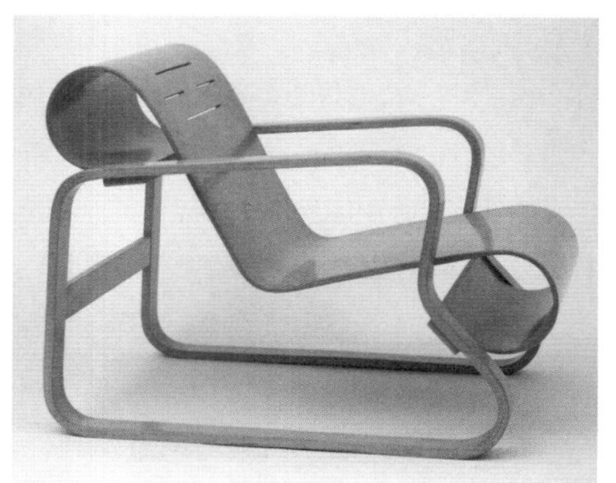

图 8-10　帕米欧椅

图 8-11　米斯椅

度、温度等都能直接影响座椅的内容和形式，并作用于人的感官。如木材给人以自然、轻松感（图8-10），钢铁给人以坚固、稳重感（图8-11），塑料给人以明快、轻盈、高科技感，呢绒给人以柔软、温暖感等。这些感觉有时直接作用于用户的审美心理，使其产生美或不美的感觉，继而影响用户的其他心理活动。

4. 工作座椅功能对人因的影响

任何产品的功能都不是孤立存在的，它必须建立在一定的材料、构造即造型之上，座椅的功能是座椅通过一定结构和形态构成的整体能力和作用。工作座椅的主要功能可以分为实用功能、认知功能和审美功能三个方面。

（1）实用功能，即满足的是用户生理上的需求，最基本的要求是，坐在椅子上工作时是安全并且是健康的，尽量把对用户的健康威胁减小到最低。

（2）认知功能，即设计师需要准确地把座椅置于特定功能下的使用方式的系统中，用以表达座椅的文化意义，如民族、时代、物质、精神的综合信息。在使用中给用户以知识、教益、引导、启发、联想，从而影响人们的工作方式、生活方式甚至是生存方式，促进工作效率的提高以及社会的进步。

（3）审美功能，当今社会，人们对座椅的需求已经从具有单纯的实用功能，提升到了对形态美、材质美、色彩美、肌理美等的追求和享受上，在使用户保持愉悦的心情工作的同时，提高工作效率。

五、工作座椅设计的基本原则和准则

（一）工作座椅设计的基本原则

工作座椅设计的基本原则包括以下几方面内容。

（1）座椅的样式和尺寸应适宜人体尺度和坐姿。

座椅的尺寸应符合人体尺度，是座椅设计的最基本要求，座椅的样式是否符合人体坐姿是人体尺度是否舒适的关键。如何能保证脊柱形态在久坐时不变形，如何能保证骨盆肌肉体压分布均匀等，都是是否舒适的衡量指标。

（2）座椅要适于就座者的体位并保持其稳定。

（3）座椅要适于就座者保持不同姿势和调节坐姿的需要。

（4）靠背的结构和形状要尽可能减少就座者背部和脊柱疲劳。

（5）座椅上应配有适当质地的坐垫以改善臀部及背部的体压分布。

（二）工作座椅设计的基本准则

座椅设计中，使用数据需要注意的准则有以下几点。

1. 最大最小准则

指座椅的尺寸依据人体测量数据的最大值或最小值来进行设计，如椅子座面的宽度、强度等，都应以最大准则来设计，而座面的高度就应以最小准则来设计。

2. 可调性准则

指座椅的功能尺寸是可调的，也就是通过座椅的调节功能来满足不同体型的人的需要。例如，办公室座椅的高度是可调的，不同身高的人坐上去，可以根据自己的需要调整它的高度。

3. 平均准则

指座椅以人体平均尺寸为依据进行设计，即以体型中等人的人体测量数据为准。这个准则能照顾到大多数人，如大型会议室的座椅就要以平均准则来进行设计。

六、工作座椅人机工程设计

我国1994年7月1日开始实施的GB/T 14774—1993《工作座椅一般人类工效学要求》给出了一般工作场所（如控制室、交换台等）坐姿操作人员使用的工作座椅的术语、结构形式、主要尺寸和一般人类工效学要求。工作座椅设计需要考虑的重要因素包括座高、座宽、座深、座面倾角、腰靠等（图8-12）。

1. 座高

座高又称座面高，是指坐骨下支点的臀部到地面的高度。就座者穿着规定的工作服装和鞋子，就座后两脚平放于地板上，小腿与地板垂直，大腿下缘处处于与座面平行的位置，这时的座面高即为工作座椅座面的恰当高度。为了避免座面前缘压迫大腿导致血液循环不畅，座椅的高度一般不应超过小腿较短的人所适应的高度。根据中国成年人平均人体尺寸，我国的工作座椅座面高取360~480mm为宜。为适应不同人体尺寸的需要，工作座椅可以设计为座高可调的结构。

2. 座宽

考虑到体型肥胖者的需要，座宽一般依据女性中第95百分位

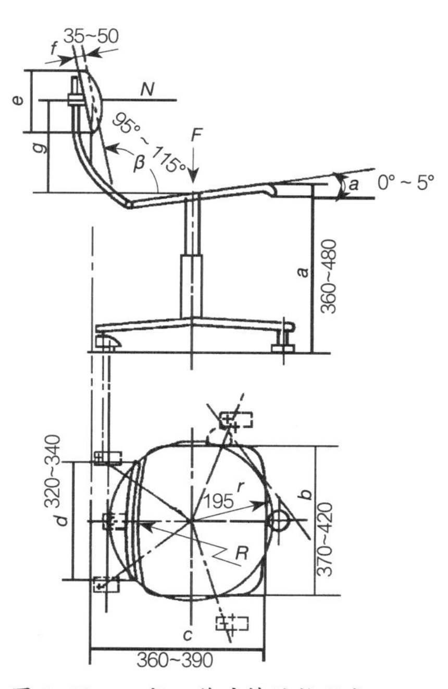

图8-12 一般工作座椅结构形式

臀宽尺寸设计。无扶手的工作座椅座宽应为370~420mm，推荐值为400mm。扶手座椅的座宽应不小于500mm。

3.座深

座深应保证就座者在各种坐姿下靠背能够支撑腰部，避免座深太大导致弓腰才能靠到椅背，或座深太小导致大腿失去支撑。我国的工作座椅座深应取360~390mm为宜，推荐值为380mm。

4.座面倾角

座面倾角是指座面前端翘高之后，座面相对于水平面的夹角。座面向后倾斜的座椅会使就座者自然地后倚，通过靠背的支撑减少背部肌肉承受的静负荷，还可以防止就座者从座面上滑落。工作座椅的后倾座角取0°~5°为宜，推荐值为3°~4°。

5.腰靠

靠背可以帮助脊柱保持正常、轻松的姿态，其形状和角度是重要的参数。根据GB/T 14774—1993要求，腰靠长应为320~340mm，推荐值330mm；腰靠宽应为200~300mm，推荐值250mm；腰靠厚应为35~50mm，推荐值40mm；腰靠高应为165~210mm；腰靠圆弧半径R应为400~700mm，推荐值550mm；倾覆半径r应为195mm，腰靠倾角应为95°~115°，推荐值110°。

在人类历史发展的长河中，无论在形态方面还是在形式方面，支持人体的器具都经过了多次具有历史意义的发展，座椅一直被当作是显示社会地位、具有象征意义的物品。

坐具的设计，在追求直接功能的同时，也在迎接着新的挑战。安乐性是我们这个时代的价值标准之一。舒适感即狭义的安乐性，指一种感到适应时的身体反应。除此之外，广义的安乐性还包括由于所在处境引发的，或出于对价值观的考虑而产生的心理效应。例如，西式便器的普及，就是因为能使人体保持舒适状态。但我们并不否认，生理因素作为生活的基础必须和民族的、地域的文化因素联系起来。同是西式武器，在经过日本化的过程后，被安置在日本式的独立空间里作为椅式便器，进而又向着复合型腰式便器的方向发展，追求一种根植于日本地域文化的舒适界面。由于人体是处于动态的实体，支持人体的器具是否舒适，取决于它与人体的相应关系如何。这种器具包括牙科用椅、理发椅、美容椅等，它们能够就人体的姿势变换和形体尺寸差异进行适当的调整。因此，坐具的人机界面设计不仅是对人生理尺寸的满足，更是人对“美”与“健康”的时代价值观念的反映。

图 8-13 克里斯莫斯椅

图 8-14 明代官帽椅

七、典型的工作座椅设计

（一）古代的工作座椅设计

对于座椅的人机工程设计，可以追溯到几千年前。古埃及的工匠们工作时使用的小凳，一般有3条外叉腿，座面呈弧形凹陷，人坐在上面，后部翘起部分正好支在骶部，比较舒服。克里斯莫斯椅就继承并发展了古埃及坐具文明的成就（图8-13），其优美的线条从力学的角度看是科学的，从舒适的角度看也是优秀的。

明代的官帽椅（图8-14），属于扶手椅，因其椅背形似官帽而得名，框架分为靠背、扶手、座面、椅腿四部分。靠背的“S”形曲面板近似人体脊椎的弯曲度；扶手部分的两个曲度既巧妙增加了坐的空间，又适当增添了设计中曲线的比例；椅腿上的四个支撑条，形式上错落有致，尤其前椅腿上的支撑条起到了调节腿部姿势的功能。其“S”形靠背板体现了人机工程学的早期应用，既有利于坐者集中注意力和精神，又展现了使人正襟危坐的使用方式，是设计与生活方式的紧密结合。

（二）适应人体尺度的工作座椅设计

现代人机工程学诞生后，座椅的设计开始建立在人体测量的基础上。1949年瑞典整形外科医生阿克布罗姆发表了长达187页的论文,《站姿和坐姿——椅子的构造》。这本书开创了以人体工程学设计椅子的先河。在这篇论文里，阿克布罗姆第一次科学地证明了通过椅子外形的设计，可以最大限度地减少肌肉拉伤和不适感，其设计原理遵循以下几条：靠背的形状要符合脊椎曲线；椅座面离地面的高度非常重要；座椅的倾斜度也很重要；座位必须方便姿势转换。该专著还系统地论述了人体不同姿态对肌肉及关节的影响。1954年他完成了著名的阿克布罗姆座椅靠背曲线（图8-15），即低座椅（高400mm）、6°的座板斜度、弯曲的靠背，在座椅上方165mm处提供腰部支撑、座板几乎是平的，并且有一个非常微妙的鞍座，让人体可以轻松地转移体重。并基于此展开了符合人机工程的座椅设计。第一款阿克布罗姆椅的设计十分简单，从侧面看，几乎就是阿克布罗姆曲线的三维具象（图8-16）。

许多国家在20世纪70年代已经将座椅研究的成果制定成标准，指导工业生产，包括学校课桌椅、办公用椅、工作座椅、飞机座椅、汽车座椅、火车座椅等。

以上座椅设计方法的核心思想是依据作业者的基本人体尺度和生理特性，要求工作座椅的设计与之相适应，这是人机工程学发展至科学人机工程学阶段以来的基本思路，即以人的因素为设计的出发点，力求使产品适应于人的尺度和特性（图8-17）。

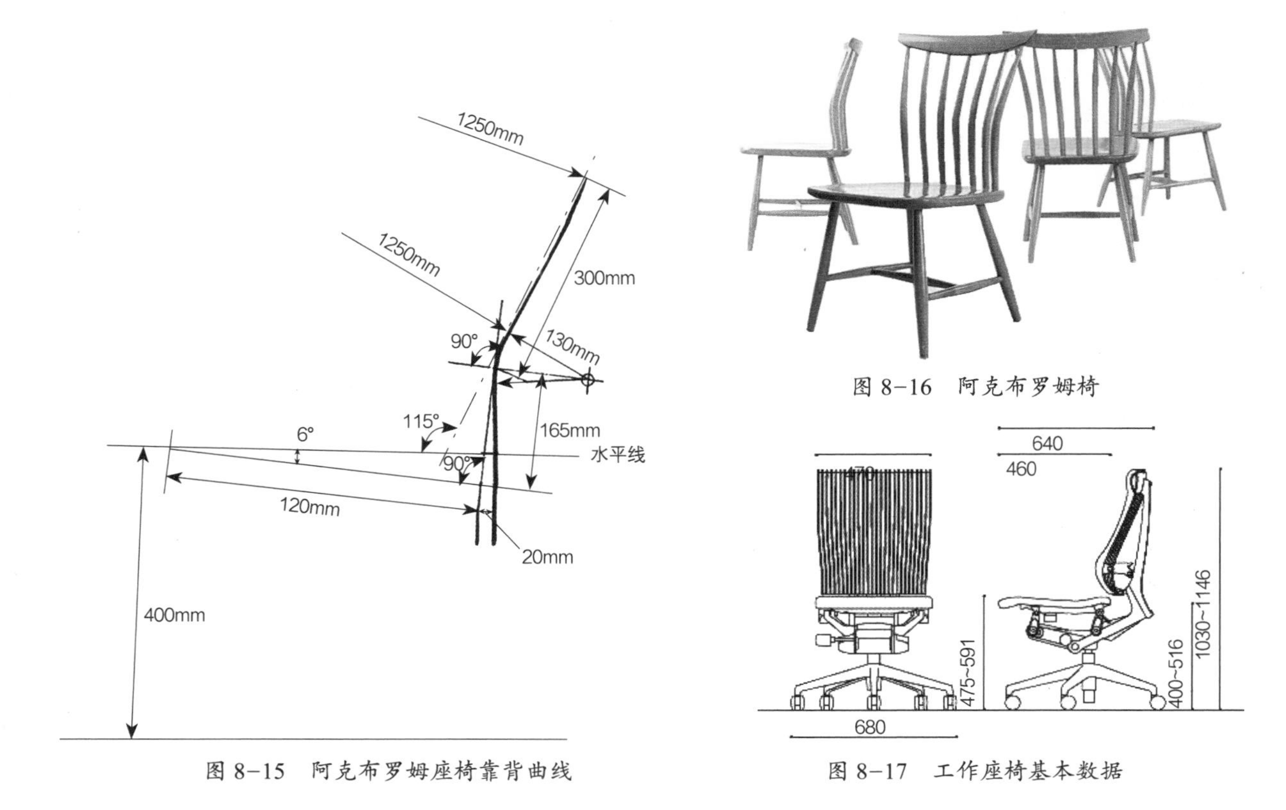

图 8-15 阿克布罗姆座椅靠背曲线

图 8-16 阿克布罗姆椅

图 8-17 工作座椅基本数据

以设计去被动地适应人，是人机工程设计最直接、最基本也是最简单的方式。其体现了以人为本的最初理念，保证了人在人机系统中的基础和核心地位，发挥了人在其中的主导作用。但同时也容易因此忽视设计在人机关系中的积极作用，甚至可能因为放纵人的本能习性而导致负面效果。例如，使用符合以上标准的工作座椅并不能完全避免作业者疲劳、疾病和损害的现象。

（三）引导人体坐姿的工作座椅设计

就人体骨骼的形态构造而言，坐姿因脊椎被强制改变自然曲度而形成的椎间压力使人在久坐之后容易感到腰酸背痛。站姿能够使脊椎处于自然状态，但长久支撑人体重量的下肢却容易疲劳。膝靠式座椅即是为了解决这一矛盾而被创造出来的。

膝靠式座椅设计有两个与人体接触的面，其中座面与竖直方向成60°~70°角前倾，而臀部承受的压力则有一部分被分散到支撑胫骨的承托面上。通过降低膝盖对于骨盆的相对位置，迫使人采用上身前倾的坐姿，从而使脊椎保持自然曲度，减轻腰椎间盘的压力，放松背部肌肉（图8-18）。

膝靠式座椅的设计体现了人机工程设计的另一思路，即通过设计主动地引导人以更为合理的方式生活和作业。这一思路的逻辑同样以

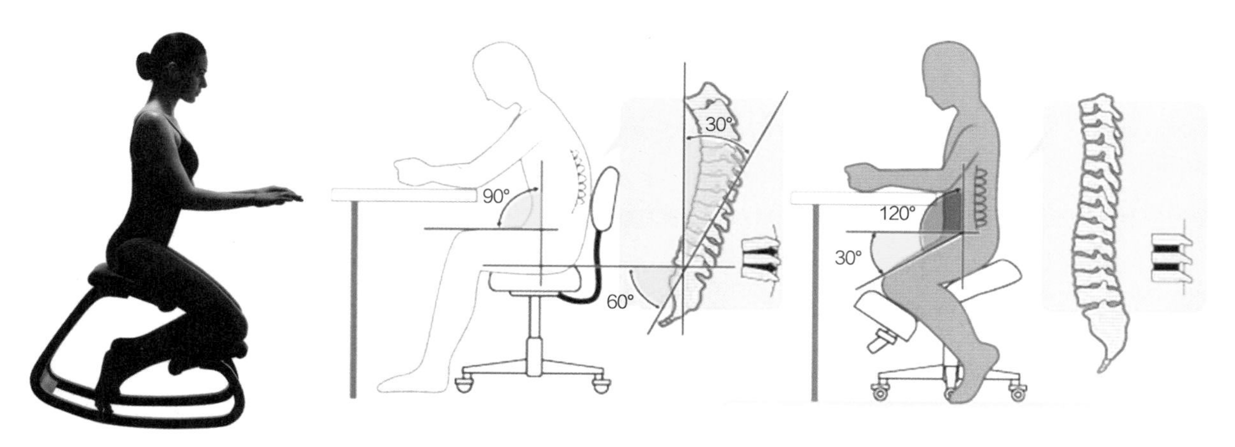

图8-18 巴兰斯椅及其坐姿比较图

人为核心，但不仅研究人"是"怎样的，而更关注人"应该"怎样，从而发挥设计的导向性作用，趋利避害，推动人向正面的、积极的、完善的方向发展。但膝靠式座椅也存在着因坐姿受限而导致的上体无法后仰、腰椎和肩部无法得到支撑等弊端。这是因为这一思路在提出"引导"的同时也提出了"限制"，限制了人以更为自主的、灵活的、变化的方式调整坐姿。

图8-19 "脊椎"扶手椅

（四）人机互动的工作座椅设计

作为一个人机系统中的两个要素，就座者与座椅之间的关系应是相互联系、相互影响的，二者相互配合以实现系统最优。以"脊椎"扶手椅为代表的座椅即是这一设计思路的体现（图8-19）。

"脊椎"扶手椅的特点在于它不仅能够适合人的脊椎骨骼，而且能够根据人体的不同坐姿而改变形态构成，以提供更舒适的支撑。与常见的可手动调节高度、靠背倾斜度的座椅不同，其坐垫与椅背是两个独立的部位，无须手工调节就能自动感应并响应用户变化着的需要，因而更适合频繁的、往复的，特别是无意识的坐姿调整；当身体挺直时，座椅就会呈90°垂直，以保持适应垂直坐姿的形态；当身体前倾完成书写等作业时，椅面前方就自动向低处倾斜6°，使人的膝盖略低于骨盆，以保证脊椎呈现自然曲度；身体在放松后仰时，椅面会向前滑动，而椅背向后倾斜，再推一下，它的倾斜度能继续增加至12°，

使坐姿更加舒适。“脊椎”扶手椅提供了至少三种适合不同坐姿的形态，每一形态的设计都基于精确的解剖研究和严谨的矫形检查的成果，充分地适应人的身体尺度和生理特性；更为关键的是，它能够在此基础上又以形态适当地引导人以正确姿势作业。这把创意椅子的出现，体现了椅子在科学技术上的不断进步，以及椅子对客户不同状态需求的灵活性调整，它是应用人体工程学进行座椅设计的杰出典范。

“脊椎”扶手椅的设计建立了一种互动的人机关系，即人根据作业和自身需要自主地选择和调整坐姿，座椅据此实时、自动、变化地反馈并以相应的形态适应人的不同需求；同时座椅的适应不是盲目、被动的，而是以预定的、有依据的形态进一步引导着人呈现合理的坐姿。其中人与座椅都影响着对方，也都被对方所影响。两者各自发挥主动性，相互协调、相互校正，共同实现理想的作业模式。

八、经典设计作品赏析

（一）汉斯·维纳的“The Chair”（椅）

汉斯·维纳是20世纪丹麦乃至世界上最伟大的家具设计师之一。维纳是一位不知疲倦的设计师，一生作品累累。他对家具的材料、质感、结构和工艺有着深入的了解，且细木工手艺高超。在他漫长的设计生涯中，有许多经典的作品，名为“椅”（The Chair）的扶手椅便是其中一（图8-20）。它曾被肯尼迪总统选为当年竞选时电视直播的座椅，这把椅子因此也名声大震，又被称为“肯尼迪椅”，它使维纳的设计，甚至丹麦设计从此走向世界。这把椅子之所以能被肯尼迪选中，是因为其椅圈的高度和形态非常适合作为有腰疾的人的腰靠，能使腰弧曲线处于正常的生理曲线，为有腰疾的人起到辅助支撑的作用；另外，座椅扶手与腰靠浑然一体，成为一个完整的椅圈，扶手转型流畅、过渡柔和，椅面有一定的弧度，可为臀部缓解压力。从外形上看，它似乎就是明式圈椅的简化版，半圆形椅背与扶手相连，靠背板贴合人体背部曲线，腿足部分由四根管脚枨互相牵制。唯一明显的不同是，下半部分没有了中国圈椅的鼓腿彭牙、踏脚枨等部件，符合其一贯简约自然的风格。

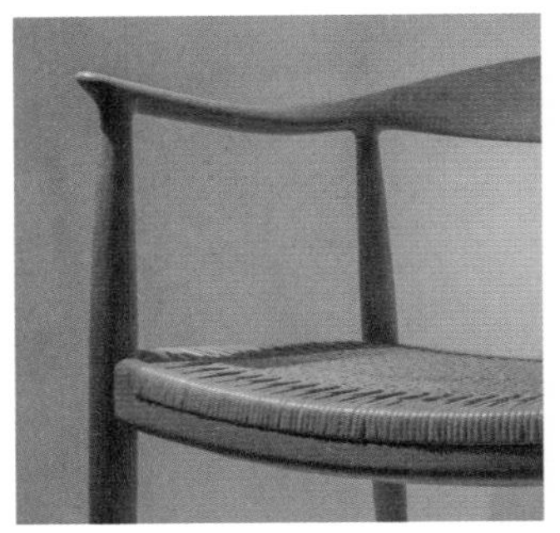

图 8-20 The Chair

（二）汉斯·维纳的“中国椅”

汉斯·维纳的中国椅（图8-21），在造型与空间上，对明式圈椅基本上未做改动。选材上以天然木材为主，以木材自身纹理作为椅子

图 8-21 中国椅 维纳

的主要装饰。整体上给人以质朴、雅致、自然、空灵的感受，符合明式家具的基本艺术特征。维纳对明式圈椅的改造主要表现于装饰的精简。他完全舍弃了独板靠背上的雕饰，呈现出现代工业产品的简约；在座面上增设椅垫，增加柔软度和透气性，令使用更加舒适；椅腿造型上粗下细，减少明式圈椅的庄严浑厚，增加了轻松活泼的趣味，表达出现代生活的气息。转角处圆滑的曲线，也给人以亲近之感。

（三）雅各布森的“蚁椅”

雅各布森的蚁椅（图8-22）因其形状酷似蚂蚁而得名，虽然现在为了更稳定将原始的三条腿做成了四条腿（图8-23）。蚁椅质地轻盈，椅面较高，靠背符合人脊柱的弯曲度，座面略成弧形，坐垫上的压力可根据臀部部位的不同使臀部承受的压力递减，即在坐骨处压力最大，而后向四周逐渐减少，至大腿时压力降至最低值。

（四）雅各布森的“天鹅椅”

一把合格且优秀的椅子首先要满足人机工效学上的功能，每一把成功的椅子其尺寸也都是严格遵循标准而来的。“天鹅椅”也不例外，即便是休闲椅，其尺寸也严格按照人机工效学的尺度来设计的，座高400mm，座深635mm，座宽400mm左右。无论形态如何演变，椅子最基本的尺寸要求是不容置疑的（图8-24）。

天鹅椅线条流畅且优美具有雕塑般的美感，即便与人体模型相比也毫不逊色。在制造技术上十分创新，椅身由曲面构成，完全看不到任何笔直的线条，椅身为合成材料，包裹泡棉后再覆以布料或皮革，

图8-22 早期的蚁椅

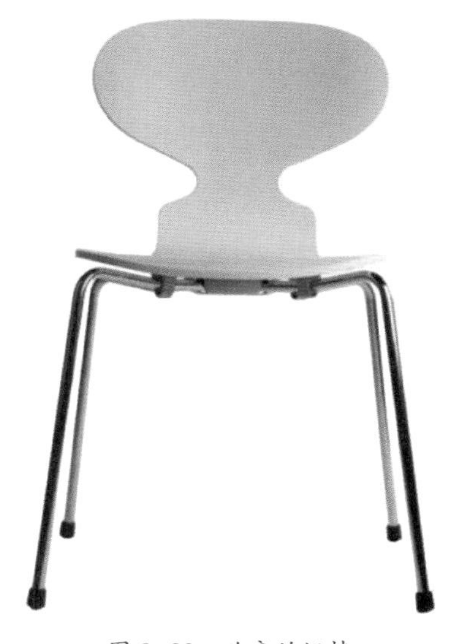
图8-23 改良的蚁椅

图 8-24　天鹅椅及其尺寸图

图 8-25　包豪斯钢管椅系列

表现出雅各布森对材质应用的极致追求。

（五）钢管椅

包豪斯自生产了世界上第一把钢管椅——“瓦西里”椅子之后，陆续生产出了一系列钢管椅（图 8-25）。它在座高、座深、座宽符合人机工效学尺寸的同时，也注意到了座面倾角的问题。由于钢管材质的特殊性，椅腿部的设计有了新的形式，当人们坐在椅面上时，钢管自身的弹性不仅可以保证椅子的平衡，而且使座面倾角很自然地形成0°~5°的角，这个向后的倾角会使就座者自然地后倚，并通过靠背的支撑分担就座者背部肌肉承受的静负荷，还可以防止就座者从座面上滑落。以材料特性巧妙地解决人机问题，且由于材质的混搭能呈现出不一样的造型视觉效果，可谓一举两得。

（六）潘顿椅

潘顿椅是世界上第一把采用玻璃纤维增强塑料（玻璃钢）一次性模压成型的悬臂椅（图 8-26），也是第一把从设计到制作都秉持一体成型的概念，在造型、重量和色彩上均体现了崭新的美学风格的椅子。

图 8-26　潘顿椅

图 8-27 巴兰斯椅

这把椅子夺人眼球的独特造型显然是为了配合人体脊椎的“S”形曲线和身体结构，因此它又被称作是“来自外太空的人体力学”。

（七）巴兰斯系列椅

挪威的斯托克公司利用人机工程学原理设计了一系列新型座椅。这种座椅通过使人体坐姿前倾和膝部支撑，让脊椎和躯体处于一条直线上，保持自然的平衡状态，从而使身体各部位能最佳地完成其功能，消除了背部、颈部、臀部和腿部的应力。

设计师是挪威以设计创意坐具和人体工学椅为闻名的工业设计师彼得·奥普斯维克。他认为，完美坐姿并非只有一个，身体会无意识地寻找自己的完美坐姿。当久坐的生活习惯已经变成现实的问题，我们必须要改变坐的方式，从一个姿势变到另一个姿势，诸如椅子之类的支撑工具应该提供更多可能形式的坐姿和坐姿之间的转化。奥普斯维克“可变坐姿”设计哲学主要体现在他巴兰斯系列的椅子上，他于1979年设计的一把巴兰斯椅（图8-27），首次尝试了跪姿。跪椅最大的创新是让身体重心前倾，使上身自然竖直来保持平衡，跪姿能锻炼核心肌肉群，减轻腰椎的压力，放松肩膀和背部，且能促进血液循环。弧形的底座像不倒翁一样可前后摇摆。这把椅子虽然提供了跪姿，但也不限制其他坐姿的可能。以巴兰斯椅为原型，奥普斯维克还设计出了更多的衍生产品，以满足更多的坐姿需求。

1983年设计的零重力椅（图8-28），极度挑战了重力、材料和技术，从图8-28可以看出这把椅子平衡的秘密在于折线型的支座。这把造型时尚，充满人机工效学的躺椅，让脊柱和躯体始终保持自然放松，体验零重力的状态，消除了背部、颈部、臀部和腿部的应力。从广义上看，奥普斯维克感兴趣的并不只有“可变坐姿”，而是让椅子有更多可能性和使用范围。他设计的一些形式感较强的坐具，都是在发掘探索可变坐姿形式的可能性。

图 8-28 零重力椅

（八）Aeron 椅

1884年，美国赫曼·米勒公司推出了的Aeron椅子（图8–29），在人体工程学技术和材料创新方面跨出了开创先河的一步，并创建了第一所人体工效学实验室，改变了人们对于办公座椅的看法。新的设计将框架角度向前调整了1.8°，可以更好地在直立位置和更广泛的姿势范围内支撑身体。无论是向前打字或是集中注意力，还是为了谈话和沉思而全神贯注，Aeron都会与就座者一起移动，动作顺畅无阻碍。

整个座椅的中枢，也就是椅子下面有个类似于“黑盒子”的装置，所有的调节扳手均通过连接结构连接到“黑盒子”中。座椅左侧设计有两个调节扳手，控制椅背的后仰角度以及保持固定姿势，整个后倾的角度很大，接近30°。

椅面采用了独有的专利织物薄膜，能够让空气、体热和水汽透过座椅和靠背，维持均衡和舒适的皮肤表面温度。即使长时间坐在椅子上，也不用担心出现不透气、闷热难受的现象，春夏秋冬都可舒适使用；同时，薄膜悬浮机制使人体保持舒适，减少压力点，提供前所未有的强大支撑。

骶骨承托技术提供的背部支撑，使座椅背后的蝴蝶型支撑结构不仅外观时尚美观，且对背部支撑的效果也有着非常出色的表现。该技术支持人体骨盆的自然前倾，使脊柱保持协调，避免背部疼痛，显著改善了下背部的舒适性。用户可以通过椅子右侧的旋钮来调节背部支撑的松紧程度；结实耐用的钢材质骨架，本身净重约等于21kg。出色的行走结构，即使136kg的体重坐在椅子上，也可以顺畅地滑动座椅。

图 8–29 Aeron 椅 Herman Miller

整个座椅和靠背，分布有八个具有不同张力的横向区域，包括了边缘张力最强的区域和与人体接触的部位更为柔和的区域，它们包容着就座者的身体，为使用者带来更多的舒适感和更符合人体工程学的支撑。超越时代的人体工效学理念，开创性的骶骨承托机制与薄膜悬浮系统，提高了座椅的舒适度，使人即使久坐也不会感觉不适。另外，整把座椅84%的材料可回收利用，符合当下可持续发展的设计理念。

每一把全功能Aeron座椅都具有完整的七项功能，包括约5°的前倾、120°后仰调整、倾仰阻力调整、骶骨承托支撑调整、扶手升降调整、扶手角度及前后调整、座椅升降调整。

第二节 握具类产品设计

人类历史的开始，随着“握”的工具的发现。如果用手持石器使原始人成为开创人类文明社会的奠基人，那么现代人抓起电话听筒时，就完成了一次进入新文明社会的量的飞跃。现今大多数器具发生了由群体共用向个人专用的转变。在转向个人使用时，器具的小巧化以及适应人手的尺寸、动作，一直作为其造型的重要依据。从这个观点来看，对于握具的设计，把手或手柄的设计既是出发点，又是终点所在。从清晨起床拿起牙刷的那一刻，握具就随着人的生活开始了，握住方向盘出行，拿起手机打电话，握具无时无刻不与人发生着联系。“握”的器具作为一种崭新的、深入的交流机制正在开创，握具的界面也在发生着新的变化。

一、手握式工具设计的生理学基础

人运用手进行实际的操作，手是人类最重要的运动器官之一，在人体中属于敏感和灵活的部位。日常生活、工作中的大多数活动需要通过手或者手的配合来完成。人的双手能做复杂而灵巧的捏、握、抓、夹、提等动作，有极其精细的感觉（图8–30）。

由于人体运动涉及骨关节肌肉神经，而神经向肌肉发号指令的主体部位是大脑，因此大脑指挥肌肉收缩，牵引骨骼围绕关节转动，使人产生各种各样的操作姿态和运动姿势。

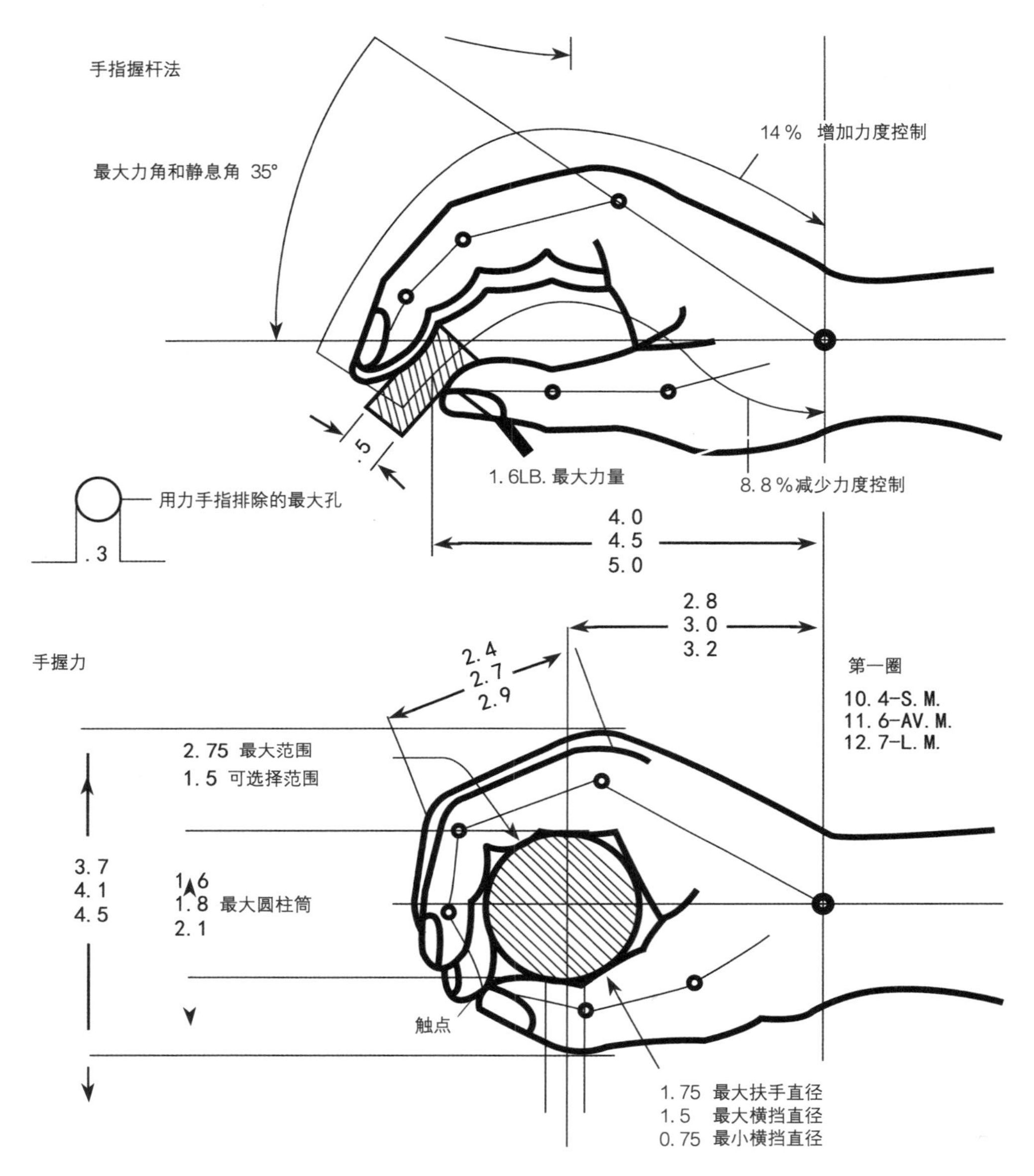

图 8-30 右手抓握人机尺寸图

在人体对外界实施操作活动过程中，由于人体敏感，在手部骨骼结构中，骨骼和骨骼之间利用关节进行连接，构成了人各部分的支架。在手肌的底部并列有拇指等各个关节，通过杠杆作用，对外势力形成了人体的主体结构支架，手部肌肉机构则形成了操作动作的完成，横截面减小或者横截面增大，都是随着收缩长度和硬度而来的。在神经系统的支配下，肌肉放松可以减少能力消耗，而肌肉紧张则容易导致工作效率降低以及工作质量下降。因此肌肉的不同张力，会使人产生

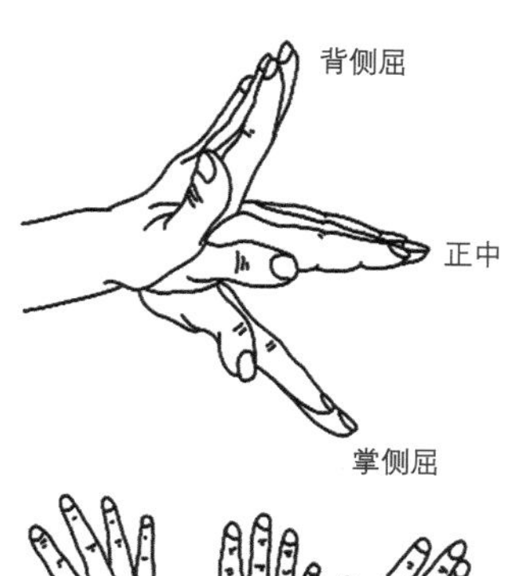

图 8-31 腕关节动作状态

不同的动作，发挥出不同的力量。

人手是由骨骼、肌肉、神经、韧带、血管等组成的复杂结构。前臂内部包括尺骨、桡骨等主要骨骼，其相互交错可完成手腕的旋转。手腕结构中主要是一块腕骨，其转动使人的手腕可做两个轴向的运动。在垂直面上为掌屈和背屈，其中背屈可达75°~80°，掌屈为85°~90°；在水平面上则为尺偏与桡偏，其中尺偏可达35°~37°，桡偏可达15°~20°（图8-31）。

人的手掌主要由两组肌肉组成：一个是拇指屈肌和外展肌组成的肌群，另一个是小指屈肌及展肌组成的肌群。在两个肌群之间有一条沟壑，这条沟内部是人手主要神经和血管的通道。手指的结构则相对比较简单，每个手指包括3个指节，并在一定范围内可以做横向的展开。

使用设计不当的手握式工具会导致多种上肢职业病甚至全身性伤害，这些病症如腱鞘炎、腕道综合症、腱炎、滑囊炎、滑膜炎、痛性腱鞘炎、狭窄性腱鞘炎和网球肘等，一般统称为重复性积累损伤病症。腱鞘炎是由初次使用或过久使用设计不良的工具引起的，在作业训练工人中常会出现。如果工具设计不恰当，引起尺偏和腕外转动作，会增加其出现的机会，重复性动作和冲击震动使之加剧。当手腕处于尺偏、掌屈和腕外转状态时，腕肌腱弯曲，如果时间长，则肌腱及鞘处发炎。腕道综合征是一种由于腕道内正中神经损伤所引起的不适。

二、手握式工具设计的基本原则

（一）一般原则

工具必须满足以下基本要求，才能保证使用效率。

（1）必须有效地实现预定的功能。

（2）必须与操作者身体成适当比例，使操作者发挥最大效率。

（3）必须按照作业者的力度和作业能力设计，所以要适当地考虑性别、训练程度和身体素质上的差异。

（4）工具要求的作业姿势不能引起过度疲劳。

（二）人机关系的协调

人机工程学是研究各种工作环境中人的因素、人和机器与环境的相互作用、工作及生活中怎样统一考虑工作效率、人的健康、安全和舒适等问题的。在许多场合中，操作人员需手持工具持续工作较长时间。为避免疲劳，应充分考虑人机关系之间的协调。

1.避免静肌负荷

当使用工具时，臂部必须上举或长时间抓握，会使肩、臂及手部肌肉承受静负荷，导致疲劳，降低作业效率。如在水平作业面上使用直杆式工具，则必须肩部外展，臂部抬高，因此应对这种工具设计作出修改。在工具的工作部分与把手部分做成弯曲式过渡，可以使手臂自然下垂。例如，传统的铬铁是直杆式的，当在工作台上操作时，如果被焊物体平放于台面，则手臂必须抬起才能施焊。改进的设计是将铬铁做成弯把式，操作时手臂就可能处于较自然的水平状态，减少了抬臂产生的静肌负荷（图8–32）。

2.保持手腕处于顺直状态

手腕顺直操作时，腕关节处于正中的放松状态（图8–33），但当手腕处于掌屈、背屈、尺偏等别扭的状态时，如长时间这样操作，就

不良设计

优良设计

图 8–32　对比图

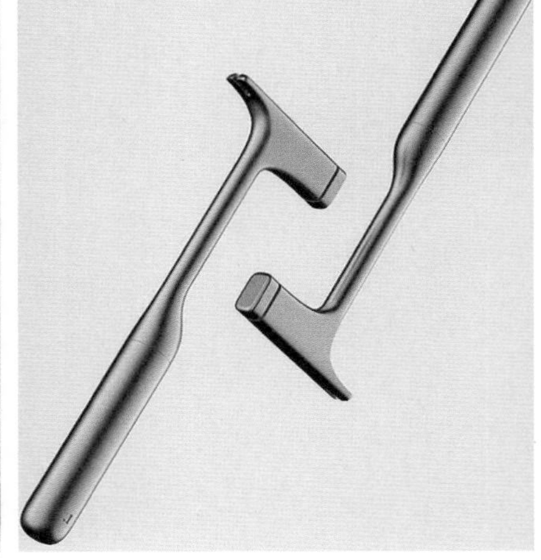

图 8–33　手腕顺直操作的握具

图 8-34 伯莱塔 82F 型手枪

图 8-35 喷壶

会产生腕部酸痛、腕道综合征、腱鞘炎等症状，使握力减小。把手弯曲式的工具可以降低疲劳，容易操作，对于腕部有损伤者特别有利。一般认为，将工具的把手与工作部分弯曲10°左右效果最好。

3.避免掌部组织受压力

操作手握式工具时，有时常要用手施加相当的力。如果工具设计不当，会在掌部和手指处造成较大的压力，妨碍血液在尺动脉的循环，引起局部缺血，导致麻木、刺痛感等。好的把手设计应该具有较大的接触面，使压力能分布于较大的手掌面积上，减小应力；或者使压力作用于不太敏感的区域，如拇指与食指之间的虎口位（图8-34）。把手上的指槽，如没有特殊的作用，最好不留指槽设计，因为人体尺寸不同，不合适的指槽可能造成某些操作者手指局部的应力集中。

4.避免手指重复动作

如果反复用食指操作扳机式控制器时，就会导致扳机指（狭窄性腱鞘炎），扳机指症状在使用气动工具或触发器式电动工具时常会出现。设计时应尽量避免食指作这类动作，而以拇指或指压板控制代替（图8-35）。

操作手握式工具时，有时常要用手施以相当大的力，如果工具设计不当，会在掌部和手指处造成较大的压力，妨碍血液在尺动脉中的循环，引起局部缺血，导致麻木、刺痛等；同时手柄的着力方向和震动方向不能集中于掌心和指骨间肌，如果掌心长期受压受震，可能会引起疲劳和操作不准确，甚至造成难以治愈的痉挛。因此，手柄的形状设计应避免手柄形状丝毫不差地贴合于手的握持部分，尤其是不能紧贴掌心，操作者握住手柄时掌心处略有空隙，以减少压力和摩擦力。

手握式工具的设计要注意保持操作力的方向，在工具设计的时候要考虑人肢体上的适应性，同时要对工具的抓握程度进行设计，如果是属于使用频率较高的工具，就应充分考虑操作力的方向性；手握部分的抓握配重需要加以平衡，尤其是在使用较轻的工具时，更需要通过配重来解决抓握的平衡力问题。

三、握具的设计

把手对于手握式工具来说是最重要的部分，对于单把手工具，其操作方式是掌面与手指周向抓握，其设计因素包括把手直径、长度、形状、弯角等（图8–36）。

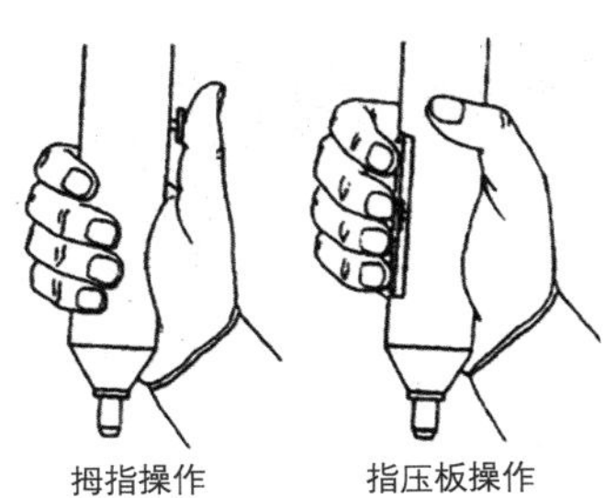

图8–36　单把手工具操作方式

1.直径

把手直径大小取决于工具的用途与手的尺寸。对于螺丝起子，直径大可以增大扭矩，但直径太大会减小握力，降低灵活性与作业速度，并使指端骨弯曲增加，长时间操作，会导致指端疲劳。比较合适的直径是：着力抓握30~40mm，精密抓握8~16mm。

2.长度

把手长度主要取决于手掌宽度。掌宽一般为71~97mm（5%女性至95%男性数据）因此合适的把手长度为100~125mm。

3.形状

指把手的截面形状。对于着力抓握，把手与手掌的接触面积越大，则压应力越小，因此圆形截面把手较好。哪一种形状最合适，一般应根据作业性质考虑。为了防止与手掌之间的相对滑动，可以采用三角形或矩形，这样也可以增加工具放置时的稳定性。对于螺丝起子，采用丁字形把手，可以使扭矩增大50%，其最佳直径为25mm，斜丁字形的最佳夹角为60°。

4.弯角

把手弯曲的角度，最佳为10°左右。

5.双把手工具

双把手工具的主要设计因素是抓握空间。握力和对手指屈腱的压力随抓握物体的尺寸和形状而不同。当抓握空间宽度为40~80mm时，抓力最大。其中若两把手平行时为45~50mm，而当把手向内弯时，为75~80mm。可见，对不同的群体而言，握力大小差异很大。为适应不同的使用者，最大握力应限制在100N左右。

6.用手习惯与性别差异

双手交替使用工具可以减轻局部肌肉疲劳。但是这常常不能做到，因为人们使用工具时，用手都有习惯性。人群中，约90%的人习惯用右手，其余10%的人习惯用左手。由于设计大部分工具时，只考虑到使用右手操作，这样对小部分使用左手者很不利。据试验研究，若用左手者操作按用右手者设计的工具，工作效率会有明显的降低，握力也下降较大。因此，如果握具的设计不具有明显的用手习惯，没有明显的手指操作力方向，抓握时可以双手交替使用会减轻局部肌肉疲劳。

从不同性别来看，男女使用工具的能力也有很大的差异。女性约占人群的48%，手长约比男性短2cm，握力值只有男性的2/3。

图 8-37　手枪钻

四、握具改进实例

为了让使用者手握工具时手腕尽可能伸直。美国人机工程学家伍德森发明了一种与工具的作用力方向呈45°角的手柄，使用这种手柄可以同时产生向下和向前两个方向的作用力。此外，当需用力不大，主要在于能精确控制作用方向时，可使用与工具的作用力方向成60°角的手柄，对于枪式手柄，建议采用与工具主轴呈80°~90°角的手柄。如常见的枪式手柄工具——手枪钻（图8-37）。

（一）经典设计作品解析

对手握工具握柄的设计，主要应以操作良好、握感舒适和防滑为主。握具设计中与人机工程学有密切关系的产品常见的有鼠标、工具的握柄等。以下从一些经典案例来了解握具的设计。

1. 鼠标设计

图 8-38　SpaceMouse Pro 鼠标

鼠标是我们工作中再熟悉不过的产品了，随着科技的进步和设计的发展，不仅是计算机快速更新换代，鼠标的设计也在不断改进。世界上第一个鼠标是由加州大学伯克利分校博士道格拉斯·恩格尔巴特发明的，从原始鼠标、机械鼠标、光电鼠标（也称光学鼠标或激光鼠标）再到如今的触控鼠标，鼠标技术经历了漫漫征途终于修成正果。随着功能的不断进步，造型方面也更加多样化，以用户为中心的设计思想也不断影响着设计师的设计。为了解决鼠标手这一问题，设计师们也是绞尽脑汁，设计出了许多优秀的鼠标，人体工程学已经是鼠标产品中与性能参数同样重要的一项指标了。

（1）SpaceMouse Pro鼠标。这是一款专业的3D 鼠标（图8-38）。它具有一个完整大小、软涂层的手休息区域，在其上有编程功能键、显示屏和键盘功能区。直观的3D导航屏方便提供了观察上的视觉支持；它还具有专业的3D 6自由度传感器，可以轻松导航数字模型或三维空间内的摄像机位置；先进的人机工学设计，完整大小的、软涂层的手休息区确保了手臂、手腕能得到充分的支撑和休息，在其上的15个利用触觉就可以编程的按钮使用户工作更有效率。

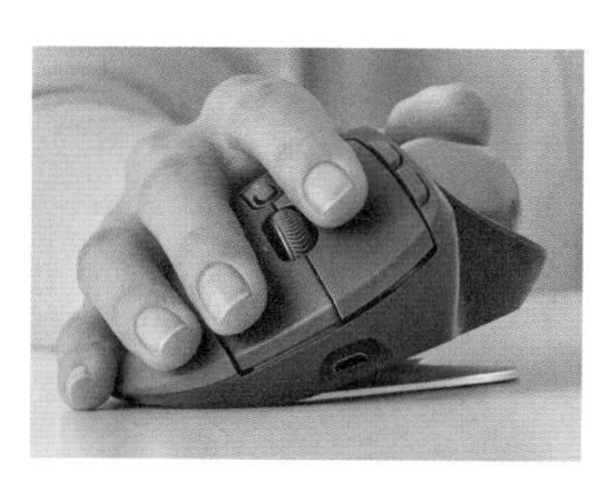
图 8-39　轨迹球鼠标

（2）轨迹球鼠标。轨迹球鼠标（图8-39）本身的长度和宽度符合一般人的手掌尺寸，鼠标整体与手掌的接触面积大，使手压应力减小；33°的倾斜角设计，减少了手臂的扭曲，放松手腕和手臂的肌肉，使手腕抓握鼠标成为自然放松的状态，利于长时间的抓握，手腕也没有过多负担；同时充分利用了大拇指比其他四指灵活性高的特点，给了大拇指更多操作的可能性。轨迹球鼠标的发明，算是真正解放了手腕，用户不需要再把鼠标移来移去，不再受位置的限制，鼠标操作的灵活性大大提高了。

类似功能的鼠标还有美国设计师艾迪索设计的E1有线人体工学垂直鼠标（图8-40），它采用了独特的57°握持角度，大大缓解了手腕的压力，同时也大幅提高了大拇指的使用效率。

图 8-40　E1 有线人体工学垂直鼠标

2. 博世电钻GSB570

博世电钻整体十分精致，时尚、大气，握柄与电钻一体设计，握柄非常注意贴合手型，可以使使用者抓得很牢，手感更好，在操作控制方面，握柄容易操作，正反转调控自如，体现了博世一如既往的工艺水准（图8-41）。

图 8-41　博世电钻 GSB570

3.ERGON自行车把套

ERGON在对自行车把套设计之初，对五大洲近千万人的手型进行过统计，并集成设计出了这款舒适的具有专业手握设计的自行车把套。它可以将手腕的压力分散，释放腕隧神经节，避免由手掌敏感区域受到高压和手不正确的姿态所导致的手指麻木和手掌、前臂疼痛等问题，畅通受到压迫的血液，有效地改善对骑行时尤其是在长途骑行过程中手部经常性的酥麻感的困扰，它为骑行者与自行车之间找到了连接的桥梁。

ERGON"人间肉球"系列（图8-42），其肉球的设计，提供给手腕正确的支撑角度，使骑行长久舒适；通过增大把手的握把面积（提供了100%的接触面积，常规手把提供的接触面积只有大约60%），来缓解神经压力，使手麻痹的可能性随之减少；同时，ERGON手把的解剖学造型还有利于校正手的姿态；另外，把套内部有塑料骨架支撑腕关节能有效保护手腕，减小压力；把套侧面的锁环采用了航空材料，具有很高的强度和刚度，在减轻把套重量的同时，其强度和耐磨性有了大幅提升；另外，握把采用软橡胶材质，质地光滑，防止摩擦拇指，优化的压力分布可以防止手掌麻木和疼痛，确保手掌与把手之间有足够的阻尼，起到防滑耐磨的作用；橡胶质地不仅手感舒适，也提高了转向和低阻力的操控性。

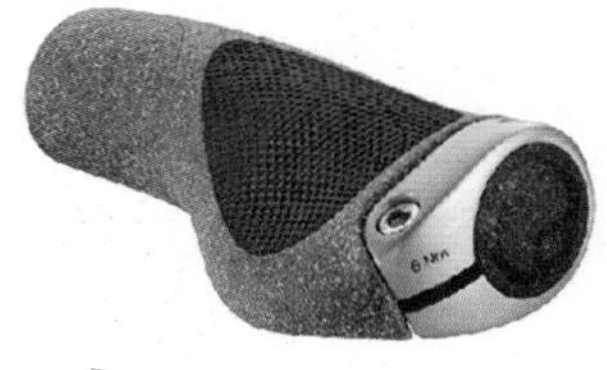

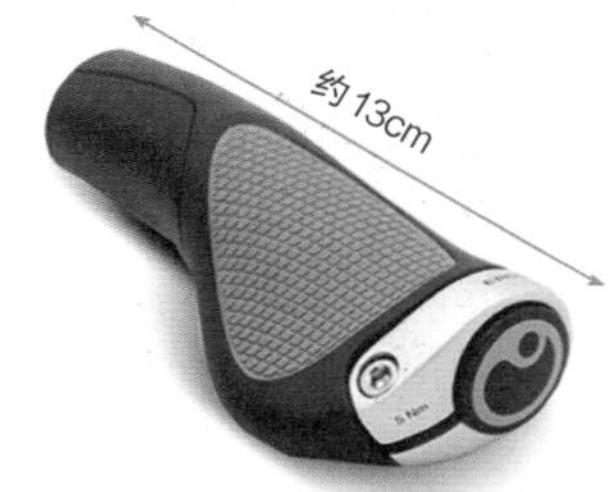

图 8-42　"人间肉球"把手

4.LG智能遥控器

遥控器是日常生活中人们经常会接触到的握具。这款LG智能遥控器图8-43有着符合人机工学抓握的线条，它一改以往遥控器通体尺寸与形态不变的形象，在造型上进行了不规则的形态处理，抓握的前端比较薄，

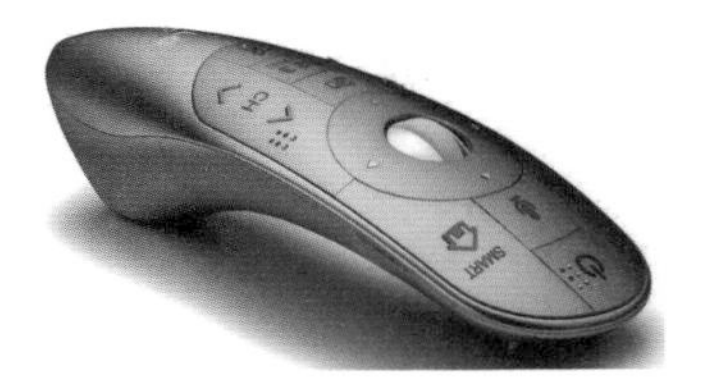

图 8-43　LG 智能遥控器

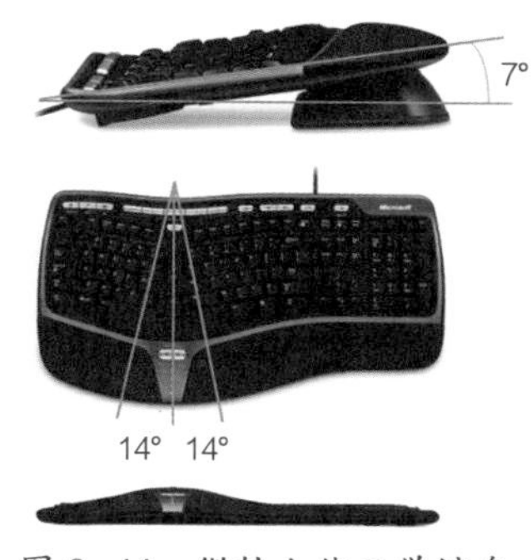

图 8-44 微软人体工学键盘

利于拇指更灵活的操作，而抓握的后部形态却比较圆润饱满，有利于手掌与遥控器的充分接触，增加阻力，不易滑落和脱手。

5. 微软人体工学键盘 4000

微软人体工学键盘4000体现了经典的“鸥翼”美学设计和创新的人体工学设计（图8-44）。键盘设计引入了自然的弓形仿生学曲线，键盘以两处重要的曲线弧度来缓解手部疲劳。一个曲线弧度是主键盘被分为左右手两个操作区，向两侧各张开14°，同时中间隆起，两侧操作区稍向外倾斜形成扇形的设计，操作时可使手腕呈自然垂顺的姿势，避免弯折；另一个曲线弧度是“7°反坡度掌托”，在键盘手托底下的位置增加了一个可拆卸的托架，相比传统平卧式键盘，凸起的掌托能让手腕处于更自然、更放松的状态。

（二）握具设计与改造

手握工具设计得优良与否，不能只看形态是否光鲜亮丽，而是要与所承载的功能相匹配。如刀具与剪子、铲子或门把手，由于各自的功能千差万别，用力的角度和与手接触的受力点不同，因此，对握柄的功能与舒适度要求也不一样。

1. 刀具

刀具是向下用力的，因此握柄与手掌相接触的地方比较圆润，但为增强手指的握感，防脱落，手指与刀具接触的部位设计成波浪形，无论何种形态，都可以加入一些防滑肌理或防滑材质来增强防滑的功能。

图8-45这款刀具的把手与手掌接触的弧面位置弧度过大，抓握时手腕的运动幅度会加大，容易造成手腕的疲劳与损伤。

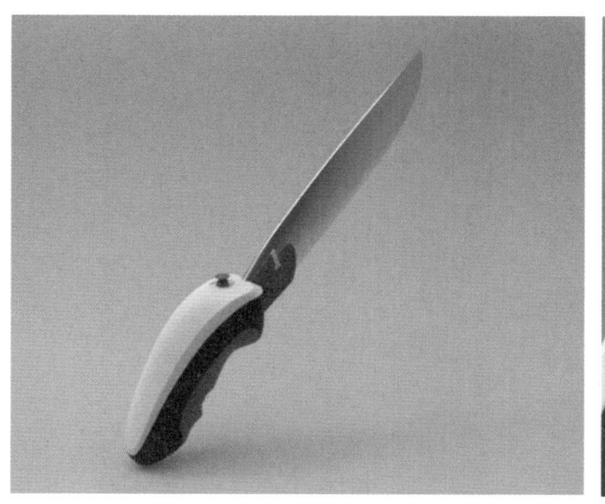

图 8-45 刀具把手

图8-46这款刀具在材质、产品细部结构上主要解决了握柄的防滑问题。

图8-47这款刀具的握柄与刀身在形态的匹配上略显牵强，握柄与刀身相比显得过重，且握柄在长度、直径、弯度上的人机处理也欠妥，缺乏细致的推敲。

图8-48中的设计握柄与刀身的形态也极不吻合，笨重的握柄与生硬的线条使之毫无舒适感可言。

图8-49这两款刀具的握柄与刀身的形态整体和谐，都以硬朗的线条为主，握柄在手掌抓握的部位直径增大，增加了受力面积，使操作更舒适，并且把手前后所做的防滑凹槽，使之显得非常轻巧。

图8-50这款刀具的把手设计比较合理，除左图最上面拉锯式的刀

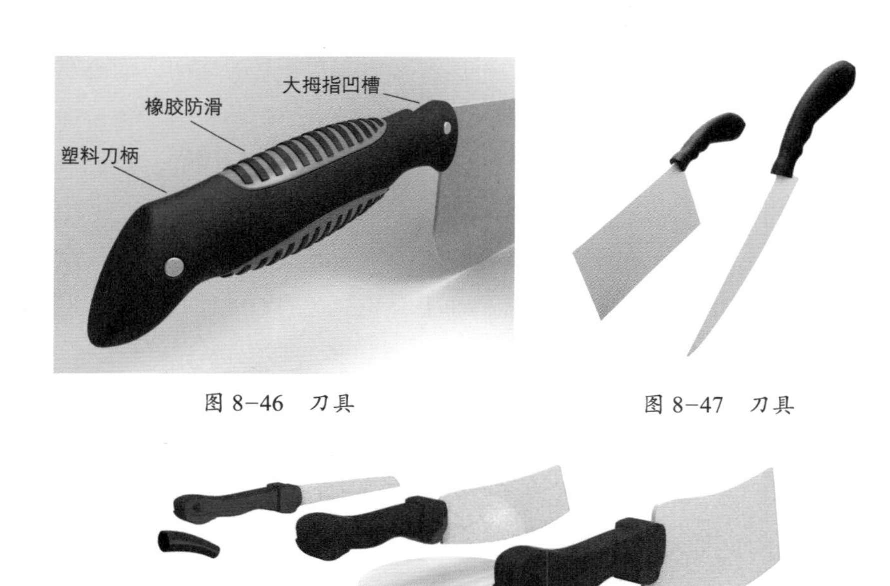

图8-46　刀具

图8-47　刀具

图8-48　刀具握柄与刀身

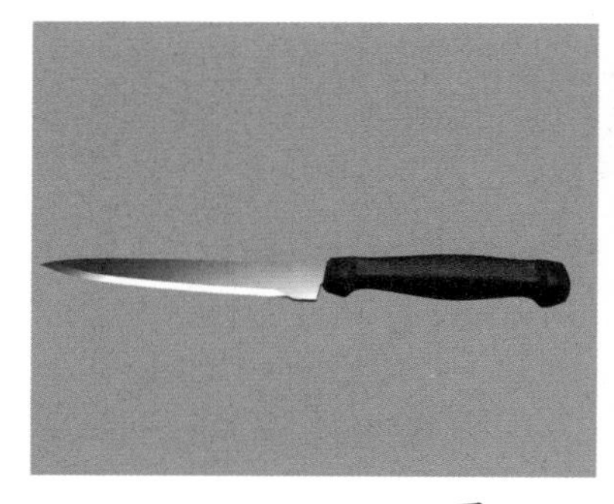

图8-49　刀具握柄与刀身

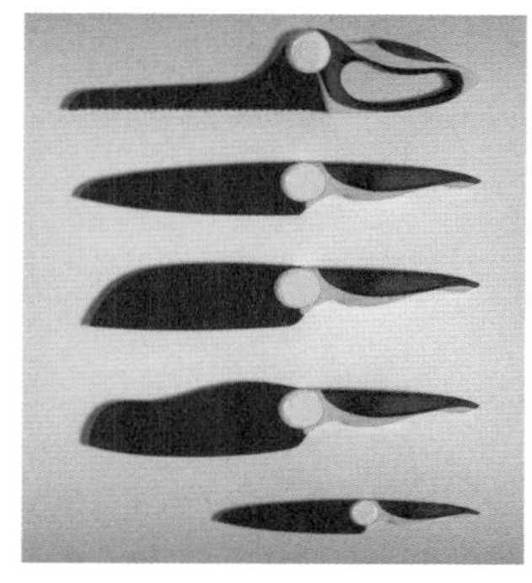

图 8-50　刀具把手

柄外，其他几款刀具的把手，其与手掌、手指接触的位置，弧度适中，比较舒适；而拉锯式的刀柄，由于手臂的运动轨迹是前后移动，因此，握柄不仅需要保证舒适的握感及防滑处理，同时还需要有前后方向的位置固定，开放式的握柄显然不适合，而设计者设计的这个封闭的环状结构可以很好地解决这个问题。

2.炊具

炊具与刀具相比，其重量轻，对掌部的摩擦小，掌部受力面相对不集中，使用时需要的精准度不高，炊具握柄的设计重点主要集中在舒适的把握与一定的防滑处理。由于其重量较轻，因此防滑的要求不是特别高，主要以舒适把握为重点（图8-51）。

以上几款炊具的握柄都是以满足手握的直径、长度和弧度或曲度来设计的，防滑的处理不多。

3.门把手

门把手的设计与刀具不同，因为门把手是可以转动的，手与把手之间的交互并不是不断重复同一个姿势，而是只要短时间的接触就可以完成动作，受力方向也只是从上而下，因此，手掌与把手的接触部位是最重要的，而手指与把手的接触部位可以忽略不计。在设计时，

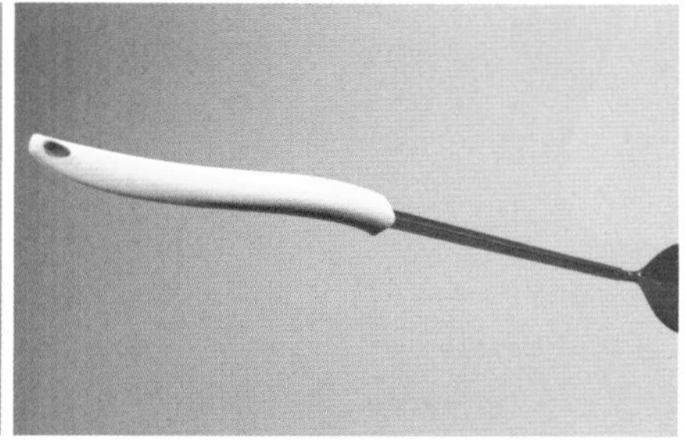

图 8-51　炊具握柄

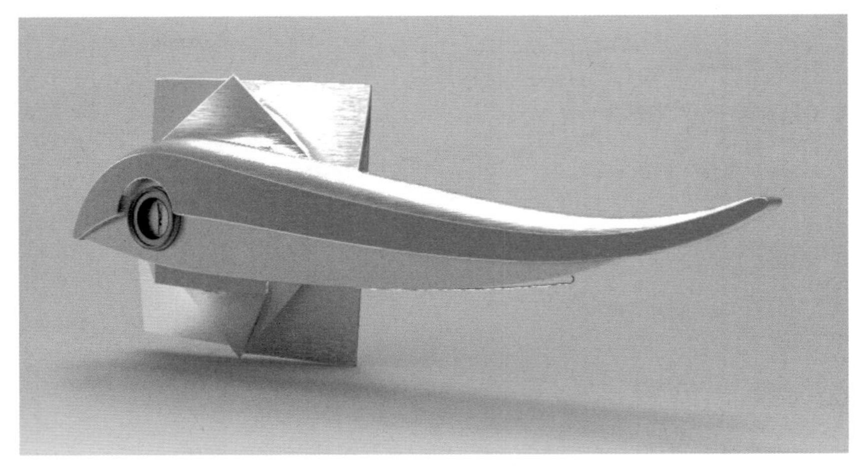

图 8-52　门把手

主要集中在把手的上部，因为对防滑的要求没有刀具那么高，因此考虑圆润的同时，光滑或不光滑的表面都可以，只要与手掌接触的部位符合手的一般长度、弯曲、弧度，以及手用力的角度即可（图8-52）。

思考与练习

1. 影响座具设计的因素有哪些？

2. 手握式工具的设计应该注意哪些内容？

3. 工作座椅设计的基本原则有哪些？

参考文献

[1] 丁玉兰，郭钢，赵江洪．人机工程学（修订版）[M].2版．北京：北京理工大学出版社，2000.

[2] 李锋，吴丹．人机工程学[M].北京：高等教育出版社，2009.

[3] Henry Dreyfuss. Designing for People. New York：Allworth Press，2003.

[4] 吕杰锋，陈建新，徐进波．人机工程学[M].北京：清华大学出版社，2009.

[5] 张萍，殷晓晨．人机工程学[M].合肥：合肥工业大学出版社，2009.

[6] 谢庆森，黄艳群．人机工程学[M].2版．北京：中国建筑工业出版社，2009.

[7] 于帆，邹林，许洪滨．人机工程学－界面与交互系统设计[M].北京：中国建筑工业出版社，2019.

[8] 王明旨．工业设计概论[M].北京：高等教育出版社，2007.

[9] 董士海，王坚，戴国忠．《人机交互和多通道用户界面》[M].北京：科学出版社，1999.

[10] 李昀桐．交互设计中的软硬界面设计[J].艺术与设计：理论，2014（7）：50–52.

[11] 夏敏燕，王琦．以用户为中心的人机界面设计方法探讨[J]，上海：上海电机学院学报，2008（9）：201–203.

[12] 吴琼．人机界面中的信息交流[J].装饰，2004（9）：45.

[13] 鲁晓波.信息社会设计学科发展的新方向——信息设计[J].装饰，2008（10）：130-134.

[14] 程景云,倪亦泉，等.人机界面设计与开发工具[M].北京：电子工业出版社，1994.

[15] 罗仕鉴，等.人机界面设计[M].北京：机械工业出版社，2002.

[16] 夏敏燕.剧本导引设计——产品与服务设计新法[J].发明与创新，2004（9）：19.

[17] 余德彰，林文绮，王介丘.剧本导引——资讯时代产品与服务设计新法[M].台北：田园城市，2001.

[18] 程景云，倪亦泉.人机界面设计与开发工具[M].北京：电子工业出版社，1994.

[19] 夏敏燕.以剧本导引法开发SOHO族用多功能一体机之研究[D].无锡：江南大学，2005.

[20] 兰娟.在人机学思想中关注产品愉悦功能的设计[J].包装工程，2008，29（2）：124-127,133.

[21] 李乐山.人机界面设计基础[M].北京：科学出版社，2009.

[22] 柳沙.设计心理学[M].上海：上海人民美术出版社，2013.

[23] 金暎世.创新者[M].李旭，译.北京：经济科学出版社，2007.

[24] 奈斯比特·约翰.大趋势：改变我们生活的十个新方向[M].梅艳，译.北京：中国社会科学出版社，1984.

[25] 李世国，华梅立，贾瑞.设计的新模式—交互设计[J].包装工程，2007，28（4）：90-92.

[26] 卡尔·T.尤里奇，史蒂文·D.埃平格.产品设计与开发[M].詹涵菁，译.北京：高等教育出版社，2005.

[27] NORMAND A.情感化设计[M].付秋芳，等译.北京：电子工业出版社，2005.

[28] 海伦·夏普，詹妮·普瑞斯，伊温妮·罗杰斯.交互设计——超越人机交互[M].刘晓辉，张景，等译.北京：电子工业出版社，2003.

[29] 阿兰·库珀.交互设计之路——让高科技回归人性[M].DING Chris，等译.北京：电子工业出版社，2006.

[30] 唐纳德·A.诺曼.设计心理学[M].梅琼，译.北京：中信出版社，2003.

[31] 郭南初，熊志勇.产品形态与消费者需求关系研究[J].包装工程，2006.

[32] 章国利.设计艺术美学[M].济南：山东教育出版社，2009.

[33] 段玉洁.城市文化中的公共艺术——对环境陶艺设计与城市文化关系的思考[J].陶瓷与科学艺术，2010（2）：13–15.

[34] 琼斯，麦斯顿.移动设备交互设计[M].奚丹，译.北京：电子工业出版社，2008.

[35] 刘娜.关于产品的安全性设计的研究[D].南京：南京航空航天大学，2007.

[36] Ryan, Joseph P.Human Factors Design Criteria For Safe Use of Consumer Products. Professional Safety[J].1984，29（10）：22–25.

[37] 樊宏烨."安全"与"危险"[J].Design，2005（15）：14–16.

[38] 中国科学技术情报研究所.中国青少年儿童身体形态、机能与素质研究[M].北京：科学技术文献出版社，1982.

[39] 吴瑜.汽车驾驶员座椅强度及安全性分析[D].重庆：重庆大学，2010.

[40] 上条健[日]卓凤德译，座椅舒适性的定量评价法[J].国外汽车，1984（2）：24–30.

[41] 许留军.坐之有道——基于人因工程原理的工作座椅设计研究[D].武汉：武汉理工大学，2008.

[42] 龚俊睿.手握式工具的分析、改良及人机研究[J].大观，2017（1）：97.

[43] 张锋涛.手握式工具的人机关系设计研究[J].机械与电气，2010（11）：60–61.

[44] 关婷媛.手握式工具的人机关系设计研究[J].艺术品鉴，2019（15）：251–252.

[45] 杜虹，付小莉，朱慧娟.手握式工具的人机特性研究[J].轻工机械，2004（12）：53–54.

[46] 熊文丽.自然、社会环境因素对产品设计的影响[J].艺术科技，2013（2）：140–142.

[47] 齐皓.产品设计中“人”与“物”的情感交流[J].艺术百家，2009（12）：138–140.